# 中国绿色低碳环境修复发展报告
# （2024年）

张红振　邓璟菲　魏　国　董璟琦　等／编著

中国环境出版集团·北京

**图书在版编目（CIP）数据**
中国绿色低碳环境修复发展报告. 2024 / 张红振等编著. -- 北京 : 中国环境出版集团, 2025. 3. -- ISBN 978-7-5111-6215-1
Ⅰ. X171.4
中国国家版本馆CIP数据核字第20251CK282号

**责任编辑** 易　萌
**装帧设计** 彭　杉

---

**出版发行** 中国环境出版集团
（100062 北京市东城区广渠门内大街16号）
网　　址：http://www.cesp.com.cn
电子邮箱：bjgl@cesp.com.cn
联系电话：010-67112765（编辑管理部）
010-67112739（第三分社）
发行热线：010-67125803 010-67113405（传真）
**印　　刷** 北京建宏印刷有限公司
**经　　销** 各地新华书店
**版　　次** 2025年3月第1版
**印　　次** 2025年3月第1次印刷
**开　　本** 787×1092 1/16
**印　　张** 17.25
**字　　数** 265千字
**定　　价** 82.00元

---

# 编写组

## 顾问专家组

王金南　中国工程院院士　生态环境部环境规划院名誉院长

骆永明　中国科学院南京土壤研究所　研究员

陆　军　生态环境部环境规划院　院长

刘晓文　生态环境部华南环境科学研究所　副所长

王夏晖　生态环境部环境规划院　副总工程师

葛察忠　生态环境部环境规划院　首席科学家

陈卫平　中国科学院生态环境研究中心　研究员

李书鹏　北京建工环境修复股份有限公司　正高级工程师

石银峰　北京城市副中心投资建设集团有限公司　党委书记、董事长

Dietrich Van Der Weken, Flemish Institute for Technological Research (VITO), Belgium, Professor

Chunlong Zhang, University of Houston-Clear Lake, United States, Professor

## 报告编制组

张红振　生态环境部环境规划院　研究员
魏　国　北京城市副中心绿色发展研究院　院长
董璟琦　生态环境部环境规划院　高级工程师
魏　楠　生态环境部环境规划院　高级工程师
孟　豪　生态环境部环境规划院　助理研究员
邓璟菲　生态环境部环境规划院　助理研究员
梅丹兵　生态环境部环境规划院　助理研究员
叶　渊　森特士兴环保科技有限公司　董事长
杨成良　天津渤化环境修复股份有限公司　董事长
亢晓夏　北京城市副中心绿色发展研究院
周　峰　北京市大兴区污染源防治事务中心
郑晓笛　清华大学　教授
赵　华　中国矿业大学　副教授
雷秋霜　生态环境部环境规划院　助理研究员
苗秋慈　生态环境部环境规划院　助理研究员
张今英　生态环境部环境规划院　助理研究员
宋志晓　生态环境部环境规划院　助理研究员
黄　悦　生态环境部环境规划院　助理研究员
肖　萌　北京师范大学　博士生
桑春晖　北京师范大学　博士生
聂雨欣　北京师范大学　硕士生
叶　晶　清华大学　博士生
谢真真　清华大学建筑学院棕地研究中心　科研助理
付泉川　北京交通大学建筑与艺术学院　讲师
吴文成　生态环境部华南环境科学研究所　研究员
宋清梅　生态环境部华南环境科学研究所　高级工程师
周玲莉　生态环境部华南环境科学研究所　高级工程师
杨　洁　上海市环境科学研究院　正高级工程师

刘　芳　上海市环境科学研究院　高级工程师

王　水　江苏省环境科学研究院　正高级工程师

蒋林惠　江苏省环境科学研究院　高级工程师

曲常胜　江苏省环保集团有限公司　正高级工程师

邱成浩　江苏省环保集团有限公司　工程师

周利强　重庆市固体废物管理中心　正高级工程师

汪颖铃　重庆市固体废物管理中心　工程师

张　强　湖北省生态环境科学研究院　高级工程师

丁佳雨　湖北省生态环境科学研究院　工程师

常慧敏　清华苏州环境创新研究院天工智库中心　常务副主任

高　杰　中关村众信土壤修复产业技术创新联盟　秘书长

刘　健　天津渤化资产经营管理有限公司　副总经理

辛　毅　北京市大兴区污染源防治事务中心

郑　阳　北京市大兴区污染源防治事务中心

刘展伊　北京市大兴区污染源防治事务中心

## 其他参与报告编制指导和提供支持的单位

国内机构：北京城市副中心绿色发展研究院、北京师范大学、清华大学、中国矿业大学、南方科技大学、森特士兴环保科技有限公司、北京建工环境修复有限公司、天津渤化环境修复股份有限公司、生态环境部华南环境科学研究所、上海市环境科学研究院、江苏省环境科学研究院、重庆市固体废物管理中心、湖北省生态环境科学研究院、清华苏州环境创新研究院、中关村众信土壤修复产业技术创新联盟

国际机构：比利时法兰德斯技术研究院（VITO）、英国伦敦帝国理工学院、哈佛大学、荷兰瓦赫宁根大学

发布机构：世界绿色设计组织

# EXECUTIVE SUMMARY

# 执行摘要

新时代十年，在习近平生态文明思想的指导下，我国生态文明建设成就举世瞩目。过去的2024年，是实现“十四五”规划目标任务的关键一年，也是贯彻落实全国生态环境保护大会精神、全面推进美丽中国建设的重要一年。这一年，我国环境修复工作不断深化，土壤污染源头防控持续加强，“双碳”目标推进成效显著，绿色低碳修复取得较快发展，环境修复产业作为高水平保护支撑高质量发展的重要抓手，绿色低碳底色更加厚重。

与此同时，我们也应当认识到，我国生态环境保护形势依旧严峻，土壤污染防治工作基础薄弱的状况没有彻底扭转，土壤污染防治资金规模多年零增长，矿山生态修复和农田土壤污染治理仍以政府驱动为主，原有房地产驱动的建设用地土壤修复市场增长乏力，土地修复后的生态产品价值提升和综合效益路径不明确，修复技术创新和产业转化难以适应日趋复杂的污染治理需求，修复领域“头部效应”明显、行业整合压力加剧。2024年，仅工业污染场地修复工程市场规模较2023年就下降了35%左右，在技术局限、资金短缺、市场乏力的多重挤压下，环境修复产业正在行业转型的阵痛期负重前行。

2025年初，全国生态环境保护工作会议确定了八个方面重点任务，首要任务是落实深化生态文明体制改革重要举措，推动完善生态文明基础体制、着力完善生态环境治理体系、持续完善绿色低碳发展机制。今后一段时间，将把生态环境保护工作放在经济社会发展大局中谋划推进。生态环境部联合多部委印发《关于印发〈土壤污染源头防控行动计划〉的通知》

（环土壤〔2024〕80号）（简称“一计划”）和《关于印发〈美丽乡村建设实施方案〉的通知》（环土壤〔2025〕5号）（简称“一方案”），成为今后一段时期土壤环境管理和美丽乡村建设的重要抓手。新时期，持续深入推进净土保卫战进入新阶段，在“一计划、一方案”的指挥棒下，环境修复行业即将进入新的红利期，应当紧扣大型场地治理修复与再开发、绿色低碳修复、环境修复+开发建设、美丽乡村棕地景观等新生方向，找准定位，提振信心，以绿色低碳发展为总牵引和关键抓手，不断强化自身协同减污降碳技术能力和创新储备，敏锐响应政策、监管和市场释放的积极信号，充分借助大数据和人工智能等科技赋能，克服各种不利因素，从技术创新、商业模式革新、政策协同等方面协同发力、突破困境，推动行业从“政府输血”向“市场造血”转型，推动行业不断平稳、健康、向上，实现绿色低碳转型发展。

## 行稳致远，2024年中国绿色低碳环境修复从多个领域取得较快发展

在《中共中央　国务院关于全面推进美丽中国建设的意见》《中共中央　国务院关于加快经济社会发展全面绿色转型的意见》等宏观政策引导下，环境修复领域减污降碳的需求日益迫切，全行业推动绿色低碳修复的能力更强，绿色低碳修复的理念、评估、实践得到更多社会认可和广泛共识。在工业地块、农用地修复、垃圾（固体废物）填埋场、矿山治理、源头管控、区域治理开发等方面都有较系统和深入的绿色低碳治理方向探索。

在宏观法规政策方面，绿色低碳的理念更加频繁出现，要求更加细化。生态环境部印发《土壤污染源头防控行动计划》（以下简称《行动计划》），明确要求“推动土壤污染风险管控和绿色低碳修复，征集一批典型案例”。自然资源部等七部门联合印发《自然资源部　生态环境部　财政部　国家市场监督管理总局　国家金融监督管理总局　中国证券监督管理委员会　国家林业和草原局关于进一步加强绿色矿山建设的通知》（自然资规〔2024〕1号），自然资源部发布《国家生态保护修复公报2024》；国家发展改革委等部门印发《绿色低碳转型产业指导目录（2024年版）》（详见发改环资〔2024〕165号），包含生态保护修复和利用；工业和信息化部出台相关政策要求加强环保装备领域的核心技术攻关。地方层面，各地陆续发布绿色低碳转型行动

方案或先进技术目录，在生态环境修复领域占据一席之地。在《行动计划》的总体部署下，生态环境部联合国家发展改革委开展沿江 1 km 化工腾退地块土壤污染专项治理行动，将绿色低碳理念和要求纳入其中，鼓励采用清洁能源替代方案，为探索实施绿色低碳修复工程提供了资金支持、政策保障和实践推广平台。

在标准规范和导则方面，绿色低碳的指标得到更多的重视和更明确的要求。国家层面正在《关于促进土壤污染风险管控和绿色低碳修复的指导意见》（环办土壤〔2023〕19 号）的引导下制定土壤修复绿色低碳评估指标体系，研发相应的环境足迹评估软件工具。《2024 年国家标准立项指南》明确将绿色低碳领域标准研制列为重点，包括碳排放核算、碳足迹管理等，间接推动环境修复领域标准的更新与升级。各地在修复工程实践中更加注重将污染治理与低碳发展的双重目标相结合。结合国家碳排放双控政策，多地探索建立碳排放统计核算体系，为修复工程的碳足迹管理提供数据支撑。

在工程实践和示范方面，绿色低碳的技术措施和修复材料等得到更多应用。国家发展改革委于 2024 年 3 月发布《绿色低碳先进技术示范项目清单（第一批）》（详见发改办环资〔2024〕272 号），涵盖节能降碳、生态保护修复、资源循环利用等领域，强化技术成果转化和产业化推广。资源循环利用材料在更多环境修复工程场景中应用，如工业固体废物再生材料（如矿渣、建筑垃圾）在土壤改良和生态修复中被规模化应用；生物基材料在农田重金属污染治理中的应用取得成效。越来越多的修复工程在实施过程中注重考虑通过减少二次污染降低修复环境足迹。

在机制和政策创新方面，土地治理修复（风险管控）与开发一体化的模式有了更多的探索。生态环境部鼓励探索“环境修复 + 开发建设”模式，上海、重庆、广州、江苏等地积极管理实践创新；自然资源部 2024 年继续发布“中国山水工程”典型案例、矿山生态修复典型案例、生态产品价值实现典型案例等，矿山生态恢复环境整治与生态产业化融合不断深入。在工业污染地块治理修复与开发方面，各地不断探索风险管控与生态景观相融合、推动修复后地块开发利用、提升区域可持续综合效益的实践案例，河南省信阳市原信阳化工总厂农药厂实施风险管控打造“生态氧吧”解决异味扰民突出问题的同时，提升区域生态环境价值；江苏省无锡市梁溪科技城探索园区整体开发规划在治理修复阶段提前介入，编制风险管控与绿色低碳修复规划，将污染状况、修复管控方案和开发规划有机结合，一体化推动土壤治理修复和土地开发建设。

## 他山之石可以攻玉，国际经验为中国推进绿色低碳环境修复提供借鉴

从国际视野来看，环境修复已经从政策约束时期的规模化治理修复进入以激励开发和可持续综合效益为导向的绿色、可持续和韧性修复阶段。2010年以来在发达国家逐渐受到关注的柔性修复方案（GRO）可为我国环境修复领域处理好自然恢复和人工修复的关系提供参考；适用于不同国家政策框架下的土壤修复绿色低碳评估指标和软件工具为中国研发本土化绿色低碳评估软件提供了思路；2000年以来美国、欧盟、日本、韩国等国家和地区针对棕地开发和综合效益评估制定了一系列政策框架和技术评估管理工具包，为我国探索推动“环境修复＋开发建设”典型模式、保障建设用地安全利用提供了借鉴。正确认识环境修复发展的历史阶段和现状趋势，充分借鉴绿色低碳环境修复国际经验，对于支撑我国绿色低碳修复产业持续健康发展具有重要意义。

近年来，国际上绿色低碳环境修复前沿主要集中在新污染物应对对策、工程技术耦合优化、智能化监测监控等领域，从法规政策、技术研发、标准规范、工程实践等方面不断开拓新的领域、取得积极进展。新污染物应对方面，美国、欧盟等国家和地区都发布了专门的法律法规，近年来环境修复也都更侧重于新污染物治理。在工程实践方面，绿色低碳环境修复不断向定量化足迹评估、提高修复工程弹性、更加整体和综合的解决方案方向发展。欧盟2021年提出的《2030年土壤战略》明确提出到2050年所有欧盟土壤生态系统都处于健康状态，设定更具弹性的目标，要求实现欧盟零土地占用，土壤污染减少到不再被认为对人类健康和自然生态系统有害的水平。比利时要求所有土壤修复项目开展温室气体排放评估。美国、欧盟等多个国家和地区公布了修复工程环境足迹和碳足迹评估导则、软件和案例。在智能化监测管理方面，基于大数据模型智能、系统、全面的环境监测和数据管理体系逐步建立，以提高对环境健康综合解决方案的全方位支撑。2024年通过欧盟委员会提案的《土壤监测法》为到2050年实现健康土壤的目标提供了法律框架。

亚洲地区绿色低碳环境修复则呈现出更加重视、更加灵活、更加快捷的管理路径。日本要求污染修复过程中减少碳排放并推广可再生能源，开发了基于电子表格的绿色修复评估工具包。

## 《中国绿色低碳环境修复发展报告（2024年）》助力行业健康发展

为更好地支撑环境修复领域健康稳步发展，推动产业绿色低碳发展，生态环境部环境规划院牵头编制了《中国绿色低碳环境修复发展报告（2024年）》（以下简称《报告》）。《报告》包含中国进展和国际进展两大部分。

中国进展部分包括绿色低碳环境修复法规政策与标准进展、绿色低碳环境修复工程实践与技术研发进展、“环境修复＋开发建设”典型模式与进展、基于大数据技术的绿色低碳修复舆情分析、中国环境修复减污降碳协同思路和中国台湾省绿色低碳修复经验与进展共6章，系统梳理了中国2024年绿色低碳环境修复相关的政策法规、标准规范、工程实践、技术研发和典型模式等进展情况，从公众舆情关注的角度对我国土壤修复和绿色低碳修复开展基于大数据的监测分析，围绕“双碳”目标提出我国环境修复减污降碳的初步思路，并总结了我国台湾省的绿色低碳修复经验，既涵盖了绿色低碳修复最新进展，又探讨了环境修复与开发建设、数字智能和减污降碳相结合的发展方向，为“十五五”时期我国深入推进绿色低碳环境修复提供参考。

国际进展包括风险管控与生态景观融合的柔性修复新模式、绿色低碳修复环境足迹测算与决策支持软件、棕地开发模式综合效益评估与政策创新共3章，内容紧扣我国绿色低碳环境修复未来发展需求，分别从国际上柔性修复的类型方法、优势与挑战、应用场景等方向进行阐述；对美国、欧盟、日本等国家和地区发布的绿色低碳修复环境足迹评估软件进行梳理；对国际上典型的棕地治理和开发模式、政策、效益评估及三次影响测算工具等进行详细介绍。上述国际经验对我国当前土壤污染环境修复领域推广基于自然的解决方案、推进风险管控和绿色低碳修复、探索“环境修复＋开发建设”典型模式等现实需要具有实际参考价值。

《报告》得到的主要结论及提出的建议。

阶段进展：2024年中国绿色低碳环境修复发展现状，从政策法规、标准规范、技术创新、工程实践等方面都取得了阶段性进展。各地积极探索大型场地环境修复与开发规划、环境修复＋开发建设模式，垃圾填埋场（大宗固体废物）综合治理、矿区生态恢复等大尺度治理修复与生态景观融合的案例不断涌现，在产企业和化工园区持续探索边生产边管控的绿色化改造模式，相关科技成果转化壁垒逐渐打通，设备技术集成整体示范得到有效推进，土壤环境修复向绿色低碳转型具备基础条件。具体表现在五个方面：一是政策引导力度加大，管理模式体现新思路、新理念、新路径；二是“双碳”引领驱动显著，多部门协同发力推进绿色低碳环境修复；三是科技牵引持续发力，绿色低碳技术储备和材料研发逐年增强；四是棕地再生需求凸显，替代地产驱动的土地复合开发成为主流；五是地方积极寻求破题，探索推进环境修复＋开发建设等新模式。

问题挑战：尽管在政策机制、部门协同、科技创新、市场模式等方面取得了阶段性进展，但环境修复领域整体仍以传统高能耗、高投入的修复模式为主，修复和管控模式选择不绿色、不低碳，地产开发驱动向政策驱动、责任驱动和绿色低碳意识驱动还处于转型期，环境修复绿色低碳发展仍面临不容忽视的诸多挑战：一是环境修复领域减污降碳基线不明，协同增效路径不清；二是绿色低碳量化评估指标方法缺失，成效评估缺少抓手；三是绿色低碳环境修复内驱动力不足，价值实现机制不明；四是环境修复工程绿色低碳实践缺乏，示范带动效应较弱；五是相关科技创新成果储备转化不够，技术应用推广滞后。

行动展望：2025 年是“十四五”的收官之年，也是衔接“十五五”承上启下重要的一年。随着“一计划、一方案”的发布实施，土壤污染防治和美丽乡村建设有了新的重要抓手，土壤环境管理支撑美丽中国建设形成了系统的发力点。整县推进美丽乡村建设、沿江 1 km 化工腾退地块土壤污染专项治理行动、“环境修复＋开发建设”试点示范、绿色低碳修复典型案例征集等一系列行动措施，将为今后一段时期环境修复迎来发展红利期提供坚实的政策导向。应当充分借助有利的政策窗口期，紧扣“大型场地治理修复与再开发”“绿色低碳修复”“环境修复＋开发建设”“美丽乡村棕地景观”等新生方向，全面推进环境修复绿色低碳转型各项工作，为修复行业不断提升自身绿色低碳能力夯实根基。《报告》提出五点发展建议，进一步完善绿色低碳修复标准规范，做到抓牢底线和支撑发展两手抓；加快研究绿色低碳修复指标和量化评估方法工具，提供有力管理抓手；开展修复产业减污降碳协同路径研究，为“双碳”目标实现贡献行业力量；重视绿色低碳技术材料成果转化和推广应用，不断强化产业自身储备；加快探索“环境修复+开发建设”新模式、新场景，有力支撑高质量发展。

《报告》由生态环境部环境规划院牵头编制，由世界绿色设计组织（WGDO）公开发布。参与报告编制的单位有北京城市副中心绿色发展研究院、北京师范大学、清华大学、中国矿业大学、南方科技大学、森特士兴环保科技有限公司、北京建工环境修复有限公司、天津渤化环境修复股份有限公司、生态环境部华南环境科学研究所、上海市环境科学研究院、江苏省环境科学研究院、重庆市固体废物管理中心、湖北省生态环境科学研究院、清华苏州环境创新研究院、中关村众信土壤修复产业技术创新联盟等国家级和地方科研单位、高校和一线头部修复企业。《报告》编制过程有幸得到了顾问团队多位知名专家和学者的关心和指导，得到了来自比利时法兰德斯技术研究院（VITO）、英国伦敦帝国理工学院等知名国际机构和高校专家学者的指导和支持。报告编制组在此深深表示感谢。

本书出版得到了国家重点研发计划项目“场地土壤与地下水污染综合治理技术体系”（2024YFC3713300）的支持。

# CONTENTS

# 目 录

# 第一部分 中国进展

# THE FIRST PART CHINA PROGRESS

# 1　绿色低碳环境修复法规政策与标准进展

## 1.1　政策法规进展

### 1.1.1　国家层面

为贯彻落实“双碳”目标，扎实稳妥推进绿色低碳转型，国家层面从多个领域出台了重要政策法规，有力促进了绿色低碳环境修复的发展。

2024 年 11 月，生态环境部、国家发展改革委、工业和信息化部、财政部、自然资源部、住房城乡建设部、农业农村部联合印发《关于印发〈土壤污染源头防控行动计划〉的通知》（环土壤〔2024〕80 号）多次提到绿色发展导向，例如，“加快产业绿色化转型”“积极推进防腐防渗改造、存储转运密闭化、管道输送可视化等绿色化改造”“推动土壤污染风险管控和绿色低碳修复，征集一批典型案例”“加强泄漏快速检测、无损渗漏探测、低扰动低成本风险管控和绿色低碳修复等新技术、新材料、新装备研发应用”。2025 年 1 月，生态环境部、农业农村部、国家发展改革委、财政部、自然资源部、住房城乡建设部、水利部、市场监管总局、国家林草局联合印发《关于印发〈美丽乡村建设实施方案〉的通知》（环土壤〔2025〕5 号）提出大力推进农业绿色低碳发展，并在总体要求中明确“建设村庄干净整洁、农业绿色低碳、生态环境优美的人与自然和谐共生的美丽乡村”，主要目标包括“农业绿色发展进展明显”。此外，还提出推进农业绿色低碳发展水平、推广绿色健康养殖模式、推广绿色用能模式、完善以农业绿色发展为导向的经济激励政策、实现农业生产数字化与绿色化协同发展等内容。“一计划、一方案”的发布实施，是今后一段时期土壤环境管理和美丽乡村建设的重要抓手，为“十四五”和“十五五”的顺利衔接、全面支撑美丽中国建设、引领行业持续发展提供了方向和指引。

在资源利用方面，国家强调资源循环利用和高效利用。《国务院办公厅关于加快构建废弃物循环利用体系的意见》（国办发〔2024〕7 号）提出加强大宗固体废物综合利用，促进尾矿、冶炼渣等资源高效利用；《自然资源部关于高水平保护高效率利用自然资源推动生态产品价值实现的意见》（自然资发〔2024〕281 号）强调要实施自然生态系统整体保护、系统修复、综合治理，夯实生态产品价值实现的资源和空间基础。

在产业发展方面，国家积极推动绿色低碳产业发展，鼓励企业进行技术创新和转型升级。《绿色低碳转型产业指导目录（2024年版）》（发改环资〔2024〕165号）将生态保护修复和利用纳入其中，鼓励相关产业发展；《绿色低碳先进技术示范项目清单（第一批）》（发改办环资〔2024〕272号）包含5项减污节能降碳协同示范项目，旨在推动污染物减排和碳排放控制协同进行；《工业和信息化部等七部门关于加快推动制造业绿色化发展的指导意见》（工信部联节〔2024〕26号）提出推动环保装备领域关键核心技术攻关，鼓励有条件的地区加强资源耦合和循环利用，加快建设“无废企业”“无废园区”“无废城市”。

政策法规还关注激励机制和市场机制的建立。《中共中央　国务院关于全面推进美丽中国建设的意见》提出健全生态产品价值实现机制，推进生态环境导向的开发模式和投融资模式创新；《生态保护补偿条例》（国务院令　第779号）提出拓展生态产品价值实现模式，鼓励、引导社会资金建立市场化运作的生态保护补偿基金，依法有序参与生态保护补偿。

（1）《中华人民共和国矿产资源法》

（2）《中共中央　国务院关于全面推进美丽中国建设的意见》

（3）《国务院办公厅关于加快构建废弃物循环利用体系的意见》（国办发〔2024〕7号）

（4）《中共中央办公厅　国务院办公厅关于加强生态环境分区管控的意见》

（5）《生态保护补偿条例》（国务院令　第779号）

（6）《2024—2025年节能降碳行动方案》（国发〔2024〕12号）

（7）《中共中央　国务院关于加快经济社会发展全面绿色转型的意见》

（8）《产业结构调整指导目录（2024年本）》（国家发展改革委令第7号）

（9）《绿色低碳转型产业指导目录（2024年版）》（发改环资〔2024〕165号）

（10）《工业和信息化部等七部门关于加快推动制造业绿色化发展的指导意见》（工信部联节〔2024〕26号）

（11）《推动铁路行业低碳发展实施方案》

（12）《自然资源部　生态环境部　财政部　国家市场监督管理总局　国家金融监督管理总局　中国证券监督管理委员会　国家林业和草原局关于进一步加强绿色矿山建设的通知》（自然资规〔2024〕1号）

（13）《绿色低碳先进技术示范项目清单（第一批）》（发改办环资〔2024〕272号）

（14）《中新天津生态城建设国家绿色发展示范区实施方案（2024—2035年）》（详见发改环资〔2024〕1198号）

（15）《国家发展改革委等部门关于大力实施可再生能源替代行动的指导意见》（发改能源〔2024〕1537号）

（16）《关于印发〈土壤污染源头防控行动计划〉的通知》（环土壤〔2024〕80号）

（17）《自然资源部关于高水平保护高效率利用自然资源推动生态产品价值实现的意见》（自然资发〔2024〕281号）

（18）《标准提升引领原材料工业优化升级行动方案（2025—2027年）》（工信部联科〔2024〕235号）

（19）《绿色技术推广目录（2024年版）》（发改环资〔2024〕1812号）

（20）《关于印发〈美丽乡村建设实施方案〉的通知》（环土壤〔2025〕5号）

### 1.1.2　地方层面

地方层面积极响应国家号召，因地制宜制定绿色低碳发展政策。北京市发布了《北京市绿色低碳先进技术推荐目录（2024年版）》（京发改〔2024〕1367号），涵盖资源循环利用和环境保护生态修复技术。上海市推出《上海市加快推进绿色低碳转型行动方案（2024—2027年）》（沪府发〔2024〕8号），全方位推动供应链绿色低碳转型，并建立绿色项目库以吸引金融支持。河南省则通过《河南省固体废物综合利用产业绿色低碳高质量发展行动方案》（豫政办〔2023〕71号）强化工业固体废物高值化利用及农业固体废物综合利用产业链延伸。山东省和青岛市相继出台政策清单，鼓励从事污染防治的企业享受税收优惠，激发经济活力。

（1）《北京市绿色低碳先进技术推荐目录（2024年版）》（京发改〔2024〕1367号）

（2）《上海市加快建立产品碳足迹管理体系 打造绿色低碳供应链的行动方案》（沪府办〔2024〕8号）

（3）《上海市加快推进绿色低碳转型行动方案（2024—2027年）》（沪府发〔2024〕8号）

（4）《上海市绿色项目库管理试行办法》（沪环规〔2024〕16号）

（5）《河南省固体废物综合利用产业绿色低碳高质量发展行动方案》（详见豫政办〔2023〕71号）

（6）《河南省进一步强化金融支持绿色低碳发展实施方案》（豫政办〔2024〕51号）

（7）《2024年"促进经济巩固向好、加快绿色低碳高质量发展"政策清单（第一批）》（鲁政发〔2023〕13号）

（8）《青岛市2024年"促进经济巩固向好、加快绿色低碳高质量发展"政策清单（第一批）》（青政发〔2024〕2号）

（9）《2024年"促进经济巩固向好、加快绿色低碳高质量发展"政策清单（第二批）》（鲁政发〔2024〕7号）

（10）《江西省生态环境厅关于助力绿色低碳发展的具体举措》（赣环气候字〔2024〕128号）

（11）《省工业和信息化厅 中国人民银行贵州省分行关于深入推进绿色金融、转型金融推动工业绿色低碳发展的通知》（黔工信〔2024〕17号）

（12）《成都市人民政府办公厅关于印发成都市优化能源结构促进城市绿色低碳发展行动方案、成都市优化能源结构促进城市绿色低碳发展政策措施的通知》（成办发〔2022〕37号）

# 1.2　标准规范进展

## 1.2.1　国家（行业）标准

在国家标准方面，《油气田设备材料绿色制造和低碳排放指南》（ISO/TS 20790）为油气行业绿色低碳转型提供了框架性指导，明确了设计、制造、再制造等环节的技术要求。《绿色产品评价　家具》（GB/T 35607—2024）和《家具绿色设计评价规范》（GB/T 26694—2024）修订完善了家具行业的绿色低碳评价指标体系，聚焦全生命周期管理。

（1）《油气田设备材料绿色制造和低碳排放指南》（ISO/TS 20790）

（2）《绿色产品评价　家具》（GB/T 35607—2024）

（3）《家具绿色设计评价规范》（GB/T 26694—2024）

## 1.2.2　地方标准

地方标准同样取得显著进展。京津冀三地联合发布的《碳普惠项目减排量核算技术规范　低碳出行》（DB11/T 3043—2024）等统一了低碳出行项目的核算方法，适用于区域内相关项目的设计与运行。

## 1.2.3　团体标准

团体标准在绿色低碳领域发挥了重要作用。中国城镇供水排水协会发布的《城镇污水处理厂碳减排评估标准》（T/CUWA 50055—2023）规定了污水处理厂碳排放核算方法与评估流程。深圳市物流与供应链管理协会制定了《绿色低碳道路货运企业要求及评价细则》（T/SCLOG 007—2024），为道路货运企业的绿色低碳发展提供指引。成都市绿色低碳发展协会发布的《零碳场景等级评价规范通用要求》（T/CDGLCDA 1—2024）规范了零碳场景的等级评价流程，助力实现更高水平的绿色低碳目标。深圳市环境监测协会制定了《生态环境监测绿色低碳实验室评价技术要求》（T/SZAEM 0002—2024）和《碳足迹评价技术要求　检测项目》（T/SZAEM 0003—2024），规范了生态环境监测实验室的绿色低碳评价及碳足迹检测流程。浙江省生态与环境修复技术协会发布的《低污染水体绿色低碳生态修复技术规范》（T/EERT 054—2024）对水体生态修复工程提出了具体技术要求。中国建筑节能协会发布的

《建筑零碳空间评价标准（试行）》（T/CABEE 092—2024）对低碳、近零碳、零碳、全过程零碳空间进行了分级定义。

（1）《城镇污水处理厂碳减排评估标准》（T/CUWA 50055—2023）

（2）《绿色低碳道路货运企业要求及评价细则》（T/SCLOG 007—2024）

（3）《零碳场景等级评价规范通用要求》（T/CDGLCDA 1—2024）

（4）《生态环境监测绿色低碳实验室评价技术要求》（T/SZAEM 0002—2024）

（5）《碳足迹评价技术要求　检测项目》（T/SZAEM 0003—2024）

（6）《低污染水体绿色低碳生态修复技术规范》（T/EERT 054—2024）

（7）《建筑零碳空间评价标准（试行）》（T/CABEE 092—2024）

## 1.3　法规政策与标准规范文件清单

表 1-1　绿色低碳环境修复法规政策与标准规范进展

| 序号 | 文件类型 | 文件名称 | 文号或标准号 | 发布时间 | 发布单位 | 绿色低碳环境修复相关章节 |
|---|---|---|---|---|---|---|
| 1 | 国家层面的政策法规 | 《中华人民共和国矿产资源法》 | — | 2024 年 11 月 8 日 | 全国人大常委会 | 新增矿区生态修复专章 |
| 2 | | 《中共中央　国务院关于全面推进美丽中国建设的意见》 | 国务院公报 2024 年第 3 号 | 2023 年 12 月 27 日 | 国务院 | 总体要求中提出处理好高质量发展和高水平保护、重点攻坚和协同治理、自然恢复和人工修复、外部约束和内生动力、“双碳”承诺和自主行动的关系。<br>（二十五）强化激励政策。健全生态产品价值实现机制，推进生态环境导向的开发模式和投融资模式创新 |
| 3 | | 《国务院办公厅关于加快构建废弃物循环利用体系的意见》 | 国办发〔2024〕7 号 | 2024 年 2 月 6 日 | 国务院办公厅 | 强化大宗固体废物综合利用。加强综合利用产品在建筑领域推广应用，畅通井下充填、生态修复、路基材料等利用消纳渠道，促进尾矿、冶炼渣中有价组分高效提取和清洁利用 |
| 4 | | 《中共中央办公厅　国务院办公厅关于加强生态环境分区管控的意见》 | — | 2024 年 3 月 6 日 | 中共中央办公厅<br>国务院办公厅 | 三、助推经济社会高质量发展<br>（七）促进绿色低碳发展 |
| 5 | | 《生态保护补偿条例》 | 国务院令第 779 号 | 2024 年 4 月 6 日 | 国务院 | 第四章　市场机制补偿 提出拓展生态产品价值实现模式 |

续表

| 序号 | 文件类型 | 文件名称 | 文号或标准号 | 发布时间 | 发布单位 | 绿色低碳环境修复相关章节 |
|---|---|---|---|---|---|---|
| 6 | 国家层面的政策法规 | 《2024—2025 年节能降碳行动方案》 | 国发〔2024〕12 号 | 2024 年 5 月 23 日 | 国务院 | 完善能源消耗总量和强度调控，重点控制化石能源消费，强化碳排放强度管理，分领域分行业实施节能降碳专项行动，更高水平更高质量做好节能降碳工作，更好发挥节能降碳的经济效益、社会效益和生态效益 |
| 7 | | 《中共中央　国务院关于加快经济社会发展全面绿色转型的意见》 | — | 2024 年 7 月 31 日 | 中共中央 国务院 | （四）大力发展绿色低碳产业。<br>（二十二）加快关键技术研发。<br>（二十八）健全绿色转型市场化机制。<br>（二十九）构建绿色发展标准体系 |
| 8 | | 《产业结构调整指导目录（2024 年本）》 | 国家发展改革委令第 7 号 | 2023 年 12 月 27 日 | 国家发展改革委 | 四十二、环境保护与资源节约综合利用大气污染物治理和碳减排、生态环境修复和资源利用、城镇污水垃圾处理、环境污染监测防治、危险废弃物处置、绿色矿山等 |
| 9 | | 《绿色低碳转型产业指导目录（2024 年版）》 | 发改环资〔2024〕165 号 | 2024 年 2 月 2 日 | 国家发展改革委<br>工业和信息化部<br>自然资源部<br>生态环境部<br>住房城乡建设部<br>交通运输部<br>中国人民银行<br>金融监管总局<br>中国证监会<br>国家能源局 | 第 2 章　环境保护产业（含各类污染防治装备制造和污染治理）<br>第 5 章　生态保护修复和利用 |

续表

| 序号 | 文件类型 | 文件名称 | 文号或标准号 | 发布时间 | 发布单位 | 绿色低碳环境修复相关章节 |
|---|---|---|---|---|---|---|
| 10 | 国家层面的政策法规 | 《工业和信息化部等七部门关于加快推动制造业绿色化发展的指导意见》 | 工信部联节〔2024〕26号 | 2024年2月5日 | 工业和信息化部<br>国家发展改革委<br>财政部<br>生态环境部<br>中国人民银行<br>国务院国资委<br>市场监管总局 | 在环保装备领域，针对新污染物治理等新需求加强关键核心技术攻关。<br>推动区域产业绿色协同提升，重点发展钢化联产、炼化一体化、林浆纸一体化、以化固碳等产业耦合模式，以及冶金和建材等行业协同处置生活垃圾、向城镇居民供热等产城融合模式，鼓励有条件的地区加强资源耦合和循环利用，加快建设“无废企业”“无废园区”“无废城市” |
| 11 | | 《推动铁路行业低碳发展实施方案》 | — | 2024年2月5日 | 国家铁路局<br>国家发展改革委<br>生态环境部<br>交通运输部<br>国铁集团 | 采购环保型、低碳型设备和材料，推动绿色供应链建设。改进废弃物处理方式，开展废弃物分类回收和资源化利用，减少对环境污染。加大既有锅炉脱硫除尘设施升级改造力度。强化检修段所挥发性有机化合物（VOCs）废气净化治理 |
| 12 | | 《自然资源部　生态环境部　财政部　国家市场监督管理总局　国家金融监督管理总局　中国证券监督管理委员会　国家林业和草原局关于进一步加强绿色矿山建设的通知》 | 自然资规〔2024〕1号 | 2024年4月15日 | 自然资源部<br>生态环境部<br>财政部<br>国家市场监督管理总局<br>国家金融监督管理总局<br>中国证券监督管理委员会<br>国家林业和草原局 | 站在人与自然和谐共生的高度谋划矿业绿色低碳发展，通过政府引导、部门协作、企业主建、社会监督，将绿色发展理念贯穿于矿产资源勘查开发全过程 |

续表

| 序号 | 文件类型 | 文件名称 | 文号或标准号 | 发布时间 | 发布单位 | 绿色低碳环境修复相关章节 |
|---|---|---|---|---|---|---|
| 13 | 国家层面的政策法规 | 《绿色低碳先进技术示范项目清单（第一批）》 | 发改办环资〔2024〕272 号 | 2024 年 3 月 30 日 | 国家发展改革委 | 包含 5 项减污降碳协同示范项目 |
| 14 | | 《中新天津生态城建设国家绿色发展示范区实施方案（2024—2035 年）》 | 发改环资〔2024〕1198 号 | 2024 年 8 月 14 日 | 国家发展改革委 | 支持绿色技术交易，推广节水工艺、技术和装备，鼓励开展环境污染第三方治理。<br>加强河湖水域岸线空间管控，深入实施生态岸线建设和河湖滩海循环连通，继续推动沿海滩涂生态环境保护修复，进一步提升全域水体生态环境质量，持续巩固美丽海湾建设成果 |
| 15 | | 《国家发展改革委等部门关于大力实施可再生能源替代行动的指导意见 | 发改能源〔2024〕1537 号 | 2024 年 10 月 18 日 | 国家发展改革委<br>工业和信息化部<br>住房城乡建设部<br>交通运输部<br>国家能源局<br>国家数据局 | （八）全面支持农业农村用能清洁化现代化。推进农林废弃物、禽畜粪污等与农村有机垃圾等协同处理，合理布局生物质发电、集中式生物质清洁供暖和生物天然气项目 |
| 16 | | 《关于印发〈土壤污染源头防控行动计划〉的通知》 | 环土壤〔2024〕80 号 | 2024 年 11 月 6 日 | 生态环境部<br>国家发展改革委<br>工业和信息化部<br>财政部<br>自然资源部<br>住房城乡建设部<br>农业农村部 | 推动土壤污染风险管控和绿色低碳修复。<br>加强泄漏快速检测、无损渗漏探测、低扰动低成本风险管控和绿色低碳修复等新技术、新材料、新装备研发应用 |

续表

| 序号 | 文件类型 | 文件名称 | 文号或标准号 | 发布时间 | 发布单位 | 绿色低碳环境修复相关章节 |
|---|---|---|---|---|---|---|
| 17 | 国家层面的政策法规 | 《自然资源部关于高水平保护高效率利用自然资源推动生态产品价值实现的意见》 | 自然资发〔2024〕281 号 | 2024 年 12 月 4 日 | 自然资源部 | 二、夯实生态产品价值实现的资源和空间基础……（三）实施自然生态系统整体保护、系统修复、综合治理 |
| 18 | | 《标准提升引领原材料工业优化升级行动方案（2025—2027 年）》 | 工信部联科〔2024〕235 号 | 2024 年 12 月 13 日 | 工业和信息化部<br>生态环境部<br>应急管理部<br>国家标准化管理委员会 | 专栏 2　绿色化标准升级工程<br>石化化工行业、有色金属行业、建材行业。<br>到 2027 年，发布并实施 100 项以上绿色低碳标准 |
| 19 | | 《绿色技术推广目录（2024 年版）》 | 发改环资〔2024〕1812 号 | 2024 年 12 月 24 日 | 国家发展改革委<br>科技部<br>工业和信息化部<br>自然资源部<br>生态环境部<br>住房城乡建设部<br>国务院国资委<br>国家能源局 | 二、环境保护产业<br>三、资源循环利用产业<br>五、生态保护修复和利用 |
| 20 | | 《关于印发〈美丽乡村建设实施方案〉的通知》 | 环土壤〔2025〕5 号 | 2025 年 1 月 14 日 | 生态环境部<br>农业农村部<br>国家发展改革委<br>财政部<br>自然资源部<br>住房城乡建设部<br>水利部<br>市场监管总局<br>国家林草局 | 四、大力推进农业绿色低碳发展 |

续表

| 序号 | 文件类型 | 文件名称 | 文号或标准号 | 发布时间 | 发布单位 | 绿色低碳环境修复相关章节 |
|---|---|---|---|---|---|---|
| 21 | 地方层面的政策 | 《北京市绿色低碳先进技术推荐目录（2024年版）》 | 京发改〔2024〕1367号 | 2024年9月12日 | 北京市发展和改革委员会 | 8项资源循环利用领域，15项环境保护和生态修复领域 |
| 22 | | 《上海市加快建立产品碳足迹管理体系　打造绿色低碳供应链的行动方案》 | 沪府办〔2024〕8号 | 2024年3月16日 | 上海市人民政府 | 四、全方位推动供应链重点环节绿色低碳转型……（三）提升资源循环利用能级 |
| 23 | | 《上海市加快推进绿色低碳转型行动方案（2024—2027年）》 | 沪府发〔2024〕8号 | 2024年8月22日 | 上海市人民政府 | 一、重点领域绿色低碳转型……（五）循环经济领域巩固 |
| 24 | | 《上海市绿色项目库管理试行办法》 | 沪环规〔2024〕16号 | 2024年10月22日 | 上海市生态环境局<br>中共上海市委金融委员会办公室<br>上海市发展和改革委员会<br>中国人民银行上海市分行<br>国家金融监督管理总局上海监管局 | 为金融支持生态环境改善、应对气候变化和资源节约高效利用等建立的项目信息库。入库的绿色项目应符合分类目录，包含温室气体排放控制、适应气候变化、污染防治、资源高效利用、生态产业和生物多样性保护、绿色装备制造、基础设施绿色化、绿色服务等领域 |

续表

| 序号 | 文件类型 | 文件名称 | 文号或标准号 | 发布时间 | 发布单位 | 绿色低碳环境修复相关章节 |
|---|---|---|---|---|---|---|
| 25 | 地方层面的政策 | 《河南省固体废物综合利用产业绿色低碳高质量发展行动方案》 | 豫政办〔2023〕71号 | 2023年12月23日 | 河南省人民政府 | 深入贯彻习近平总书记关于新型工业化工作的重要指示精神，抢抓重大机遇，紧盯重点领域，落实主要任务，推动煤矸石、冶金渣等工业固体废物和废旧电池高值化利用，提升废旧金属、废塑料等再生资源利用率；延伸建筑垃圾、废旧家电家具、农业固体废物等固体废物综合利用领域产业链条，促进固体废物综合利用产业创新升级、制造升级、集群集聚、绿色发展 |
| 26 | | 《河南省进一步强化金融支持绿色低碳发展实施方案》 | 豫政办〔2024〕51号 | 2024年8月30日 | 河南省人民政府 | 创新绿色信贷产品和服务方式。创新绿色低碳项目还款及担保方式，探索环境权益抵质押贷款、环境效益挂钩贷款等产品。<br>创新绿色保险产品和服务。推广环境污染责任保险，探索构建“绿色保险+银行信贷+生态产品”的绿色金融服务模式 |
| 27 | | 《2024年“促进经济巩固向好、加快绿色低碳高质量发展”政策清单（第一批）》 | 鲁政发〔2023〕13号 | 2023年12月28日 | 山东省人民政府 | 2024年1月1日至2027年12月31日，对符合条件的从事污染防治的第三方企业减按15%的税率征收企业所得税 |

续表

| 序号 | 文件类型 | 文件名称 | 文号或标准号 | 发布时间 | 发布单位 | 绿色低碳环境修复相关章节 |
|---|---|---|---|---|---|---|
| 28 | 地方层面的政策 | 《青岛市人民政府关于印发〈青岛市 2024 年“促进经济巩固向好、加快绿色低碳高质量发展”政策清单（第一批）〉的通知》 | 青政发〔2024〕2 号 | 2024 年 1 月 23 日 | 青岛市人民政府 | 2024 年 1 月 1 日 至 2027 年 12 月 31 日，对符合条件的从事污染防治的第三方企业减按 15% 的税率征收企业所得税 |
| 29 | 地方层面的政策 | 《2024 年“促进经济巩固向好、加快绿色低碳高质量发展”政策清单（第二批）》 | 鲁政发〔2024〕7 号 | 2024 年 5 月 15 日 | 山东省人民政府 | 推动全省大规模设备更新和消费品以旧换新“六大工程”、降低物流成本等重点工作任务扎实落地，着力激发需求潜能，畅通经济循环，促进更高水平供需衔接适配，为加快绿色低碳高质量发展提供有力支撑 |
| 30 | 地方层面的政策 | 《江西省生态环境厅关于助力绿色低碳发展的具体举措》 | 赣环气候字〔2024〕128 号 | 2024 年 5 月 6 日 | 江西省生态环境厅 | 实施减污降碳协同增效创新。推动碳达峰相关试点 |
| 31 | 地方层面的政策 | 《省工业和信息化厅 中国人民银行贵州省分行关于深入推进绿色金融、转型金融推动工业绿色低碳发展的通知》 | 黔工信〔2024〕17 号 | 2024 年 3 月 15 日 | 贵州省工业和信息化厅<br>中国人民银行贵州省分行 | 对于以资源综合利用和污染治理为目的的升级改造，可根据企业、项目是否明确了改造目标以及改造效果的实际情况制定差异化金融支持方案；对于目录中符合绿色信贷、绿色债券支持标准的项目，应积极给予绿色金融支持 |

续表

| 序号 | 文件类型 | 文件名称 | 文号或标准号 | 发布时间 | 发布单位 | 绿色低碳环境修复相关章节 |
| --- | --- | --- | --- | --- | --- | --- |
| 32 | 地方层面的政策 | 《成都市人民政府办公厅关于印发成都市优化能源结构促进城市绿色低碳发展行动方案、成都市优化能源结构促进城市绿色低碳发展政策措施》 | 成办发〔2022〕36号 | 2022年6月7日 | 成都市人民政府 | 加快生产方式低碳化转型。实施以煤为燃料的工业炉窑综合整治，按照“能改尽改、应退尽退”原则，推进工业炉窑清洁能源替代、落后产能淘汰和污染物深度治理 |
| 33 | 国家（行业）标准 | 《油气田设备材料绿色制造和低碳排放指南》 | ISO/TS 20790 | 2024年10月22日 | 国际标准化组织 | 规范了绿色制造和低碳排放的定义及内涵，为业界统一了语言框架。同时，明确了油气田设备材料的绿色低碳属性以及设计、制造、再制造、评价、管理等方面的内容和要求，提供了油气行业绿色低碳转型的指导性建议和典型示例，搭建了油气田设备和材料绿色低碳发展的标准化体系框架，为后续相关标准化工作的开展和国际标准的制定提供了方向指引和参考 |
| 34 |  | 《绿色产品评价　家具》 | GB/T 35607—2024 | 2024年6月29日 | 市场监管总局（国家标准委） | 修订细化了“能源”和“低碳”两方面相关指标，优化了资源、环境和品质属性要求 |

续表

| 序号 | 文件类型 | 文件名称 | 文号或标准号 | 发布时间 | 发布单位 | 绿色低碳环境修复相关章节 |
| --- | --- | --- | --- | --- | --- | --- |
| 35 | 国家（行业）标准 | 《家具绿色设计评价规范》 | GB/T 26694—2024 | 2024 年 6 月 29 日 | 市场监管总局（国家标准委） | 修订聚焦设计阶段的绿色化，引入全生命周期评价要求，从原材料选用、生产、销售、使用到回收等各个环节系统考虑降低资源消耗和环境污染的技术要求 |
| 36 | 地方标准 | 《碳普惠项目减排量核算技术规范　低碳出行》 | DB11/T 3043—2024<br>DB12/T 3043—2024<br>DB13/T 3043—2024 | 2024 年 6 月 28 日 | 北京市市场监督管理局<br>天津市市场监督管理委员会<br>河北省市场监督管理局 | 界定了碳普惠项目减排量核算中低碳出行的术语与定义，规定了低碳出行碳普惠项目的基本要求、温室气体种类、项目边界和计入期、核算方法、数据监测与管理。<br>适用于京津冀行政区域范围内低碳出行碳普惠项目的设计、建设和运行 |
| 37 | 团体标准 | 《城镇污水处理厂碳减排评估标准》 | T/CUWA 50055—2023 | 2023 年 12 月 21 日 | 中国城镇供水排水协会 | 规定了污水处理厂碳排放的范围、术语、核算方法、碳减排评估指标计算、评估流程与报告等 |
| 38 | | 《绿色低碳道路货运企业要求及评价细则》 | T/SCLOG 007—2024 | 2024 年 7 月 8 日 | 深圳市物流与供应链管理协会 | 规定了绿色低碳道路货运企业的基本要求、评价原则、评价指标体系和评价方法。<br>适用于道路货运企业 |
| 39 | | 《零碳场景等级评价规范通用要求》 | T/CDGLCDA 1—2024 | 2024 年 10 月 25 日 | 成都市绿色低碳发展协会 | 规定了零碳场景等级评价的评价总则、评价机构、评定等级、证书备案和查询、评价机构和碳核算机构备案。<br>适用于零碳场景等级的评价 |

续表

| 序号 | 文件类型 | 文件名称 | 文号或标准号 | 发布时间 | 发布单位 | 绿色低碳环境修复相关章节 |
|---|---|---|---|---|---|---|
| 40 | 团体标准 | 《生态环境监测绿色低碳实验室评价技术要求》 | T/SZAEM 0002—2024 | 2024 年 11 月 6 日 | 深圳市环境监测协会 | 规范了生态环境监测实验室的绿色低碳评价技术要求 |
| 41 | | 《碳足迹评价技术要求　检测项目》 | T/SZAEM 0003—2024 | 2024 年 11 月 6 日 | 深圳市环境监测协会 | 提出了碳足迹评价的技术要求和检测项目规范 |
| 42 | | 《低污染水体绿色低碳生态修复技术规范》 | T/EERT 054—2024 | 2024 年 12 月 3 日 | 浙江省生态与环境修复技术协会 | 规定了低污染水体的术语和定义、总体要求、原位生态修复技术、异位生态修复技术，生态修复效果评估、运行管理、档案管理等内容。<br>适用于低污染水体的生态修复工程 |
| 43 | | 《建筑零碳空间评价标准（试行）》 | T/CABEE 092—2024 | 2024 年 11 月 26 日 | 中国建筑节能协会 | 提出了低碳、近零碳、零碳、全过程零碳空间的分级定义。规定了零碳空间评价应满足的基本要求。提出了低碳、近零碳、零碳、全过程零碳空间的评价指标，包括空间降碳率、空间本体降碳率以及对于绿色电力交易和碳排放权交易等碳抵消机制的要求 |

## 1.4 典型案例

### 1.4.1 生态产品价值实现典型案例

2024年12月4日，自然资源部办公厅印发《生态产品价值实现典型案例》（第五批），该批次包含10个典型案例。

在发挥国土空间规划引领作用方面，河北雄安新区编制了以“千年秀林”为主体的绿色空间专项规划，夯实生态产品价值实现的绿色空间基础。江苏省宿迁市将“引领生态产品价值实现”的目标和理念融入国土空间规划体系构建全过程，规划“一带两湖、五片八水多点”全域生态大公园空间格局，为增加生态产品供给、拓宽价值实现路径提供了空间支撑。广西壮族自治区桂林市通过国土空间规划强化旅游用地供给，在城镇开发边界内统筹重大旅游项目用地空间，保障了旅游产业的用地需求，实现了国土空间规划对“绿水青山就是金山银山”理念转化的引导，促进了生态环境保护、旅游产业发展和群众增收致富。

在创新自然资源资产产权归集与“资产包”整体配置方面，江西省九江市将八里湖等六个湖泊集中形成“资产包”后整体配置，所得收益市、县按比例分成用于生态保护修复和经济发展，实现“资源变资产、资产变资本、资本变资金、资金护资源”的良性循环。河北雄安新区在造林绿化土地“三权分置”的基础上，通过出租、入股、组建合作社等方式将分散的造林绿化土地经营权进行统一流转，开展造林育林、林业资源开发和林下经济发展，推进森林生态价值显化。

在推进资源权益交易方面，广东省深圳市规划和自然资源局印发《红树林保护项目碳汇方法学（试行）》，探索建立覆盖调查监测确权登记、碳汇计量、底价评估、市场交易、金融支持的全链条碳汇交易机制，完成全国首单红树林碳汇拍卖，所得收入全部反哺用于红树林保护与修复工作，拓宽了“绿水青山”等自然资源资产向“金山银山”的转化路径。

在探索“生态保护修复＋产业导入”模式方面，甘肃省张掖市临泽县统筹沙区治理和综合利用提升沙区生态环境质量和生态产品供给能力，发展种植、养殖、加工、生态旅游等产业，形成“治沙造林＋生态修复＋特色产业”模式，构建起以治沙拉动产业发展、靠产业推动治沙事业的良性循环，河北省邢台市建立七里河综合治理体系，引导和鼓励社会资本参与生态修复，深度融合水系生态和“泉”文化等资源，发展特色文旅体育产业，推动生态效益向经济效益、社会效益转化。

在推动生态产业化和产业生态化协同发展方面，内蒙古自治区牙克石市利用湿地、森林、冰雪和气候等特色资源，分时间段配置自然资源要素，开发冰雪运动、冬季试乘试驾赛车等产业，以产业发展促进自然资源资产价值实现。海南省五指山市依托独特的地质资源和文化资源，建设地质文化村，发展“地质＋旅游”产业，实现了生态好、产业兴、百姓富相统一。陕西省留坝县立足国家重点生态功能区优势和资源禀赋，整合闲置自然资源资产、村集体资产并进行一体化管理和运营，发展特色养殖、林下经济、生态旅游等绿色产业，推动自然资源资产价值转化。

### 1.4.2　“山水工程”典型案例

2024 年 9 月 30 日，财政部办公厅、自然资源部办公厅、生态环境部办公厅印发《关于公布山水林田湖草沙一体化保护和修复工程第二批典型案例的通知》（财办资环〔2024〕29 号）。山水林田湖草沙一体化保护和修复工程项目第二批典型案例名单见表 1-2。

表 1-2　山水林田湖草沙一体化保护和修复工程项目第二批典型案例名单

| 序号 | 省份 | 案例名称 | 所属项目名称 |
|---|---|---|---|
| 1 | 山西 | 山西静乐汾河川国家湿地公园项目 | “十三五”第三批汾河中上游山水工程项目 |
| 2 | 内蒙古 | 水生植物资源化综合处理项目 | “十三五”第三批乌梁素海流域山水工程项目 |
| 3 | 辽宁 | 抚顺西露天矿坑生态修复项目 | “十四五”第一批辽河流域山水工程项目 |
| 4 |  | 辽河口湿地北部区域生态恢复项目 |  |
| 5 | 浙江 | 青田“稻鱼共生”系统修复项目 | “十四五”第一批瓯江源头区域山水工程项目 |
| 6 |  | 开化下淤村村域级系统生态修复项目 | “十三五”第三批钱塘江源头区域山水工程项目 |
| 7 | 安徽 | 十八联圩湿地修复三期工程项目 | “十四五”第一批巢湖流域山水工程项目 |

| 序号 | 省份 | 案例名称 | 所属项目名称 |
|---|---|---|---|
| 8 | 福建 | 漳平生态脆弱区域修复及森林保护能力建设项目 | “十四五”第一批九龙江流域山水工程项目 |
| 9 | 江西 | 于都金桥崩岗片区生态保护修复项目 | “十三五”第一批赣州南方丘陵山地山水工程项目 |
| 10 | 山东 | 沂水双崮流域退化公益林修复与森林质量提升项目 | “十四五”第一批沂蒙山区域山水工程项目 |
| 11 | 湖北 | 宜昌卷桥河湿地生态保护和修复项目 | “十三五”第三批长江三峡地区山水工程项目 |
| 12 | | 石首农田生态系统修复项目 | “十四五”第二批长江荆江段及洪湖山水工程项目 |
| 13 | 湖南 | 长沙圭塘河生态修复项目 | “十三五”第三批湘江流域和洞庭湖山水工程项目 |
| 14 | | 益阳大通湖生态修复项目 | “十四五”第二批长江重点生态区洞庭湖山水工程项目 |
| 15 | 广东 | 大宝山新山片区矿山生态修复治理项目 | “十三五”第三批粤北南岭山区山水工程项目 |
| 16 | 贵州 | 铜仁梵净山生物多样性保护修复项目 | “十四五”第一批武陵山区山水工程项目 |
| 17 | 甘肃 | 玛曲沙化退化草地修复治理项目 | “十四五”第一批甘南黄河上游水源涵养区山水工程项目 |
| 18 | 新疆 | 艾西曼湖区域生态修复及荒漠化治理项目 | “十四五”第一批塔里木河重要源流区山水工程项目 |

### 1.4.3 生产矿山生态修复典型案例

2024年10月，自然资源部在2024中国国际矿业大会“矿山生态修复论坛”上发布首批15个生产矿山生态修复典型案例。自然资源部面向全国征集生产矿山生态修复典型案例，并从征集到的65个案例中遴选出15个具有代表性的案例汇编成册。

1）山西中煤平朔集团有限公司生态修复案例：坚持边开采边修复，形成“采—运—排—复”一体化模式，重建4 667 $hm^2$生态系统，取得显著生态、社会和经济效益，为黄土高原大型露天煤矿生态修复提供“平朔模式”。

2）内蒙古国能准能集团有限责任公司黑岱沟露天煤矿生态修复案例：

推进煤炭开采与生态保护协同，发展绿色经济，建设国家矿山公园，累计修复 6 567 $hm^2$，植被覆盖率 80% 以上，土地复垦率 100%，为西北生态脆弱区矿山生态修复提供“中国样板”。

3）辽宁鞍钢集团矿业有限公司大孤山铁矿生态修复案例：将排岩场打造为生态园，形成采场复垦修复及时化、矿区建设绿色化等特色模式，在生态效益、社会效益、经济效益和“双碳”效益等方面取得明显成效，生态修复成果被外交部作为“中国过去 10 年变化”的 5 个典型案例之一对外发布。

4）浙江湖州新开元碎石有限公司青山石矿生态修复案例：构建“保护优先、绿色开采”理念，通过全生命周期规划利用机制等创新举措，实现生态效益、社会效益、经济效益多赢，是民营企业践行“绿水青山就是金山银山”理念的范例。

5）安徽淮河能源控股集团有限责任公司采煤沉陷区生态修复案例：针对高潜水位采煤沉陷地，打造春申湖、凤栖湖等生态公园，复垦土地近 6 667 $hm^2$，建设水面光伏发电项目，蹚出采煤沉陷区治理新路子，是煤粮复合区高潜水位采煤沉陷地生态修复与复合利用的范例。

6）福建古田天宝矿业有限公司西朝钼矿生态修复案例：采用嗣后充填采矿法等先进技术，实现废石 100% 资源化利用、废水 95% 以上循环利用，矿山绿化覆盖率达到可绿化面积的 100%，对金属矿井工开采的资源开发利用与生态环境保护协同具有示范作用。

7）江西铅山县永平铜矿生态修复案例：针对铜矿开采问题，采用尾砂充填采矿法、排土场综合改良等措施，控制污染风险，恢复草地，提升区域整体生态环境，是协同污染治理与生态修复，实现露天与井工整体修复的范例。

8）山东省邱集煤矿有限公司生态修复案例：实施“引黄河泥沙充填治理采煤塌陷地”技术工艺，实现土地复垦率和耕地恢复率分别达到 100% 和 90% 以上，有效解决引黄干渠清淤及处置难题，对煤粮复合区采煤塌陷地修复治理具有示范作用。

9）湖南宝山铅锌银矿生态修复案例：采用先进工艺控制污染排放，积极开展生态环境修复治理，打造湖南首个工矿旅游景区，生态环境实现根本性扭转，对资源型城市转型发展具有示范作用。

10）重庆东方希望重庆水泥有限公司铜矿山水泥灰岩矿生态修复案例：创新石电共生、采复并举模式，实现区域100%生态修复，年减碳307万t，为长江经济带绿色矿山发展提供可复制、可推广的“丰都经验”，是露天水泥灰岩矿综合治理、系统修复的样板。

11）贵州中国黄金集团有限公司锦丰（烂泥沟）金矿生态修复案例：将废石场复垦区域建设为现代化农业生态园，助力脱贫攻坚，以绿色引领矿地和谐和可持续发展，是露天与井工联合开采金矿综合治理与复垦利用的范例。

12）云南云天化云南磷化集团有限公司昆阳磷矿生态修复案例：坚持“保护中开发、开发中保护”，实施矿山生态修复与矿业共生绿色创新发展新模式，探索矿山地质公园建设，发展林下经济，推动生态效益、社会效益和经济效益协同发展，为长江经济带磷矿资源绿色开发与生态修复提供有益借鉴。

13）陕西陕煤曹家滩矿业有限公司生态修复案例：提出兼顾煤水协同开采的“保水、治水、节水、用水”地上地下系统修复模式，打造“千亩粮田、千亩药园、万亩林草”，形成“生态优先、绿色发展”理念的“曹家滩模式”，是北方防沙带井工煤矿生态保护修复技术创新、系统治理、综合利用的范例。

14）甘肃金徽矿业股份有限公司郭家沟铅锌矿生态修复案例：采用全尾砂分级充填技术，积极推广绿色采选技术、生态修复技术、节能减排技术，实现资源效益和生态效益相得益彰、经济效益和社会效益相互支撑的发展态势，为推动矿业经济绿色转型和高质量发展贡献“金徽力量”。

15）青海果洛州紫金矿业集团股份有限公司德尔尼铜矿生态修复案例：探索出德尔尼铜矿高原矿山生态修复的新途径，极大改善矿区生态环境，保护扩展野生动植物栖息地，大力推动少数民族地区经济和谐发展，为青藏高原金属矿绿色开采与生态修复提供可复制、可推广的经验。

# 2　绿色低碳环境修复工程实践与技术研发进展

## 2.1　工程实践进展

### 2.1.1　工业地块修复

2024 年，我国工业地块环境修复工作稳步推进，在项目数量、资金投入、政策扶持以及技术创新等多方面呈现出复杂态势。

在政策层面，我国持续加强对工业地块土壤和地下水修复的政策支持，继续围绕绿色低碳修复展开布局。2023 年 12 月，生态环境部发布《关于促进土壤污染风险管控和绿色低碳修复的指导意见》（环办土壤〔2023〕19 号）（以下简称《指导意见》），为我国工业地块土壤和地下水修复提供了明确的政策导向，《指导意见》聚焦绿色低碳修复，推动和引导行业向绿色低碳风险管控和修复转型。在政策的有力推动下，2024 年我国工业地块修复行业发展加速向绿色低碳修复转型，土壤减污降碳协同增效成效显著。

在市场形势方面，根据相关数据统计，2024 年我国工业地块土壤修复（含风险管控）项目为 256 个，中标金额总计约为 63.3 亿元；地下水修复项目为 96 个，中标金额总计约为 25.3 亿元。通过 2022—2024 年近 3 年工业污染地块土壤修复项目数量和金额数据对比发现（图 2-1），2024 年修复项目数量有所增加，但市场整体投资规模明显缩减，在资金投入方面有较大的调整。一方面，土壤修复技术不断革新使得修复成本有所降低，进而导致市场资金投入相应减少；另一方面，受土地开发利用需求趋缓影响，部分工业地块治理需求从修复转变为风险管控，成本也随之降低。

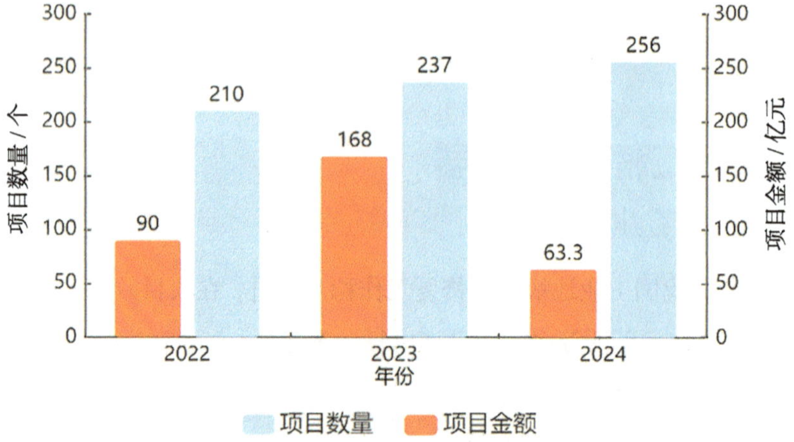


**图 2-1 2022—2024 年工业地块修复项目数量和金额对比**

资料来源：土行者公众号及市场公开信息统计。

在技术应用方面，土壤热修复、固化 / 稳定化、原位化学氧化等主流技术继续得到广泛应用，同时绿色低碳修复技术逐渐受到重视。然而，由于社会对修复达标不确定性的包容性较低，部分业主倾向于使用水泥窑、陶粒窑协同处理等高能耗手段，这在一定程度上限制了绿色可持续修复技术的应用。

在产业结构方面，行业随着城市化进程加快和土地资源的优化配置（如空闲地、低密度地等），部分传统工业用地转化为绿色项目，这种结构化的土地使用进一步加剧了绿色低碳修复与传统工业用地之间的竞争。

综上所述，2024 年我国工业污染地块修复发展呈现复杂态势，未来几年将是我国绿色低碳修复转型发展的重要时间节点，政策支持和技术进步将共同推动行业向绿色化、精细化方向发展，修复项目也将更加注重风险管控和可持续性。

### 2.1.2 农用地修复

2024 年，我国农用地修复工作稳步推进，取得了显著成效。生态环境部印发的《农业面源污染突出区域调查技术指南》，为农用地土壤重金属污染溯源和整治提供了技术指导，为农用地环境修复提供了明确的方向和科学依据。

根据生态环境部的报告，2024 年全国受污染耕地和重点建设用地的安全利用得到有效保障，农用地土壤环境状况总体稳定，土壤重点风险监控点重金属含量整体呈下降趋势。同时，农用地土壤镉等重金属污染治理工作也在持续推进，重点区域的土壤环境质量得到有效改善。

从市场数据来看，2024 年农用地调查与治理修复项目数量有所增长，项目约 273 个，与 2023 年相比，项目数量增长 10.08%；中标金额总计 4.34 亿元，同比下降 24.28%，尽管项目数量有所增加，但整体资金投入有所调整，主要受农用地环境修复项目在规模和资金分配上优化的影响。同时，也与政策导向、资金分配优化以及修复技术的精细化发展有关，未来农用地环境修复将更加注重精准治理和可持续发展。

在技术创新与应用方面，2024 年我国在农用地治理修复中更加注重技术的集成应用和绿色低碳修复。随着政策对耕地质量要求的提高，在土壤改良技术上，更多新型环保材料被应用，如生物炭、土壤调理剂等，用以提升土壤肥力和保水保肥能力，修复土壤污染。这些技术的应用更加成熟，推广范围逐步扩大，在全国多地的修复项目中取得良好效果。此外，智能化监测技术也在农用地修复中发挥了更大作用，通过卫星遥感、无人机监测及地面物联网传感器等手段，实现对农用地的实时动态监测，及时发现土壤质量变化、耕地违法占用等问题。与以往相比，监测的频率和精度大幅提升，为及时采取修复措施提供了有力支持。

未来，我国将继续深化农用地污染治理修复工作，进一步提升改善农用地土壤和地下水环境质量，推动污染治理与生态保护相结合，积极探索新的修复技术和模式，提高修复效率和质量。同时，还将加强政策支持和资金保障，推动土壤污染防治工作向更系统、更科学的方向发展。

### 2.1.3　矿山生态恢复

2024 年，我国矿山生态修复工作在政策推动和市场需求的双重作用下，取得了显著进展。自然资源部等七部门联合印发《关于进一步加强绿色矿山建设的通知》，明确了绿色矿山建设的总体要求和具体目标。到 2028 年底，持证在产的 90% 大型矿山和 80% 中型矿山需达到绿色矿山标准。此外，国家发展改革委等部门发布了《绿色技术推广目录（2024 年版）》，遴选了

112 项先进适用绿色技术，涵盖生态保护修复等领域，为矿山生态修复提供了技术支撑。这些政策和技术推广措施为矿山生态修复提供了明确的方向和有力保障。

根据自然资源部发布的《国家生态保护修复公报 2024》，截至 2024 年，全国累计完成历史遗留废弃矿山生态修复治理面积超过 3 200 $km^2$。2024 年我国矿山恢复治理面积超 6 万 $hm^2$，2022 年、2023 年矿山治理面积分别约为 5.55 万 $hm^2$ 和 5.6 万 $hm^2$，呈逐年递增趋势。我国在矿山生态修复的面积上持续保持增长态势，反映出国家对矿山生态环境修复的重视和投入力度不断加大。同时，2024 年我国矿山生态修复市场规模约为 5.68 亿元，随着矿山生态修复需求的不断增加，预计 2025 年市场规模将继续扩大。

从政策和技术层面来看，矿山生态修复行业呈现多方面积极发展的趋势。一方面，政府通过制定相关政策和提供资金支持，推动矿山生态修复工作的深入开展；另一方面，技术创新成为行业发展的重要驱动力，新的修复技术和工艺不断涌现，为矿山生态修复提供了更多高效、可持续的解决方案。此外，矿山生态修复的多元化修复方法和跨界合作模式也在不断探索中，例如，将矿山修复与旅游开发、复垦造田、引水造湖等相结合，不仅可以改善生态环境，也创造了经济效益。

在技术应用方面，矿山生态修复行业不断引入先进适用技术，推动绿色低碳转型。例如，高性能植物垫新技术在露天矿山生态修复中的应用，以及基于自然恢复的矿山生态修复技术，均取得了显著成效。此外，如“无灌溉植树技术”和“尾矿库闭库、光伏发电与生态修复耦合技术”等创新技术，不仅解决了矿山生态修复中的难题，还实现了资源的高效利用。这些技术的应用和创新，为矿山生态修复提供了更多可行的解决方案，推动了行业的技术进步。

未来，矿山生态修复行业将继续朝着绿色化、智能化方向发展，通过技术创新和政策支持，实现矿山生态系统的全面恢复和可持续利用。

### 2.1.4 垃圾（固体废物）填埋场

2024 年，我国垃圾（固体废物）填埋场管控治理和封场工程呈现良好的发展态势。政府不断加大垃圾填埋场治理力度，推动相关法规和标准的制定与实施。2024 年 7 月 26 日，生态环境部发布了《生活垃圾填埋场污染控制标准》（GB 16889—2024），自 2024 年 9 月 1 日起实施。这一标准的实施，对垃圾填埋场的设计、建设和运营提出了更高要求，将推动行业向更环保、更高效的方向发展。此外，政策如碳交易和绿色基金的推动，将激励更多投资进入填埋场治理和资源化项目。

在填埋场治理方面，2024 年我国垃圾（固体废物）填埋场治理方面的投入和重视程度不断提高，治理项目数量较 2023 年增加了约 15%，治理面积也扩大了约 20%。一些地区通过引进先进的微生物强化降解技术，加速了填埋物的分解，促进了生态系统的恢复。

在管控方面，2024 年我国垃圾（固体废物）填埋场的管控措施更加严格和科学。与 2023 年相比，填埋场的环境监测频率提高了约 30%，监测指标也更加全面。同时，通过智能化管理系统的应用，填埋场的运营效率和安全性得到了显著提升。

在封场工程方面，2024 年我国垃圾（固体废物）填埋场封场工程数量较 2023 年增加了约 10%，封场面积也扩大了约 15%。这主要是由于一些老旧填埋场达到了设计容量，需要进行封场处理。封场后的填埋场通过生态恢复和土地再利用，实现了环境效益和经济效益的双赢。

此外，垃圾（固体废物）填埋场治理正从传统的封场向生态修复和资源回收转型。据相关报告显示，2024 年我国垃圾填埋场治理市场规模持续增长，治理技术不断创新，生物降解、渗滤液处理和气体捕获等技术的应用，有效减少了二次污染，填埋气的回收利用也实现了资源的循环利用。

总体而言，2024 年我国垃圾填埋场土壤修复、管控及封场工程在市场动态、技术应用和政策支持方面均展现出新的特点。未来，随着生态修复和资源回收技术的进一步推广，垃圾填埋场治理行业有望实现更加绿色、高效的转型。

### 2.1.5　源头管控工程

2024 年，我国土壤和地下水源头管控工程在政策推动和技术发展的双重作用下取得显著进展。此外，国家持续完善相关技术规范和标准体系，为行业发展提供了政策和技术支持。

在政策层面，2024 年 11 月 6 日，生态环境部联合国家发展改革委、工业和信息化部、财政部、自然资源部、住房城乡建设部、农业农村部印发《土壤污染源头防控行动计划》，明确到 2027 年土壤污染源头防控取得明显成效的总体目标，具体包括土壤污染重点监管单位隐患排查整改合格率达到 90% 及以上，受污染耕地安全利用率达到 94% 及以上，建设用地安全利用得到有效保障。这一政策的实施标志着我国土壤和地下水污染防治工作从末端治理向源头防控的全面转变，为未来几年的工作指明了方向。

在技术创新方面，我国在土壤和地下水污染治理中逐步引入绿色低碳修复技术，推动污染治理与生态保护相结合。未来，我国将继续深化土壤污染源头防控工作，通过全链条治理、协同治理和降本增效，进一步提升土壤和地下水环境质量。加强政策支持和资金保障，推动土壤源头管控工作向更系统、更科学的方向发展。

在具体实施方面，我国已启动 124 个土壤污染源头管控重大工程项目，22 个省份在受污染耕地集中地区划定 210 个重点区域，执行涉重金属污染物特别排放限值。此外，生态环境部印发的《地下水污染防治重点区划定技术指南（试行）》，将 2 616 家企业纳入地下水污染防治重点排污单位名录。这些措施有效推进了土壤和地下水污染的源头治理，减少了新增污染风险。

目前，我国在土壤和地下水源头管控方面不断强化政策支持和技术应用。生态环境部强调，要通过强化土壤污染源头防控，推动全链条污染治理，降低末端治理成本。例如，通过前移土壤污染防治关口，加强生态环境分区管控，严格重点行业企业选址和监管，推动地面防渗、管道可视等设施建设。此外，各地也在积极探索绿色金融、绿色保险等政策工具，以支持前端污染预防和过程控制。这些措施不仅提升了源头管控的效率，也为行业的可持续发展提供了政策保障。

2024 年，我国在土壤和地下水源头管控工程方面取得了积极成效，政策支持和技术应用的协同推进为行业的发展提供了强大动力，同时也进一步推动土壤污染源头防控和绿色低碳修复。未来，随着更多源头管控措施的落地实施，我国土壤和地下水环境质量有望进一步改善，为生态文明建设和美丽中国建设提供有力支撑。

## 2.2　技术研发进展

随着近年来国内环境管理体系的不断健全，绿色低碳修复技术亦取得长足进步，在修复与管控技术、相关绿色低碳修复材料与装备的研发、新污染物治理及数智化监测与监控系统研发等方面均有突破。在环境修复科技研发投入方面，主要包括科技部重点研发专项、国家自然科学基金、企业科研自主研发投入等方面。

2024 年“大气与土壤、地下水污染综合治理”重点专项支持绿色低碳环境修复相关项目包括以土壤、地下水为主要修复介质的治理修复技术和材料，以及新污染物的筛查、评估技术和智慧监测－决策体系构建等内容（表 2-1），侧重于新技术的研发和修复治理技术的集成示范研究。

表 2-1　2024 年“大气与土壤、地下水污染综合治理”重点专项支持绿色低碳环境修复相关项目

| 序号 | 项目名称 | 涉及绿色低碳环境修复相关内容 |
|---|---|---|
| 1 | 基于生态环境大模型的土壤－地下水污染监测监管与风险预警体系 | ①开发专用的土壤与地下水案例数据标注辅助、多模态数据增强、训练数据提取与清理、监测点位与频率优化等工具包或核心算法 4 套。<br>②辅助指导提升监测网优化监测频次或监测指标，相同采样频次下比未优化前节省 50% 采样成本 |
| 2 | 土壤与地下水新污染物风险诊断与管控技术研究 | ①开发出土壤与地下水全氟类和抗生素类新污染物非靶向筛查技术。<br>②针对全氟类和抗生素类新污染物污染场地，构建土壤与地下水长效风险管控技术体系 |
| 3 | 有色冶金复杂废气多污染物低能耗高效协同治理技术及示范 | ①吨金属生产无组织排放比例降低 20%。<br>②脱硝系统在烟气温度 80 ~ 200℃保持稳定高效运行。大气污染治理系统运行能耗整体下降 20% 以上 |
| 4 | 化工园区减污降碳协同治理与技术集成示范 | 在 2 个及以上典型化工园区实现示范应用，减污降碳协同治理的示范工程处理规模要代表并覆盖国家典型化工园区，挥发性有机物、卤化物、氨等污染物排放浓度比现有国家排放标准限值降低 50% 以上，污染物治理系统整体运行能耗降低 20% 以上，并建立园区减污降碳协同治理智能管控平台，园区单位工业增加值污染物排放量下降 30% 以上、单位工业增加值碳排放量下降 20% 以上 |

| 序号 | 项目名称 | 涉及绿色低碳环境修复相关内容 |
|---|---|---|
| 5 | 地下水污染风险管控与绿色低碳修复关键技术 | ①研发出复合有机污染地下水低碳释放的绿色长效缓释修复材料，长效缓释性能和修复效能比同类材料提高30%以上，生产成本降低30%以上。<br>②开发出多场耦合强化传质、风险管控与低碳修复技术体系，与国际同类技术相比，碳释放通量减少50%，与现有技术相比，工程应用成本降低30% |
| 6 | 大型金属矿区污染场地精准管控与治理关键技术 | 开发绿色低碳复合重金属污染源头管控、多介质污染协同治理创新技术不少于3项，构建大型金属矿区污染场地精准管控与协同治理技术体系，源头重金属释放通量降低80%以上，碳释放通量较同类技术减少50%，单位面积修复成本降低30%以上 |
| 7 | 地下水污染物跨介质传输观测与多界面阻控技术 | 开发出功能协同的跨介质多级阻控创新型材料与技术，与国际同类材料与技术相比，性能提高50%以上 |
| 8 | 场地土壤与地下水污染综合治理技术体系 | ①建立场地污染综合治理与安全利用成套技术库；建立高效精准监测监管、绿色可持续修复与风险管控智慧决策系统。<br>②研究制定土壤－地下水污染综合治理与安全利用系统解决方案，场地土壤安全利用率95%以上，地下水水质达到安全利用水平，治理总体能耗降低30%以上 |
| 9 | 在产石化企业场地污染管控与修复技术集成及示范 | ①研制在产石化企业场地地下管网与储库等渗泄漏检测关键技术与装备，探测精度≤1m。形成渗泄漏多维监测与智慧感知系统，且应用案例不少于5项。<br>②研选场地污染高性能新型原位阻控与修复材料与技术方法6种以上，与同类材料与技术相比，修复效率＞30%，修复成本降低＞30% |
| 10 | 西北旱区土壤微塑料污染生态风险与管控技术及应用示范 | ①建立适用于西北旱区土壤中微塑料（≥10种）分离与鉴定技术3项以上，识别率大于90%。<br>②研发微塑料生态风险评估技术方法，开发出微塑料生态环境风险预测模型。<br>③确定微塑料生态风险水平，土壤微塑料含量与风险降低30%以上 |
| 11 | 土壤与地下水新污染物全生命周期环境效应与碳足迹 | 创建新污染物土壤－地下水迁移扩散预测模型，提出土壤与地下水系统中10种以上新污染物全生命周期的生态风险及碳足迹 |
| 12 | 土壤与地下水新污染物防控材料与技术 | 创制土壤与地下水全氟化合物等新污染物高效选择性修复材料3种以上，在保持土壤与地下水生态功能的前提下实现新污染物高效选择性去除 |

### 2.2.1　修复与管控技术

2024 年 12 月，国家发展改革委等八部门联合印发《绿色技术推广目录（2024 年版）》，涉及土壤和地下水污染防治领域的绿色低碳技术包括“污染场地原位靶向注入修复关键技术与装备”“高性能植物垫新技术在露天矿山生态修复中的应用研究”等 2 项（表 2-2）。

表 2-2　土壤和地下水污染防治领域的绿色低碳技术

| 技术名称 | 工艺技术内容 |
|---|---|
| 污染场地原位靶向注入修复关键技术与装备 | 高压射流 - 定向喷注工艺利用水力压裂原理，解决了低渗透地层药剂注入难和传输距离小的问题；定向钻进 - 射流喷注一体化修复工艺通过高精度水平 / 垂直导向钻进，实现土壤和地下水污染的精准靶向修复，大幅降低修复成本，减少药剂浪费和二次污染；水平井修复工艺环境足迹小、不影响生产经营，有效解决了在产企业污染治理难题；（多层）多分支水平井立体修复工艺减少钻进量，显著降低大面积污染的修复成本 |
| 高性能植物垫新技术在露天矿山生态修复中的应用研究 | 通过选取最优配比的植生基质和植物种子，装入特质的双层可降解无纺布植物垫，多维加筋锚固于岩面上，再喷播 8 ~ 10 cm 的植生基质，结合给排水机构迅速形成两层土壤结构，形成适合植物生长的立地环境，克服了高陡边坡固土难的问题，使群落结构本身发生动态过程变化，恢复高陡矿山生态 |

资料来源：《国家绿色低碳先进技术成果目录》。

### 2.2.2　材料与装备研发

绿色低碳环境修复理念在材料与技术装备研发中取得一系列产出进展（表 2-3）。

表 2-3　材料、技术装备研发产出进展

| 类型 | 成果名称 |
|---|---|
| 修复材料 | 肠杆菌 - 生物炭复合材料<br>碳基载体 -ZVI 耦合修复材料<br>磁性纳米功能材料 MFC<br>粉煤灰基沸石与石油烃降解菌联合修复药剂<br>超富集植物修复 |

| 类型 | 成果名称 |
|---|---|
| 技术装备 | 基于气动精密监测与智能控制的土壤污染原位协同修复与智能管控技术及装备<br>有机污染土壤化学氧化－微生物－热强化协同修复装备<br>采用数字化控制系统实现模块化土壤原位注射修复的装备<br>基于混合动力学设计的土壤定向修复装备<br>太阳能热耦合微生物土壤地下水修复装备 |

资料来源：CNKI及公开资料整理。

### 2.2.3 新污染物

2024年9月，生态环境部印发《新污染物生态环境监测标准体系表（2024年版）》，明确了开展新污染物调查监测、监督管理的工作要求。涵盖了5项技术规范、135项分析方法标准和30项标准样品。技术规范类标准项目为新污染物环境监测技术指南、环境新污染物高分辨质谱筛查技术指南等。分析方法标准项目涉及的监测介质主要为水和废水、土壤和沉积物、环境空气和废气、固体废物，其中，对于水溶性较弱的指标，暂不考虑水和废水监测介质，对于挥发性较弱的指标，暂不考虑环境空气和废气监测介质。新污染物生态环境监测标准体系框架见图2-2。

2024年11月，生态环境部批准了《生态环境部新污染物环境健康影响评价重点实验室》验收申请，为新污染物的环境健康影响评价体系的构建奠定了科研基础。

同时，在全国各省（区、市）均开展了针对新污染物的环境本底调查与监测等系列工作。其中，江苏省针对重点行业企业及其周边环境水体，在苏州市、常州市、泰州市、无锡市和南通市5个典型园区共布设地表水、地下水、废水和环境空气等近150个点位，围绕紫外吸收剂、有机磷酸酯、抗生素、全氟化合物、邻苯二甲酸酯类、内分泌干扰物等18大类约180种新污染物，开展了环境本底监测及工业区试点调查监测。

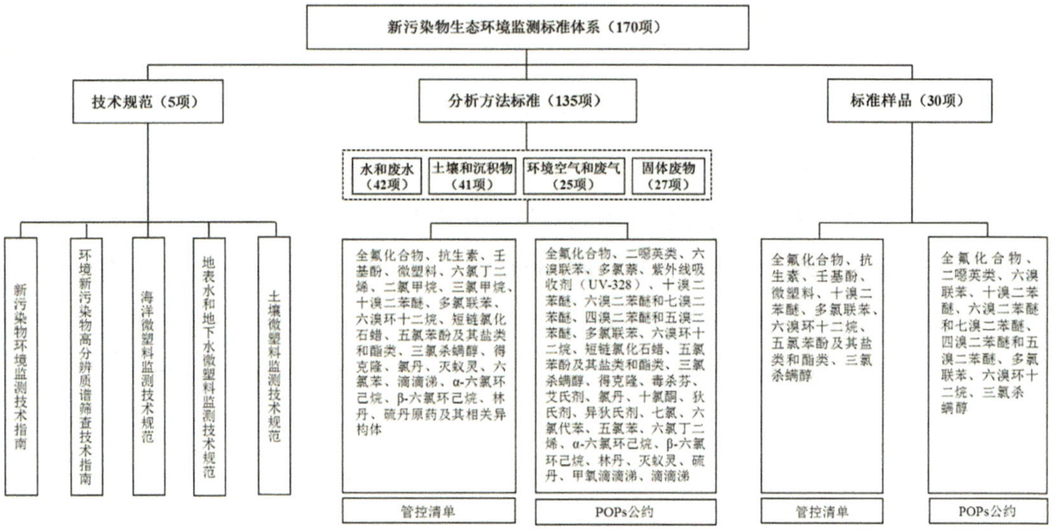


**图 2-2　新污染物生态环境监测标准体系框架**

资料来源：生态环境部官网。

### 2.2.4　监测与监控研发

2024 年 3 月，生态环境部印发《关于加快建立现代化生态环境监测体系的实施意见》，明确了建立现代化生态环境监测体系的思路、目标和任务。突出“数智化转型”、“数据质量提升”及“基础能力建设”等 3 个方面，提出健全天空地海一体化监测网络、塑造数智化监测技术新优势、强化高水平监测业务支撑、筑牢高质量监测数据根基、推进高效能监测管理，明确加强多源异构数据融合技术研究，实现卫星遥感与地面监测、传感器等多手段融合监测的一体化分析评价（表 2-4）。

**表 2-4　多手段融合监测的一体化分析评价**

| 类型 | 成果名称 |
| --- | --- |
| 监测技术 | 1. 基于气动精密监测与智能控制的土壤污染原位协同修复与智能管控技术及装备；<br>2. 基于数字孪生的地下水监测技术；<br>3. 土壤气 VOCs 在线监测技术 |

资料来源：CNKI 及公开资料整理。

## 专栏 1 典型场地修复工程环境足迹评估案例

一、钢铁行业场地环境足迹评估典型案例

1. 案例背景

安徽省合肥市某钢铁厂搬迁后遗留场地存在重金属（铅、镉）与有机物（苯系物、多环芳烃等）复合污染，需修复土壤 16.4 万 $m^3$。基于美国国家环境保护局（EPA）开发的 SEFA 工具（环境足迹分析电子表格），对比三种异位组合修复方案的环境足迹，旨在筛选绿色可持续的修复技术。

2. 方案比选

方案一：淋洗（重金属）+ 化学氧化（有机物）+ 水泥窑协同处置；

方案二：稳定化（重金属）+ 化学氧化 + 热脱附（有机物）+ 异地填埋；

方案三：生物降解（有机物）+ 稳定化（重金属）。

**表 1 典型钢铁行业地块环境足迹分析结果**

| 核心指标 | 方案一 | 方案二 | 方案三（最优） |
|---|---|---|---|
| 总能源消耗 / 万 MJ | 243 662 | 347 423 | 21 808 |
| 温室气体排放 / 万 t | 40.88 | 21.12 | 1.73 |
| $NO_x$+$SO_x$+PM 排放 /t | 610 | 365 | 66.8 |
| 材料消耗量 /t | 1 835 | 6 495 | 20 059 |
| 固体废物产生量 / 万 t | 16.63 | 20.05 | 0 |

3. 数据分析

1）有机污染土壤修复技术对比。

化学氧化：能耗（949.55 MJ/$m^3$）、温室气体（0.05 $tCO_2e/m^3$）最低。

生物降解：能耗（1 677.54 MJ/$m^3$）、温室气体（0.09 $tCO_2e/m^3$）次之。

热脱附：能耗（3 049.11 MJ/$m^3$）、温室气体（0.17 $tCO_2e/m^3$）最高，主要因天然气消耗与尾气处理。

2）重金属污染土壤修复技术对比。

异地填埋：能耗（432.57 MJ/m$^3$）、温室气体（0.03 t$CO_2$e/m$^3$）最低。

稳定化：空气污染物排放（116.11 g/m$^3$）最优，但温室气体排放较高（0.08 t$CO_2$e/m$^3$）。

3）敏感性分析。

化学氧化与稳定化的温室气体排放对材料用量敏感（敏感性>0.9）。生物降解与淋洗的排放受设备运行时长与材料用量共同影响。

4. 建议

1）生物降解＋稳定化综合环境足迹最小，适合关注“双碳”目标及空气质量的场地。

2）减少化学氧化 / 稳定化的药剂用量，采用绿色替代材料。

3）推广可再生能源（如清洁电力）降低间接排放。

二、造纸行业场地环境足迹评估典型案例

1. 案例背景

安徽省某废弃造纸厂地块因长期生产活动导致土壤受重金属（铅、汞）及有机物（苯系物、多环芳烃等）复合污染，需修复土壤总量2.6万 m$^3$。研究基于绿色可持续修复（Green and Sustainable Remediation，GSR）理念，采用EPA开发的SEFA工具，对比三种修复方案的环境足迹，为造纸行业污染场地治理提供科学依据。

2. 方案比选

方案一：异位化学氧化＋水泥窑协同处置；

方案二：单一水泥窑协同处置；

方案三：异位热脱附＋土壤淋洗。

表2　典型造纸行业地块环境足迹分析结果

| 核心指标 | 方案一 | 方案二 | 方案三（最优） |
|---|---|---|---|
| 总能源消耗 / 万 MJ | 15 967.66 | 7 634.55 | 3 384.41 |
| 温室气体排放 / 万 t | 1.21 | 0.60 | 0.25 |
| $NO_x$+$SO_x$+PM 排放 /t | 78 114.59 | 40 863.27 | 9 070.62 |
| 材料消耗量 /t | 760.5 | 12.5 | 0 |

3. 数据分析

1）方案三（热脱附＋淋洗）环境足迹最小，其量化温室气体（GHG）排放量仅为方案一的 20%、方案二的 41%。

2）水泥窑协同处置（方案一、方案二）高能耗和材料消耗导致环境负担显著增加。

3）蒙特卡罗模拟显示，各方案变异系数均 $<0.1$，结果可靠性高。

4. 建议

1）优选方案：方案三（热脱附＋淋洗）综合环境效益最佳，推荐作为造纸行业复合污染地块修复的优先选择。

2）技术优化：动态调控修复参数（如药剂投加量、设备运行时间）可进一步降低碳排放。

三、化工行业场地环境足迹评估典型案例

1. 案例背景

某华东化工厂因长期生产农药，土壤及地下水受有机磷和苯系物污染，污染面积 2.5 万 $m^2$，地下水污染深度达 12 m。规划修复后作为商业用地。采用 SiteWise™ 工具评估了原位化学氧化技术修复地下水污染的环境足迹。研究将修复过程分为材料消耗、运输、施工和样品测试 4 个环节，GHG 排放、能源消耗及大气污染物（$SO_x$、$NO_x$、$PM_{10}$）排放，对比原位化学氧化与生物修复技术的环境足迹，筛选绿色可持续方案。

2. 方案比选

表 3　典型化工行业地块环境足迹分析结果

| 核心指标 | 化学氧化修复 | 生物修复 |
|---|---|---|
| 总能源消耗 /（$MJ/m^3$） | 1 800 | 432 |
| 温室气体排放 /（kg $CO_2/m^3$） | 18.2 | 6.8 |
| $NO_x+SO_x+PM$ 排放 /（$kg/m^3$） | 3.2 | 2.4 |
| 材料消耗量 /（$kg/m^3$） | 850 | 500 |

3. 数据分析

（1）温室气体排放

化学氧化修复：18.2 kgCOx/m³（材料占 75%，施工占 20%）；生物修复：6.8 kg$CO_2$/m³（能耗占 60%，运输占 25%）。

（2）大气污染物

原位化学氧化修复的 SOx 排放（3.2 kg/m³）显著高于生物修复（0.9 kg/m³），主要因为过硫酸钠生产；生物修复的 $NO_x$ 排放（1.5 kg/m³）来自电力消耗。

（3）敏感性

原位化学氧化修复对氧化剂用量敏感（SR=1.8），生物修复对菌剂活性敏感（SR=1.2）。

4. 建议

1）原位化学氧化修复优化：采用化学催化氧化技术减少药剂用量 30%，结合光伏供电降低施工碳排放。

2）生物修复强化：本地化生产菌剂缩短运输距离，利用地下水循环系统减少能耗。

3）生物修复的综合环境足迹较原位化学氧化修复降低 62%，且适用于低浓度有机物污染场地。

## 专栏 2　天工环境修复数据库

产品碳足迹核算的基础方法是生命周期评价（LCA），生命周期评价的关键是数据。目前，由于国内没有得到国际广泛认可的数据库，国内企业进行产品生命周期评价，主要应用欧美企业发布的商业数据库。而欧美企业发布的商业数据库中的中国相关数据存在无法表征我国生产技术现状、无法追溯和验证数据来源等问题。2023 年 11 月 13 日，国家发展改革委等五部门联合印发《关于加快建立产品碳足迹管理体系的意见》，其中明确“加强碳足迹背景数据库建设”“推动碳足迹国际衔接与互认”等重点任务。2023 年 11 月 27 日，中国首个开放透明生命周期单元过程数据库——“天工环境修复数据库”正式发布。“天工环境修复数据库”是天工计划的第一阶段成果。“天工计划”是由清华大学、复旦大学、中国科学院城市环境研究所和南昌大学联合牵头，联合国内外三十余所高校和科研机构共同发起的国际科学计划，旨在通过人工智能技术革新传统生命周期评价（LCA）体系，构建智能化、标准化、开源开放的生命周期评价方法论与数据平台，为全球应对气候变化和可持续发展提供科学工具。天工环境修复数据库以开放、开源、共享、透明、可追溯为基本原则，汇聚了涵盖我国 55 个行业、4 000 多组单元过程的 70 000 多条公开数据。其中包括土壤与地下水修复领域单元过程 182 个，涉及各类修复技术 36 项，环境修复领域数据主要源于公开发表的学术文献。2024 年，天工环境修复数据库进一步扩充和完善，一方面将土壤与地下水修复工程所用产品与上游、下游实现更好关联，另一方面新增多种土壤与地下水修复技术。当前天工环境修复数据库已嵌入天工 LCA 平台（https://lca.tiangong.earth）供用户免费使用，土壤与地下水修复领域数据研制过程及结果公开发表在以下论文中：Systematic environmental remediation life cycle inventory dataset for soil, groundwater and sediment。

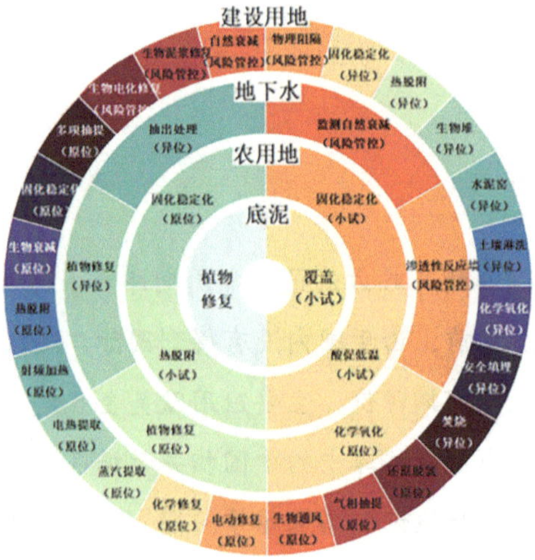


图 1　天工环境修复数据库——土壤与地下水修复领域所含技术汇总

## 专栏 3　农药污染土壤修复异味扰民管理对策建议

我国不少地方都有遗留农药类污染地块亟待治理修复和进一步开发利用。这类地块土壤和地下水中残留较高浓度的复合有机污染物，修复治理难度大且易造成异味物质逸出。随着人们生态环境意识的持续提升，多地出现农药类污染地块修复期间异味扰民投诉甚至引发群体性事件，这也成为土壤修复环境管理领域亟需解决的问题。

“十四五”以来，我国出台的多项方针政策包括《中共中央　国务院关于深入打好污染防治攻坚战的意见》《“十四五”土壤、地下水和农村生态环境保护规划》《关于促进土壤污染风险管控和绿色低碳修复的指导意见》等，都明确要求农药原药制造等企业腾退的重度污染地块，原则上优先拓展生态空间，确需开展土壤污染风险管控和修复的，应采取措施严防异味扩散，同时加大对恶臭异味的治理力度。当前，农药污染土壤修复异味问题仍面临严峻挑战，亟待管理、技术、标准等多维度协同发力。

面临的挑战：

一是防控体系逐渐完善，异味扰民得到一定控制，但在关键环节和极端气候条件下仍面临监管不严的考验。农药类污染地块修复工程通常涉及土壤挖掘、清运、堆放等过程，均会导致二次污染产生。在工程技术层面，二次污染防控措施以建设负压大棚和喷洒气味抑制剂为主体，基本涵盖修复全过程，但在修复技术加热升温、药剂材料注入等关键环节仍存在明显短板，致使异味物质持续性逸出，难以实现全过程异味有效防范。在现场组织方面，极端气候条件下如高温、洪涝发生变化时，预警监测系统和应急响应机制尚未完善，难以迅速高效应对突发性异味事件。在社会管理方面，由于缺乏健全的公众参与及沟通机制，极易出现舆论影响修复工程实施的情况。此外，现有“防控＋监控”组合体系尚未实现高密度、全方位覆盖，难以实现异味充分监管。

二是地块普遍污染严重，修复技术体系尚处于发展阶段，时常存在

"达标性"异味污染现象，工程极限难以突破。农药类污染地块普遍存在污染组分繁杂、污染介质多相、污染异味强烈的情况。我国环境修复技术体系仍处于发展阶段，农药类污染地块主要采用热脱附、气相抽提、化学氧化和水泥窑协同处置等高扰动修复技术，难以精细识别异味物质在多相间的非平衡态迁移扩散潜在路径。修复治理往往导致农药类物质发生降解反应而形成新的异味物质，现有技术体系在实时调整和优化方面仍有不足，导致异味防范难度升级。此外，地块修复过程中常常面临浓度反弹、长期拖尾等风险，受现有技术"瓶颈"、修复周期以及修复成本的多重制约，存在工程极限挑战。在修复效果评估方面，通常将嗅觉主观性纳入评判标准，导致存在"达标性"异味污染现象。现有异味管理全过程尚未实现精细化把控，加剧了工程"瓶颈"突破的难度。

三是异味管理研究涵盖从基础理论到技术探索等多个层面，但仍存在科技支撑不强、成果转化不到位的短板。农药类污染地块潜在异味物质种类繁杂，涵盖原辅材料、中间体、产品及降解产物等。现有标准虽已明确多种典型异味物质，但仍无法涵盖数量庞大且复杂多样的农药类物质，识别技术标准缺失问题较为明显。嗅阈值是判断异味物质感官影响最为直观的指标，当前检测分析技术在识别多介质中嗅阈值低的异味物质时，存在精度局限性，难以精准定性定量摸排异味物质。而且，我国现有污染地块环境质量标准主要基于人体健康风险制定，暂未将污染物嗅觉环境效应纳入衡量标准。农药类污染地块异味物质在识别—检测—评估方面缺乏大量基础数据，难以精准识别与科学评估异味物质在环境中的赋存特征。此外，修复工程通常依据过往经验和常规技术开展，暂未将当下科研创新思路与成果加以充分应用，科研成果与工程实施存在不同程度脱节。因此，现有科学研究成果无法满足实际工程需求，科研—技术—工程之间的壁垒尚未打通。

解决农药污染土壤异味防控问题，需要积极探索系统治理和综合应对：

第一，精准定位异味管理靶向节点，建立健全现代化修复工程监管体系。精准识别农药类污染地块修复全过程潜在二次污染关键节点，探索构建重点环节的防控技术体系，全面提升二次污染防控能力。倡导修复单位构建全方位、多层次监管机制，将地块异味管理纳入日常环境巡查事项。加强多介质异味监测体系建设，智能预测多情境下异味演变趋势，确保防控措施的有效落实和异味问题的持续改善。以公众满意为基础，建立多渠道公众参与机制，充分保障公众身体健康与生命安全，综合平衡环境管理与社会管理需求。

第二，合理规划地块未来用途，建立基于需求的绿色低碳修复模式。综合考虑农药类地块污染现状及开发需求，合理规划农药类污染地块开发用途。基于用地规划、周围敏感受体、地块污染程度以及水文地质条件等因素，综合考虑修复技术可达性、环境友好性、经济可控性、社会可接受性，致力于突破极端条件、突发性、累积性异味浓烈的困局，系统探索构建不同情景下农药类污染地块绿色低碳修复技术安全应用模式库，探寻人与环境共生的“最佳”修复方案，为农药类污染地块的绿色低碳修复筑牢根基。

第三，完善异味物质管控标准和评估方法体系，强化科技支撑。基于国内外资料文献、行业报告以及典型工程案例，加快推动农药类污染地块异味类物质筛查工作程序，全面梳理农药类地块修复过程中潜在的异味物质清单，强化异味调查程序。借鉴国际成熟经验，拓展异味物质本土化嗅阈值库，构建土壤—水—大气多介质异味物质管控体系。积极探索基于“嗅觉效应”的异味管控标准和评估方法，强化科技支撑，打通科研—技术—工程之间的壁垒，为精准识别地块异味物质、精确筛选修复技术提供科学依据和规范指导。

# 参考文献

[1] 中国垃圾填埋场治理行业现状与前景趋势报告（2024—2030 年）[R]. 中国产业调研网，2025.

[2] 孙战 . 2024 年土壤及地下水修复市场中标项目信息分析报告 [Z]. 土行者公众号，2025.

[3] 徐慧超，高杰 . 2024 年中国土壤与地下水修复市场分析报告 [Z]. 土盟3060，2025.

[4] 于谨 . 2024 年中国矿山生态修复行业发展现状及趋势分析 [R]. 华经产业研究院，2024.

[5] 桑春晖，杨欣桐，李香兰，等 . 基于 SEFA 方法的异位土壤修复环境足迹分析：以某钢铁厂为例 [J]. 中国环境科学，2023，43(10):5359-5367.

[6] 王贵云，桑春晖，肖萌，等 . 基于 SEFA 的造纸地块污染修复方案环境足迹案例研究 [J]. 环境工程，2025，43(1):80-88.

[7] 刘鹏，桑春晖，张红振，等 .SiteWise™ 评估原位化学氧化修复地下水污染环境足迹研究 [J]. 土壤学报，2025，62(2):448-458.

[8] 苗秋慈，梅丹兵，张红振 . 对于土壤修复中的异味扰民问题，该如何解决 ?[N]. 中国环境报，2025-02-11.

# 3 “环境修复 + 开发建设”典型模式与进展

## 3.1 工作背景

近年来，关于土壤污染防治的法规政策逐步完善，土壤污染风险管控和修复活动日益规范，建设用地准入管理制度基本建立。与此同时，土壤污染治理与土地开发进度之间的矛盾日益凸显，大量老工业基地、工业聚集区等大型复杂污染地块面临产业转型和调整升级需求。因此，腾退搬迁工业污染地块如何实现高效安全利用，缓解城镇产业转型升级和高质量发展日趋紧张的供地需求，在严守建设用地准入底线不放松的基础上，有效防范土壤生态环境风险，同时符合绿色低碳发展要求，提升区域生态环境质量，是当前建设用地土壤污染管控和修复面临的重要问题。

## 3.2 政策要求

### 3.2.1 国家要求

2019 年施行的《中华人民共和国土壤污染防治法》明确了对用途变更为住宅、公共管理与公共服务用地（一住两公）的地块开展土壤污染状况调查、风险管控、修复和开发建设工作应遵循相关时序要求。第五十九条规定：“用途变更为住宅、公共管理与公共服务用地的，变更前应当按照规定进行土壤污染状况调查。”第六十一条规定：“列入建设用地土壤污染风险管控和修复名录的地块，不得作为住宅、公共管理与公共服务用地。”第六十六条规定：“未达到土壤污染风险评估报告确定的风险管控、修复目标的建设用地地块，禁止开工建设任何与风险管控、修复无关的项目。”

随着地块治理开发过程中的实践探索，国家层面近年来提出有关“环境修复 + 开发建设”（以下简称“修复 +”）的新要求。2020 年，《关于构建现代环境治理体系的指导意见》第二十条提出：“创新环境治理模式。积极推行环境污染第三方治理，开展园区污染防治第三方治理示范，探索统一规划、统一监测、统一治理的一体化服务模式。开展小城镇环境综合治理托管服务试点，强化系统治理，实行按效付费。对工业污染地块，鼓励采用‘环境修复+开发建设’模式。”2021年底,生态环境部等七部委联合印发《“十四五”土壤、地下水和农村生态环境保护规划》,提出探索“修复+”模式。

### 3.2.2 地方探索

2020年,广州市出台《广州市加强出让储备用地土壤污染防治工作方案》,探索了地块带条件出让的方案。2022年,重庆市生态环境局办公室印发《关于印发优化建设用地土壤污染风险管控和修复管理服务八条惠企措施的通知》,提出建设用地污染土壤修复工程原则上在原址进行,若采取异位外运方式处置的,在污染土壤清挖转运完成、基坑清挖效果评估满足相关要求,同时明确转运处置的方式、去向、污染土壤处置完成时间后,土壤污染责任人或土地使用权人可申请将地块移出建设用地土壤污染风险管控和修复名录。此外,鼓励小方量土壤污染的地块自主开展风险管控和修复。2023年,北京市施行的《北京市土壤污染防治条例》第四十二条提出,满足“地块原址完成污染土壤清除,达到风险管控、修复目标”和“承诺在合理时限内完成转运污染土壤处置及效果评估”两项条件的原址地块,可在市生态环境部门会同市规划和自然资源等部门组织评审后移出建设用地土壤污染风险管控和修复名录。

## 3.3 地方实践

### 3.3.1 上海“修复+”模式探索

#### 3.3.1.1 背景情况

上海探索土壤污染风险管控与治理“修复+”城市绿地公园建设的“桃浦样板”。桃浦智创城北起沪嘉高速公路,东至真北路,南邻沪宁铁路,西至外环线,土地面积为7.9 km$^2$。其中,以南何支线为界,支线以东面积约为3.7 km$^2$称为拓展区,支线以西面积约为4.2 km$^2$称为核心区。该区域原为桃浦工业区,作为上海首批化工工业区,由苏联专家指导规划设计,于1954年动工兴建,逐渐发展形成了拥有290余家生产性企业,以化工、医药、化纤为主,同时涉及焦化、电池、印染、橡胶、油漆、造纸、机械等多种行业类型的工业基地(图3-1)。桃浦工业区为上海经济发展作出了历史性贡献,但由于长期以粗放型方式发展造成“三废”污染严重，成了上海市十大重污染地区之一。桃浦地区土壤污染类型复杂，污染程度深且范围广，总体呈现水土污染耦合、挥发性有机污染与半挥发性有机污染高度复合等特征。曾经的工业“荣耀”伴随着生态文明建设的推进步伐，亟须谋求新转型。

从 2013 年开始，桃浦智创城先后开展了土壤污染普查、土壤污染详查以及 10 个批次 100 余幅地块的补充调查、风评和修复策略编制工作。截至 2025 年 2 月，累计修复污染土壤 136.1 万 $m^3$、地下水 43.7 万 $m^3$。

图 3–1　桃浦工业区旧貌

资料来源：桃浦智创城开发建设有限公司。

3.3.1.2　桃浦中央绿地公园案例

2015 年 7 月，上海市环境科学研究院结合桃浦中央绿地公园设计方案，在国内首次提出“基于安全利用的风险管控和治理修复相结合”的理念。桃浦中央绿地公园在平面上形成“J”形布局，核心区内面积约为 50 $hm^2$，未来绿地总面积将扩展至 100 $hm^2$，成为上海中心城区最大的开放式绿地（图 3-2）。

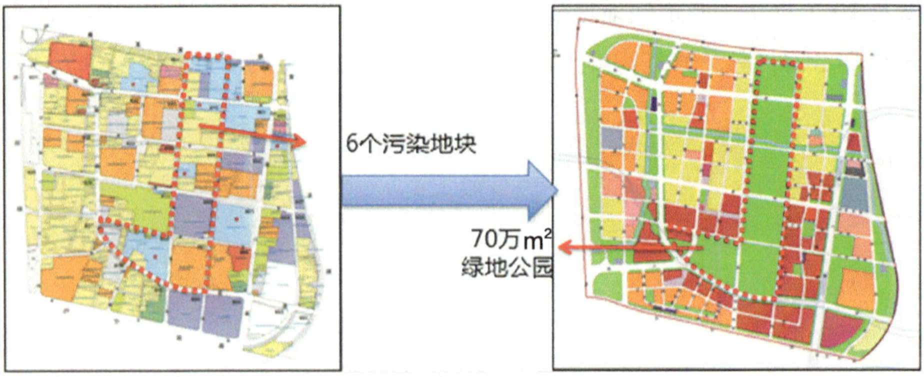


**图 3-2　桃浦中央绿地公园“J”形布局**

资料来源：桃浦智创城开发建设有限公司。

基于污染物被永久去除的环境质量目标，实施城市再开发污染场地治理修复难度高且耗资大。针对腾退工业地块，采用土壤污染风险管控与园林造景相结合的方法，既保证了安全利用，也拓展了生态空间，还绿于民，实现了经济效益、社会效益、生态效益的有效统一。

桃浦中央绿地公园区域涉及 6 个地块都有较长的化工生产历史，土壤和地下水均受到不同程度的污染，北部 2 个地块为多环芳烃和重金属污染，南部 4 个地块为重金属 – 有机复合污染。北部 2 个地块规划为山体景观，南部 4 个地块为平地景观。

桃浦中央绿地公园区域结合城市景观园林建设，采取立体阻隔、表层覆土、景观改造的方式，建设垂直阻隔屏障和覆土阻隔系统，控制污染物迁移、阻断污染物暴露途径。通过科学精细的场地概念模型构建和健康风险评估，模拟确定需要采取风险控制措施的技术参量；筛选适生植物，构建园林景观生态修复系统；根据场地污染特征，设置相应的挥发性气体、降水收集导排及处理系统；设置监测系统，对场地及周边环境实施长期跟踪监控。在党的二十大期间开展的“中国这十年”系列主题新闻发布活动中，桃浦中央绿地公园项目获得了生态环境部的高度评价，被称为“上海老工业基地转型升级和生态修复的标杆”。

根据“处置技术环保、处置过程科学、处置费用可控”的原则，结合场地现状污染土布局以及整个桃浦中央绿地公园设计地形，开展“南土北调”，将南部及周边场地修复达标的土壤运至垂直阻隔后的中央绿地堆山造景。该项目在风险管控的过程中引入了“绿色可持续”的理念，在保证地块内污染物暴露风险和迁移风险得到控制的前提下，将城市更新和景观都市主义思想融入污染土壤风险管控工作中，在污染地块内进行合理的生态规划或绿地规划设计，创造人工自然生态景观，为周边居民提供生态服务。截至目前，桃浦中央绿地项目已消化污染土 17 万 $m^3$，节省修复资金超 1 亿元（图 3-3）。

图 3-3 桃浦中央绿地公园转型前后对比

资料来源：桃浦智创城开发建设有限公司。

3.3.1.3　经验启示

1. 分类施策，统筹谋划区域土壤污染治理修复策略

综合考虑土壤和地下水污染风险、规划用地功能、区域环境条件及地块开发进程等因素，论证确定了桃浦工业区“风险管控，分类施策”治理修复策略。按照经调查评估确定的区域污染底图，将部分高风险场地调整为城市景观类、市政配套设施类和商业服务类等非敏感性建设用地。结合城市景观园林建设及场地污染风险控制要求，采用“区域土方平衡，就地消纳利用”方案，借鉴国际经验采取立体阻隔与覆土景观改造形成了上海桃浦智创城—桃浦中央绿地公园，既确保了安全利用，又做到了拓展生态空间，还绿于民，打造城市绿色生态新地标。

2. 先行先试，探索土壤“修复 +”管理模式

上海市普陀区生态环境局和桃浦智创城积极开展了桃浦“修复 +”模式的试点探索，初步构建了“调查 – 规划”互动模式。该模式通过综合考虑各地块的污染状况和环境风险，对地块规划进行适当调整和布局优化，允许大型复杂污染地块完成土壤污染状况调查、风险评估程序后，再确定开发建设工程规划设计方案。在此基础上编制精细化的污染治理修复方案，同时治理修复责任在办理相关土地流转程序中予以明确。

3. 多方联动，打造建设用地全生命周期风险管理体系

上海市普陀区人民政府在桃浦工业区污染治理工作中积极探索“三合一”联动工作模式，通过整合实施主体、技术支撑单位、政府监管单位三方力量，健全了权责清晰、高效协同的污染防治机制，严把土壤污染防治质量关。以上海市土壤污染防治先行区信息化建设为契机，结合桃浦地区建设用地数字化管理实际需求，构建起“横向到边、纵向到底”的土壤污染防治智慧监管平台，形成土壤污染防治多方协同监管新模式，助力土壤修复流转实现全过程监管。

4. 引领示范，推动土壤污染防治绿色低碳高质量发展

上海市依托多年来普陀区桃浦地区土壤生态修复先行先试的工作经验，不断总结提升特大型城市土壤污染治理经验教训，在场地调查修复相关规范体系尚未健全的背景下，积极探索实践调查评估与修复治理的制度体系及技术路径，形成了大型老旧工业区“区域筛查—地块调查—污染场地精细化勘

查—精准建模与多阶段科学评估”的工作程序和技术方法，率先提出了“基于安全利用的风险管控，基于开发需求的分类施策”总体策略，为全国的大型工业区域转型开发提供可推广、可复制的“桃浦样板”。

在习近平生态文明思想的指引下，上海桃浦智创城始终坚持将新发展理念贯穿区域转型发展战略，积极探索“绿水青山就是金山银山”与“人民城市人民建，人民城市为人民”重要理念的融合与实践，将生态环境保护与产业转型发展、人民生活水平提升及城市生态功能更新紧密结合。通过各方的努力，土壤污染防治工作实现了从补短板到提品质、从重点治理到综合整治、从重末端到全过程防控的转变，区域生态环境治理明显改善，人民群众的满意度、获得感明显增强，为上海乃至全国提供可复制、可推广的大型老工业区土壤污染治理修复“样本”。

## 3.3.2　重庆“修复 +”模式探索

### 3.3.2.1　项目背景

重庆泰山电缆有限公司原址位于重庆市渝北区汽博核心区域，占地面积约 424 亩[①]，周边毗邻保利高尔夫、锦绣华城等多个大型居民区[②]。该企业于 2018 年 3 月纳入环保搬迁项目并启动征收工作，于 2021 年底完成整体搬迁。2022 年，渝北区为盘活泰山电缆、红岩方大地块，提升区域土地价值，在实施工业地块的土壤污染状况调查时发现，地块存在较大方量的土壤 / 岩石砷含量超国家标准第一类用地筛选值区域，但企业在生产、储存过程中均不涉及任何含砷的原辅材料；经专项调查证实，地块岩石 / 土壤的高砷含量，是该区域灰黑色页岩、泥岩中高地质背景引起的，而非企业生产造成的污染。这种灰黑色页岩，晴天形状规整、质地坚硬，一遇下雨天气，先变成灰黑色鱼鳞碎片，后变成粉末状，而且没有黏性不能成形。如果沿用传统方式和流程开展治理，不仅涉及 30 多万 $m^3$ 的土方开挖、外运和处置，耗时长，关键还会产生近 3 亿元的治理修复费用。而土壤 / 岩石砷含量高地质背景现象，在重庆市域以及我国西南地区都有所发现。

---

① 1 亩 ≈ 666.67$m^2$。

② 资料来源：美丽重庆公众号。

依据2020年3月3日中共中央办公厅、国务院办公厅印发的《关于构建现代环境治理体系的指导意见》中“对工业污染地块，鼓励采用‘环境修复+开发建设’模式”精神，重庆泰山电缆有限公司原址地块试点采取“环境修复+风险管控+开发建设”模式，推进该地块砷高背景值风险管控和修复改革试点。

3.3.2.2　政策管理创新

1. 紧跟政策要求

“环境修复+开发建设”模式是中共中央办公厅、国务院办公厅印发的《关于构建现代环境治理体系的指导意见》文件提出的一项创新性工作，该地块作为创新试点，走在前列。

2. 建立联动机制

通过先行先试，在制度措施上形成污染地块边管控边开发的管理规范，明确发展改革、规划自然资源、住房城乡建设、生态环境、城市管理等部门的职责，探索形成跨部门联动的监管机制，解决开发建设过程单一依靠生态环境部门难以有效监管土地治理措施落地的难题。

3. 形成技术模式

编制技术规范，明确适用条件、结合方式、验收标准以及后期管理措施等，形成可适用、可推广的技术体系，为高背景值土壤风险管控提供宝贵经验。

3.3.2.3　典型模式探索

1. 探索污染地块分区分类管理，优化治理流程

根据特征污染因子空间分布，将地块划分为低本底值、高本底值和常规污染区域，依照分区域调查评估、分区域修复、分区域移出名录的思路，优先对常规污染区域开展修复治理；对无污染的高本底值地块进行风险管控；同步实施开发建设活动，探索出一条“环境修复+风险管控+开发建设”模式的高效开发之路。

2. 探索污染地块并行评审管理，压缩治理时限

探索常规修复方案和专项风险管控方案并行评审模式，针对土壤污染常规污染因子编制风险评估报告，制定常规修复方案；通过科学溯源、形态分析、生物毒性试验、人体可给性测试等方式合理确定物质来源、风险水平及管控目标，制定专项管控方案，两个方案并行评审，为后期风险管控与开

发利用提供依据。

3. 探索污染地块“附条件出让”，节约治理成本

探索土地由“净地出让”模式改革为“附条件出让”模式，在完成常规污染土壤修复、制定《高砷岩土风险管控方案》后，将《风险管控方案》作为地块移出名录和土地出让的附带条件，由土地受让方在开发建设过程中结合开发建设方案落实风险管控要求。试点过程中，对附加条件设置原则、土地出让折让幅度、风险管控措施落实保障等内容进行研究规范。

4. 探索污染地块全流程闭环监管，降低治理风险

探索建立出让地块开发与管控跨部门联合监管、全流程闭环监控机制。督促在开发建设过程中落实生态环境、住房城乡建设、规划自然资源等部门以及建设单位等各方责任，按照《风险管控方案》的要求，在开发建设完成后开展“环境验收＋建设工程验收”的综合竣工验收。同时，在重点关注区域安装在线监控设备，全过程监管污染土壤的开挖情况、分类堆放和筛分、二次污染的防护、土壤去向等，切实降低土壤治理管控风险。

3.3.2.4 亮点成效总结

节约成本投入。有效缩短了污染场地的治理修复时间，为重点建设用地如期出让或划拨提供了时间保障，节约 10 个月的治理修复时间，压缩土地治理开发建设时间 30% 以上；降低治理修复成本，避免对背景值过高的土壤采取治理修复而产生高昂的费用和重复开挖和运输，大大节约了土地整治成本，节约治理成本 50% 以上。

注重规划先行。规资部门提前介入，确定地块各区域的后期开发标高，因地制宜，不同标高的土壤采取不同的修复管控措施，有效解决污染地块治理修复与再开发利用时间紧迫之间的矛盾。

确保安全利用。对非人为因素形成但又对人体健康和生态环境具有风险隐患的高砷背景土壤，通过固化、物理阻隔等安全处置措施，减少暴露途径和风险，避免过度修复，保障人居安全。

### 3.3.3 粤港澳大湾区“修复＋”模式探索

2020 年 3 月 3 日，中共中央办公厅、国务院办公厅印发了《关于构建现代环境治理体系的指导意见》（以下简称《意见》），提出了“对工业污染

地块，鼓励采用‘环境修复＋开发建设’模式”。作为《中华人民共和国土壤污染防治法》的重要补充，《意见》为污染地块治理修复与开发利用的创新与实践、缓解污染修复周期长与再开发利用迫切性之间的矛盾，创造了机遇和条件。粤港澳大湾区在经济发展高强度、行业更新高迭代、土地资源紧缺，污染地块再开发利用需求尤为迫切等情景下，积极探索“修复＋”模式，以提升建设用地开发利用时效，加快土地流转，盘活土地资源。

3.3.3.1　政策管理创新

《广东省土壤与地下水污染防治“十四五”规划》明确提出：“支持珠三角等地探索污染地块‘环境修复＋开发建设’模式，以开发建设时序为导向，合理设计环境修复时序，鼓励结合地块再开发规划和建筑工程设计方案制定风险管控和修复策略”。

2021年3月，广东省生态环境厅、广东省自然资源厅、广东省住房和城乡建设厅、广东省工业和信息化厅联合发布了《关于进一步加强建设用地土壤环境联动监管的通知》，从全省的管理角度明确了建设用地土壤环境监管范围、要求和职责等，建立省级部门的联动监管机制，这为市一级的联动制度探索提供了很好的示范。《关于进一步加强建设用地土壤环境联动监管的通知》文件明确提出，“市、县级自然资源主管部门应当加强对土地供应、用途变更等环节的监督；对纳入联动监管的地块，未按照有关要求完成土壤污染状况调查及风险评估、经场地环境调查和风险评估确定为污染地块但未明确风险管控和修复责任主体的，禁止进行土地出让”，即经场地环境调查和风险评估确定为污染地块但已明确风险管控和修复责任主体的地块，未被禁止土地出让，为污染地块“修复＋”的特殊联动机制提供基础。2024年12月，广东省生态环境厅、广东省自然资源厅、广东省住房和城乡建设厅联合发布了《关于印发建设用地土壤环境联动监管工作规定的通知》，进一步细化明确了三部门建设用地土壤环境监管职责分工，提出“对于涉及工程阻隔等风险管控措施的地块，市、县自然资源主管部门在核发该地块建设工程规划许可证时，应加强建设工程设计方案审查，避免后续开发建设破坏工程阻隔设施；各级住房城乡建设主管部门要加强房屋建筑和市政基础设施工程地块建设过程监管，避免施工过程破坏工程阻隔设施”以及“住房城乡建设主管部门对污染地块风险管控、修复过程中涉及的基坑支护、降水、土方开挖等工程进行技术指导”，为“修复+”模式可能涉及的开发施工部分设计阶段、施工过程提供了监管部门职责分工依据。

1. 典型城市——广州市

广州市作为我国高度城镇化的超大城市，土地资源稀缺性与城市发展需求之间的矛盾日益凸显，对土壤修复、地块流转的速度要求高。为此，2020年9月，广州市生态环境局、广州市规划和自然资源局、广州市住房和城乡建设局联合印发了《广州市关于加强出让储备用地土壤污染防治工作方案》，提出“在土壤污染风险评估报告通过省的评审后，该地块原则上应在修复达到目标后出让，但下列情形可以例外：

1）地块储备主体承诺在一年内完成修复（通过修复效果评估报告评审）的，可提前办理出让手续，储备主体在交地前必须确保土壤已修复完成。

2）经评估一年内可完成修复（通过修复效果评估报告评审），且地块规划建设内容与土壤修复工程能通过有效衔接提高建设效率的，可在修复前出让并由受让人承接土壤污染修复责任。

出让时，应在出让公告及出让合同中明确：土壤污染风险管控和修复责任的承担者为受让人；受让人应当采取相应的风险管控措施，并定期向市生态环境局报告；需要实施修复的地块，受让人应当编制修复方案报市生态环境局备案并实施；未达到土壤污染风险评估报告确定的风险管控、修复目标的建设用地地块，禁止开工建设任何与风险管控、修复无关的项目。

原修复责任人为收储前土地使用权人的，受让人取得地块后直接向原修复责任人确定并获取修复工程费用”。

综上所述，广州市在全国率先提出了“净土开发”模式，即以污染地块“先出让再修复，达标后建设”取代“先修复再出让”。这一模式既保障建设用地安全利用，又有效加快储备用地出让和再开发的进度，同时为实施“修复+”模式创造了条件。从广州的实践成果来看，该模式对节省开发时间、减少资金投入、缓解财政压力有积极作用。

2. 典型城市——深圳市

深圳市生态环境局、深圳市规划和自然资源局联合印发《深圳市建设用地土壤污染风险管控和修复工作指引（2024年版）》，提出：“省生态环境厅会同省自然资源厅将符合规定的地块纳入广东省建设用地土壤污染风险管控和修复名录。在移出广东省建设用地土壤污染风险管控和修复名录前，地块红线范围内不得开工建设任何与风险管控、修复无关的项目（采用“环境修复 +”模式的地块除外）”，为“修复 +”模式探索提供了政策支持。指出同时具备“1. 开发建设时间需求迫切的地块；2. 已明确未来开发建设责任主体的地块；3. 城市更新单元规划、控制性详细规划和修建性详细规划获得批复的地块”等条件的拟开发利用地块，鼓励地块责任主体探索“环境修复+”模式。提出“鉴于‘环境修复 +’模式涉及的管理部门较多，建议地块责任主体在开展“环境修复 +”模式前，将相关情况报送市生态环境局，加强与市生态环境局的沟通。市生态环境局及时向省生态环境厅报告项目有关情况”，引导责任主体、管理部门在探索“修复 +”模式的过程中畅通多方沟通渠道。

基于利用“环境修复 +”模式降低污染方量，节省后期开发建设的时间和成本，该文件进一步明确了“环境修复 +”模式包括“环境修复 + 规划设计”模式和“环境修复 + 开发建设”模式，并对这两种模式的适用范围和具体措施提出了明确要求，提升“修复 +”模式探索实施的可操作性：

（1）“环境修复 + 规划设计”模式

“环境修复 + 规划设计”模式应与未来规划设计方案充分衔接，通过以下措施减少风险管控或修复的土方量。

1）根据土壤与地下水污染的空间分布特征，优化未来规划设计方案。在确保人体健康风险或生态环境风险可接受的前提下，污染较轻的区域可优先设计为住宅楼、儿童游乐设施等敏感功能区；污染严重的区域，不宜设计为敏感功能区，可更改为停车场或景观绿化带。

2）根据未来规划设计方案，优化风险管控或修复模式。对规划设计中需要开挖土壤的区域，可采用清挖的处理模式；对规划设计中不涉及土壤开挖的区域，可采用原位处理模式。

（2）“环境修复 + 开发建设”模式

风险管控或修复工程与后续开发建设工程充分衔接，将风险管控或修复过程中的基坑支护、止水帷幕、土方开挖、地下水抽出等工程与地块开发建设同步设计和施工，节省后期开发建设的时间和成本。

3.3.3.2　典型模式探索

为纾解污染地块风险管控修复时间长与开发建设迫切之间的矛盾，粤港澳大湾区某城市在积极贯彻落实《关于构建现代环境治理体系的指导意见》的契机下，结合典型土壤高背景地块再开发需求，积极探索地质高背景地块“修复 +”模式。试点地块已顺利移出风险管控和修复名录，为我国重金属地质高背景地块再开发安全利用提供了有益探索与示范。

1. 地块基本情况

地块原为交通运输用地，表层土壤砷含量大部分在 40 mg/kg 左右，中风化层中砷含量高达 1 060 mg/kg，土壤砷超筛选值范围和程度随深度增加而增加，地质高背景特征明显。

2. 常规风险管控和修复模式局限性

鉴于地块具有超筛选值范围广、深度大等特点，采用固化 / 稳定化、淋洗等常规修复技术存在安全隐患大、周期长、成本高等难题，外运水泥窑协同处置过程也面临时间长、碳排放大、二次污染风险等问题，严重限制了地块的再开发利用。风险管控技术施工成本相对较低，相关技术较成熟，在达到安全利用的前提下，可实现低扰动、低强度的风险管控和修复，大幅降低土壤修复工程的碳排放。但后期开发建设建筑物基础建设、大型机械施工压覆，将不可避免地对原有的风险管控工程造成破坏，可能导致已经被风险管控的污染土壤重新暴露到地表，对人民群众造成不可控的健康风险。

3. “修复 +”模式的技术思路与主要做法

鉴于该地块已明确管控修复和开发建设的实施主体，拟采用“修复 +”模式，将土壤污染风险管控修复与其相关的后续开发建设工程深度融合。此模式可实现两者整体规划、一体化施工、同步验收，有效避免后期开发建设与风险管控工程匹配难题，既能切断砷污染物暴露途径，确保地块再开发安全利用，又能降低管控修复成本，避免资源浪费。

项目以合法为前提，结合地块再开发利用的迫切需求，将后期开发建设的建筑底板以下桩基础、承台、管网、集水井和化粪池等工程作为土壤污染风险管控工程内容之一，对清挖砷超标土壤实施异地处置，对不开挖或深层砷超标土壤实施风险管控，采取阻隔措施切断其暴露途径。“修复 +”模式主要做法：一是基于土壤环境质量，明确不进行地下空间开发，减少高地质背景下超标土壤的扰动；二是基于地块开发建设方案开展风险评估，确定砷超标土壤清挖深度，明确修复及管控范围；三是基于地块土壤砷固存机制和水文地质条件，从保障人居环境安全、生态环境安全和经济可行的角度出发，采取“表面覆盖阻隔 + 地下水长期监测”的组合技术实施风险管控；四是将建筑底板以下的桩基础、承台、管网、集水井和化粪池等建设工程与风险管控工程高度融合，共同构成完整的风险阻隔体系；五是根据建筑、道路、绿化区、管线等平面布局，一步到位分区设计钢筋混凝土阻隔层，确保污染阻隔系统完整性和连续性；六是修复施工设备选型密切配合风险管控要求，采用非排土的静压预制管桩进行桩基础施工，减少砷超标土壤扰动；七是桩基础、化粪池、承台等基础工程在混凝土阻隔层铺设前完成，避免后期开发建设过程对阻隔层的破坏；八是严格按照修复方案完成建筑底板以下所涉及的工程建设，严禁开展建筑底板以上的开发建设主体施工，避免违法风险；九是结合工程特点创新风险管控和修复效果评估做法，精准评估管控修复成效。以上做法将风险管控修复与开发建设统筹设计高度融合，将两者施工有机衔接，既保证切断暴露途径、防控风险，又保障地块得以又好又快地实现再开发利用。

3.3.3.3　亮点成效总结

项目“修复+”模式的实施取得了显著的环境效益、经济效益和社会效益。

一是通过开发项目建设推动土壤修复和风险管控措施落实，保障了人居安全和环境安全。二是有效盘活了土地资源，缓解土地资源紧缺压力，带来数十亿元的土地资源经济收益。三是土壤管控修复与开发建设高度融合，减少了 95% 土壤修复量，缩短了 3/4 的施工时间，降低了 90% 以上的碳排放量，避免了深基坑施工风险，节约了近 5 亿元的修复成本。

3.3.3.4　经验启示

对于大规模重（类）金属污染场地，尤其是地质高背景地块，土壤与地下水修复往往涉及大面积深基坑开挖、污染土运输转移、固化 / 稳定化、安全填埋等过程，工程成本、能耗和碳排放量均较大。更重要的是，场地修复工程耗时较长，严重影响地块再开发建设进度，不利于经济发达地区城市更新。另外，重（类）金属污染物不能降解、难以挥发（汞等个别元素除外），特别是由于地质原因引起的重（类）金属污染，污染物的形态一般比较稳定且迁移性差，在不扰动的情况下对人体健康的暴露途径以扬尘颗粒物经口摄入等为主。因此，可以采用“修复+”模式，将该类地块风险管控修复与后期开发建设方案结合，利用建构筑物及道路等构建筑底板作为管控面，切断其暴露途径。在风险管控工程完成后，构建筑物使用年限一般为70年，存在时间长、结构稳定，可达到持续有效管控，保障人居环境安全。同时，风险管控与开发建设工程的有机结合可以取得减少工程量、降低修复成本，缩短工程时间、降低工程能耗和减少碳排放等有益结果，达到“净效益最大化”，实现污染土壤绿色低碳修复。

## 3.3.4　江苏省污染场地“修复+”模式探索

3.3.4.1　爱森（中国）絮凝剂有限公司

爱森（中国）絮凝剂有限公司在土壤和地下水污染防治工作中，始终坚持“边生产边管控”原则，从源头入手，采取了溯源与断源整改、修复改良等一系列有效措施，确保在不影响正常生产的情况下，最大限度地减少污染风险。

1. 政策管理创新

完善制度，严格管理：建立了完善的土壤和地下水隐患排查制度、自行监测制度、日常巡检和现场稽查制度等环境管理制度，确保环境管理工作的规范化和常态化。

2. 典型模式探索

“边生产边管控”模式：从源头入手，采取溯源与断源整改、修复改良等一系列“分步分期”污染防治措施，确保在不影响正常生产的情况下最大限度地减少污染风险。

1）溯源与断源整改：公司主要生产聚丙烯酰胺系列产品，近几年监测发现，企业个别点位地下水氨氮浓度偏高。在相关部门的帮扶指导下，厂区共完成60多处防渗防漏防腐改造、20个储罐加装围堰、8个车间地下水管道架空等项目，地下水氨氮指标得到明显改善，避免了地下水受到进一步污染。

2）修复改良：企业对氨氮浓度较高的旧污水站点位进行处理，减轻了地下水污染问题。处理过程同时进行跟踪监测，监测结果显示，与之前的数据相比，氨氮浓度降低了50%以上。

3. 亮点成效总结

分区分类精准治理：针对企业内污染程度差异，分阶段实施差异化防治措施，实现污染精准管控与生产连续性同步保障。

污染防治与生产协同：通过分期整改方案优化工艺流程，在完成防渗改造、风险阻断等工程的同时，保障生产线稳定运行。

污染风险动态管控：结合污染区域动态监测数据，分步推进源头阻断、通道整改等治理环节，形成“排查—治理—评估”长效防控机制。

3.3.4.2　泰兴锦汇化工有限公司

泰兴锦汇化工有限公司通过有效实践，探索构建“隐患排查—源头管控—边生产边管控”长效管理机制，土壤及地下水环境质量明显好转，实现了从源头上有效收集、输送污水，防止污水泄漏，从根本上遏制土壤和地下水污染的产生。

1. 政策管理创新

精准排查与长效管理：充分运用历年开展的土壤污染状况调查和监测结果，重点围绕超标点位所在区域开展精细化隐患排查，并建立了班长—车间负责人—分管负责人—生产副总网格化管理制度，实现污染隐患的即时发现和整改，切实保障源头预防成效。

“防新增、去存量”：全面做好厂区土壤污染防治工作，在重点区域实施防腐防渗升级改造从而切断污染途径，停用原超标区域使用的储罐和生产装置，彻底消除污染源、防止新增污染，并对受污染土壤进行规范处置、去除存量。

2. 典型模式探索

“隐患排查—源头管控—边生产边管控”模式：构建长效管理机制，从源头上有效断源、减源，降低污染风险，提高环境质量，保障生产的正常运行。

1）精准排查锁定隐患：企业对所有的装置、储罐、阀门、管道，实施全方位体检，确保关键区域、关键环节、关键点位隐患排查无死角。通过精准排查，共发现4大类13项隐患问题，集中表现为酸碱储罐区、危险品储罐区、MVR储罐区、化学品储罐区、丙类原料库、废水处理区等重点区域地面的防腐防渗老化，原辅材料运输道路硬化地面破损，雨水沟渠破损及管道架锈蚀老化等。

2）创新改造与升级：企业在绿色创新上不断探索新路，实施完成了重点区域防腐防渗升级改造、原辅料运输车辆道路改造、雨水管网改造、架空管道架钢结构改造。对部分罐区，提标采用 C30P6 防渗混凝土抗渗材料，进一步提高了防渗等级；对原辅材料运输道路破损严重且邻近重大危险源的区域，改造中全部提标加扎了钢筋网片，以提高车辆通行承载负荷、长效保障改造成效；对雨水沟渠，采用 C30P6 防渗混凝土并结合聚合物水泥防水涂料进行改造，双重保障防渗成效；对锈蚀老化管道，则采用石化厂区腐蚀防护专用涂料处理后再涂防火涂料，提高防渗漏效能，同时消除因大面积除锈产生静电、火花的风险，确保安全生产（图 3-4）。

改造前

改造后

图 3-4 防腐防渗升级改造对比

资料来源：中国环境客户端，2024-07-24。

3. 亮点成效总结

污染防治与生产协同：在修复破损路面的同时保障企业连续生产，实现环境治理与经济效益双赢。

污染风险精准防控：基于隐患精准排查快速定位污染源，及时切断污染途径，推动环境质量改善和工业运行稳定性同步提升。

长效管理机制建立：网格化管理已应用到整个生产过程，通过网格化查找污染隐患等措施，切实保障了源头预防成效。

3.3.4.3　梁溪科技城中央活力区

江苏无锡梁溪科技城作为土壤和地下水连片污染的典型代表，探索园区整体开发规划在治理修复阶段提前介入，组织编制梁溪科技城风险管控与绿色低碳修复规划，将污染状况、修复管控方案和开发规划有机结合，一体化推动土壤治理修复和土地开发建设。

1. 成功申请江苏省首个土壤修复相关 EOD 项目，积极开拓修复资金来源

无锡梁溪科技城土壤修复及数字科创产业融合发展（EOD）项目总投资 27.15 亿元，依托工业集聚区土壤污染修复治理及信息化监管项目（一期）、南城水系综合整治项目、核心区滨水生态廊道基础设施建设、核心区创星港产业园项目等 4 个子项目，推动生态环境基础设施建设，全面推进梁溪科技城“科产城人”的融合。该项目为梁溪科技城首例 EOD 项目，将为梁溪科技城城市更新和产业焕新注入强大绿色动能（图 3-5）。

图 3-5　无锡梁溪科技城未来规划蓝图

资料来源：https://www.sohu.com/a/675226524_121123721。

2. 中央活力区探索“治理修复 + 风险管控 + 景观规划”新模式，打造“中央绿毯”

梁溪科技城中央活力区总规划面积约 1.18 km$^2$，是梁溪科技城南北纵贯生长结构的核心节点，也是科技城 7 km$^2$ 核心区的重要启动区，更是无锡融入长三角一体化发展、支撑中心城区振兴的重要抓手。在中央活力区的打造

过程中，生态与城市的和谐共生是核心理念。方案创新性地提出了“溶解于公园”的设计框架，将公园建设与污染防治相结合，并进行棕地治理及相关管控措施，全面实施生态修复，通过上盖覆土、捏合塑形、步道连通等设计手法，建设别具一格的覆土景观公园——“中央绿毯”（图 3-6）。

图 3-6 梁溪科技城中央活力区设计效果

资料来源：https://www.163.com/dy/article/JIO8TK6C055040N3.html。

### 3.3.5 湖北“修复 +”试点探索方向

1）制定试点管理办法：成立试点工作研究小组，明确试点范围、准入条件、实施流程、监管要求等，确保试点工作规范有序。

2）优化土壤修复技术：加强土壤修复技术研发，提升修复效率，根据地块用途和风险等级，制定差异化的修复标准，避免过度修复。

3）创新试点工作模式：“城市更新 + 产业园区 + 生态修复”组合模式。在城市更新项目中，对污染地块进行修复与开发同步推进，提升土地利用效率。在园区建设中，对污染地块进行修复后用于工业或商业开发，促进产业升级。对生态敏感区的污染地块进行修复后，用于生态景观建设，改善生态环境。

4）完善资金保障机制：设立专项资金，鼓励社会资本参与，实现修复与开发的一体化运作，探索“修复 + 开发”一体化融资模式。

### 3.3.6 各地实践小结

各地“修复 +”模式实践汇总情况见表 3-1。

表 3-1 各地“修复 +”模式实践汇总情况

| 地区 | 典型案例 | 亮点 | 阶段性成效 |
| --- | --- | --- | --- |
| 上海 | 土壤污染风险管控与治理“修复 +”城市绿地公园建设 | 分类施策，统筹谋划区域土壤污染治理修复策略 | 实现经济效益、社会效益、生态效益的有效统一 |
| 重庆 | 砷高背景值风险管控和修复改革试点 | 紧跟政策要求，探索“环境修复＋风险管控＋开发建设”模式 | 节约成本投入，缩短治理修复时间 |
| 粤港澳大湾区 | 地质高背景地块风险管控与后续开发建设相结合 | 基于土壤环境质量调整地下空间开发设计；建筑底板以下开发建设工程融入风险管控体系 | 高效盘活土地资源，实现风险管控修复绿色化、低碳化，以及开发建设工程“净效益最大化” |
| 江苏 | 实施“边生产边管控”模式，采取溯源与断源整改、修复改良等分步分期措施 | “边生产边管控”模式：从源头入手，采取溯源与断源整改、修复改良等措施 | 实现污染精准管控与生产连续性同步保障 |

# 4　基于大数据技术的绿色低碳修复舆情分析①

## 4.1　背景与方法

随着社会经济的快速发展，大数据在各个领域发挥了重要作用。“十三五”以来，我国土壤环境管理“打基础、建体系”，取得积极成效。基于大数据技术，爬取并分析主流社交媒体关于污染地块修复的公众观点，可为我国近年来土壤环境治理社会效益和绿色低碳修复公众接受度提供参考。

基于社交媒体平台获取了2009—2024年相关推文数据，并结合自然语言处理技术（NLP）探求公众对于污染场地绿色可持续修复的关注度与真实情感倾向。

## 4.2　污染地块修复公众接受度变化趋势分析

### 4.2.1　时空变化趋势

公众以场地修复和绿色可持续修复为主题的推文量体现了公众的关注度。从地理分布上看，北京市、山东省、江苏省和广东省等地区对于场地修复和绿色可持续修复具有相对较高的关注度，推文发布数量较多。上海市、安徽省、四川省和浙江省属于第二梯度，推文数量分布在50 ~ 90条。大部分（32个中的17个）省级行政区的推文数量位于10 ~ 50条，如发布量在40 ~ 50条的河北省、湖北省和河南省以及在10 ~ 20条的辽宁省、江西省、山西省、广西壮族自治区、黑龙江省、内蒙古自治区和贵州省（图4-1）。

① 本章节引用了一项正在进行中的研究成果，目前尚未发表。

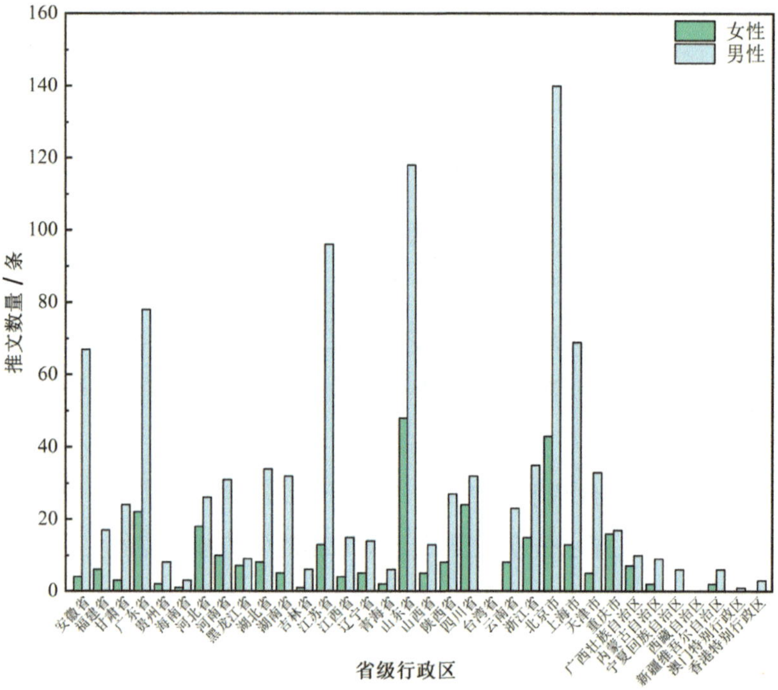


**图 4-1　2012—2024 年全国污染地块绿色低碳修复推文量地理分布**
**（基于中国微博平台的“污染场地修复”主题）**

发布量低于 10 条的省级行政区有青海省、新疆维吾尔自治区、吉林省、宁夏回族自治区、海南省、香港特别行政区和澳门特别行政区。发布量较低的省级行政区普遍为经济欠发达地区，这类地区一是污染场地分布较少，同时也对绿色可持续发展的关注有限。除此之外，发布量较低的区域也受到平台限制，如香港特别行政区、澳门特别行政区和我国台湾省等通过微博平台发布相关内容的人数较少，对于该类地区，推文量不作为其公众关注度的参考。根据所划分六大地理分区，华东地区无论在公众关注起步阶段还是发展阶段，公众关注度一直保持最高。

从时间尺度来看，公众关注度与国家重大政策的发布所契合。2012 年，原环境保护部、工业和信息化部、国土资源部、住房和城乡建设部联合发布了《关于保障工业企业场地再开发利用环境安全的通知》，同年，社交媒体平台开始出现相关内容的讨论。2012—2015 年可称为公众关注度的萌芽阶段，随着我国土壤污染防治工作的推进，公众推文数量不断增加，但整体维持在较低水平。2016—2018年为公众关注度的起步阶段。2016年，国务院发布了《土壤污染防治行动计划》（简称“土十条”），同年相关推文量达到2012—2018年最高。但“土十条”发布后，公众关注度出现了逐渐降低趋势。直到2019年《中华人民共和国土壤污染防治法》的出台，其是首部针对土壤污染问题所设置的专门法，具有划时代的意义，公众关注度开始有所回升。

### 4.2.2　情感变化趋势

基于ERNIE模型对公众情感倾向开展了时间尺度分析。分析结果显示，在2016年5月前，公众情绪普遍呈现负面倾向。然而，随着5月底《土壤污染防治行动计划》的发布，公众情绪出现了显著的积极转变，6月情绪值实现跃升。2016年因此成为自2012年以来，公众对场地修复与绿色可持续修复议题关注后，积极情绪达到顶峰的一年。

2017—2019年，公众情绪基本维持在稳定的积极状态，年度情绪值总和在22～26波动，但仍有零星负面情绪出现。这一稳定趋势反映了公众对场地修复与绿色可持续修复议题的持续关注和积极态度。2019年《中华人民共和国土壤污染防治法》的出台进一步推动了公众情绪向积极方向的转变，2020年公众积极情绪达到了新高峰，后续公众积极情绪虽然逐渐趋缓，但负面情绪出现次数显著降低。

特别在2022—2024年，除了2023年11月陆家嘴百亿毒地案引发公众较为强烈的负面情绪，公众情绪总体上实现了逐日的积极倾向。这一变化趋势表明，场地修复与绿色可持续修复相关政策与法律的实施效果显著，公众满意度较高。同时，公众情绪整体积极的转变也充分体现了随着信息更加公开透明和绿色可持续修复理念的不断普及，公众对绿色可持续修复的理解和接受度显著提高，增强了公众对修复活动的支持和信任。

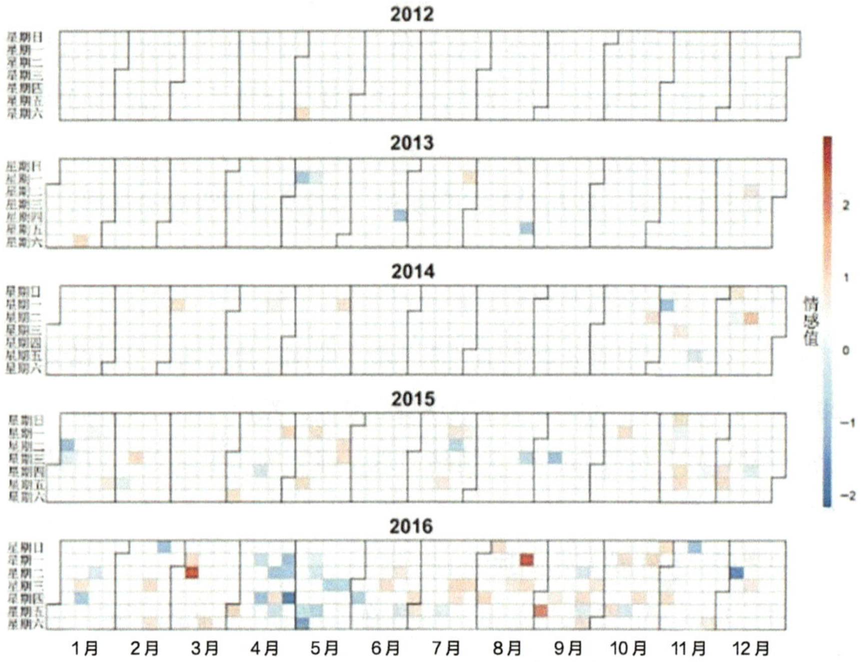
2012
2013
2014
2015
2016
星期日
星期一
星期二
星期三
星期四
星期五
星期六
1月
2月
3月
4月
5月
6月
7月
8月
9月
10月
11月
12月
情感值
2
1
0
−1
−2

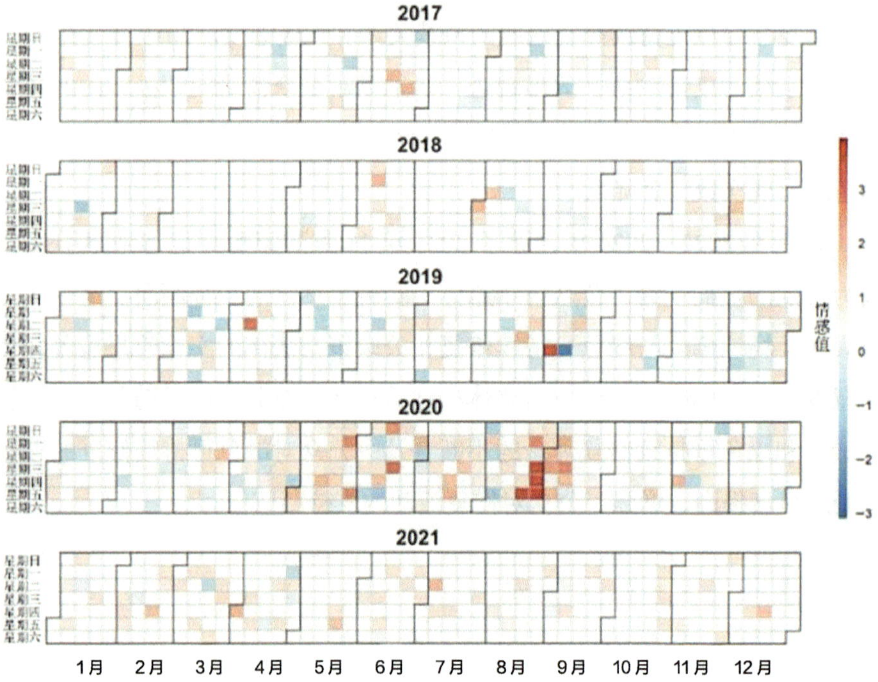
2017
2018
2019
2020
2021
星期日
星期一
星期二
星期三
星期四
星期五
星期六
1月
2月
3月
4月
5月
6月
7月
8月
9月
10月
11月
12月
情感值
3
2
1
0
−1
−2
−3

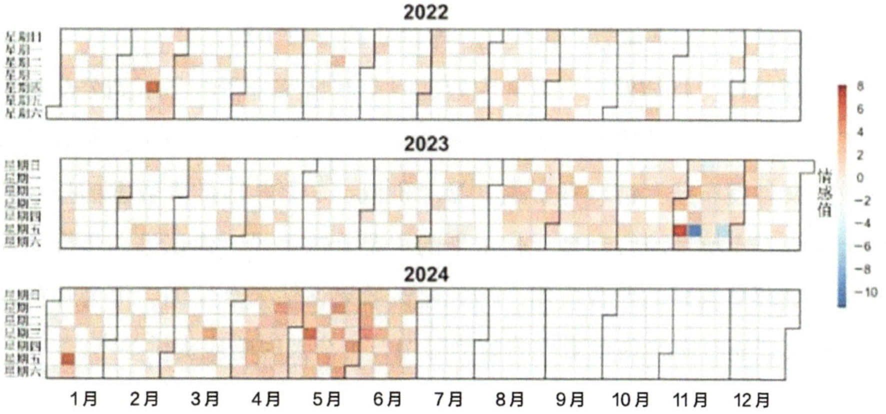


图 4-2　2022—2024 年污染地块绿色低碳修复主题逐日公众情绪

## 4.3　小结

1）“十三五”时期以来我国土壤修复日益受到关注，土壤污染治理成效普遍得到公众积极认可。

2012—2015 年，我国土壤污染防治公众关注水平处于萌芽阶段。“十三五”期间，随着 2016 年国务院印发《土壤污染防治行动计划》，以及 2019 年《中华人民共和国土壤污染防治法》正式实施，引发了社会对土壤污染防治关注的两次热潮。相关推文量逐年提升，我国土壤修复日益受到关注，公众对于土壤污染防治工作的总体态度也呈现出越发正面积极的趋势。

2）污染地块绿色低碳修复公众接受度逐年提升，是土壤污染治理综合社会效益的重要组成部分。

污染地块绿色低碳修复对于环境、社会、经济的综合效益有促进作用，对于区域可持续发展也具有重要意义。基于模型对于公众情感倾向的时间尺度分析，2016 年《土壤污染防治行动计划》实施后显著打消了前期的负面情绪，2017—2019 年公众情绪基本保持稳定的积极态度，2020 年公众积极情绪达到了新高峰，公众情绪总体上实现了逐日的积极倾向。建议持续加大对绿色低碳修复理念的宣教力度，维持社会关注度和认可度，形成良好的社会氛围。

3）开展社交媒体大数据研究有助于反映公众对于土壤污染治理的普遍认识，是提升土壤环境管理现代化水平的重要支撑手段。

通过对社交媒体发文数量和内容的时空和情感分析，了解到公众对于相关工作的关注度和情绪态度的空间分布和时间变化情况，对于回顾分析过去的政策文件发布或舆情事件影响有参考价值。与之相应的大数据的技术方法融合是提升土壤环境管理现代化水平的重要支撑手段。建议进一步推动大数据与土壤环境管理的融合应用，例如政策效果评估公众反馈，可为政策调整提供依据，还有舆情热点事件的监测分析，可为及时响应提供参考。

# 5　中国环境修复减污降碳协同思路

## 5.1　“双碳”目标的关键领域

环境修复减污降碳协同增效是新时期净土保卫战的重要发力点。实现环境修复“双碳”目标的关键领域包括修复全过程所涉及的修复工程减排、材料减排、能源减排、提升碳汇（负碳）和三次影响等各方面。

修复工程减排：优先选择低碳修复技术，优先采用原位修复、生物修复、自然恢复等低碳技术，减少对能源和材料的消耗；技术集成与耦合，结合多种修复技术，如微生物修复与热脱附技术耦合，通过优化工艺流程，降低单一技术的能耗和碳排放；提升能源利用效率，在修复过程中，优先使用高能效设备和可再生能源，减少化石能源的使用；修复技术改进，采取绿色低碳修复（BMP）工程措施，通过优化技术、管理措施和资源配置，实现污染治理与碳减排协同增效；坚持“风险管控优先”的理念，注重绿色低碳修复，降低资源能源消耗，有效控制潜在二次污染风险，修复目标应结合地块用途和环境质量要求，科学确定风险管控或修复标准，或采取风险管控与修复相结合、人工修复与自然恢复相结合等更加绿色可持续的治理策略。

材料减排：使用绿色低碳材料，优先选择低碳或负碳功能材料，如生物炭、绿肥、生物质基材料等，选用循环再生材料、绿色修复材料，推动固体废物循环利用等措施减少材料使用量；减少高碳材料使用，避免使用高能耗、高碳排放的材料，如生石灰、NaOH 等；精准材料投入，通过科学评估和优化工艺参数，精准控制材料用量，避免过量使用；提高材料利用率，通过优化材料配比和使用方式，减少浪费，从而提升材料使用效率。

能源减排：优先采用原位修复技术，原位修复技术（如生物修复、自然衰减）避免了土壤挖掘、运输和回填等高能耗环节，显著减少能源消耗和碳排放；优化工艺参数，对于必须使用的高能耗技术（如热脱附、气相抽提），优化工艺参数，降低能源消耗；应用高能效设备，在修复过程中使用高能效的装备和产品，优化重点用能工艺和设备，提高能源利用效率；动态调整工艺参数，根据修复过程中的监测数据，科学设定并动态调整工艺参数，降低能源消耗；提高清洁能源比重，优先使用太阳能、风能等可再生能源，减少对传统化石能源的依赖；结合自然解决方案，利用自然恢复和基于自然的解决方案（Nature-based Solutions），减少能源需求；全过程精细化管理，通过可视化、智能化监控手段，如视频探头、在线监测等，提高现场管理水平和工作效率。

提升碳汇（负碳）：将修复与后期土地开发利用类型相结合，采取风险管控与景观设计结合等策略，规划绿地公园，拓展生态空间，提倡自然恢复，提升生态产品价值，从而将修复后土地打造成土壤碳汇和负碳储备，推动全过程碳减排。

三次影响：指修复后土地再开发利用所涉及的基础设施建设、交通能源消耗、人居生活等活动所产生的碳排放。可以通过推广“环境修复+开发建设”提高原有棕地设备设施利用率、减少新建建筑和基础设施建设，提高棕地再生比例，减少净地开发利用，合理规划土地利用方式，提高已有设施利用率等途径，降低修复后土地再开发利用所产生的三次影响碳排放。

## 5.2 修复产业创新与发展

### 5.2.1 技术创新

随着近年来国内环境管理体系的不断健全，我国在绿色低碳修复技术领域取得了显著的科技进步，在修复与管控技术、相关绿色低碳修复材料与装备的研发、新污染物治理及系数智化监测与监控系统研发等方面均有突破。特别是在“大气与土壤、地下水污染综合治理”重点专项的支持下，相关技术的研发和应用取得了突破性进展。

绿色低碳修复技术的研发与集成：国家重点研发计划“大气与土壤、地下水污染综合治理”专项支持了一系列绿色低碳环境修复项目。这些项目涵盖了以土壤和地下水为主要修复介质的治理修复技术，包括原位和异位修复技术的优化与集成。

新污染物筛查与评估技术：在新污染物治理方面，2024年我国取得了重要进展。相关技术包括新污染物的筛查、评估和风险管控技术。这些技术为新污染物治理提供了科学依据和技术支持。

智慧监测与决策体系的构建：智慧监测与决策体系的构建是2024年绿

色低碳修复技术的重要发展方向。通过物联网、大数据和人工智能技术，实现了对土壤和地下水污染的实时监测和动态管理。

绿色低碳修复材料的研发：绿色低碳修复材料的研发也是2024年的重要成果之一，不仅提高了修复效率，还减少了传统材料的高碳排放问题。

修复治理技术的集成示范研究：我国还重点开展了修复治理技术的集成示范研究。通过技术集成和示范工程，推动了绿色低碳修复技术的规模化应用。这些示范项目为全国范围内的绿色低碳修复提供了可复制、可推广的模式。

政策支持与技术推广：国家发展改革委等八部门联合印发的《绿色技术推广目录（2024年版）》收录了112项先进绿色技术，涵盖节能降碳、环境保护、资源循环利用等多个领域。这些技术的推广将为我国经济社会的绿色转型提供有力支撑，特别是在土壤和地下水污染治理方面，推动了绿色低碳修复技术的广泛应用。

2024年我国绿色低碳修复技术的科技进步，不仅为土壤和地下水污染治理提供了更高效、更低碳的解决方案，还为实现“双碳”目标和生态文明建设奠定了坚实基础。未来，随着更多绿色低碳技术的研发和应用，我国在环境修复领域的科技创新能力将进一步提升，助力经济社会的可持续发展。

源头管控是实现环境修复的重要环节。《土壤污染源头防控行动计划》明确了到2027年土壤污染源头防控取得明显成效的总体目标，强调从源头预防、源头减量和源头治理三方面发力。2024年我国在环境修复领域的技术创新成果显著，特别是在源头管控、土壤修复、矿山治理和农田修复等方面，通过绿色低碳技术的研发与应用，为实现高质量发展和高水平保护提供了有力支撑。

在土壤修复方面：推动工矿企业优化产业布局，加强工艺技术革新，强制清洁生产审核，从源头减少土壤污染的产生；针对在产企业，研发并应用低碳、适用、低成本的土壤和地下水管控技术，实现生产与污染防控的协同；强化土壤污染重点监管单位和化工园区的环境管理，排查整治管网泄漏，严控涉重金属污染排放，协同治理水、大气、固体废物等多要素污染。

在矿山治理方面，我国突出生态恢复与区域综合效益改善，推动土地修复后再利用，增加碳汇储量。通过矿山生态修复，将废弃矿山转化为生态景观、农业用地或文旅资源，提升生态产品价值；实施山水林田湖草沙一体化保护和修复工程，显著改善区域生态环境。发布矿山生态修复国家标准，规范修复流程，为矿山企业开展生态修复提供科学支撑。

农田修复方面，我国通过多种措施推动农业发展绿色低碳转型。结合土地复垦、钝化修复技术，减少重金属和有机污染物的迁移；通过优化种植结构、精准施肥和风险管控措施，降低农田污染风险；推动农业景观建设，结合生态农业模式，提升农田生态功能，促进农业可持续发展。推动农业发展绿色低碳转型的同时，也为环境修复产业的绿色低碳化提供了技术依据。

### 5.2.2 产业发展

通过中国采购与招标网、中国采招网等公开招标途径不完全统计，2024年土壤修复行业工业污染场地修复工程，中标金额约69.5亿元，项目数226个，与上年度中标金额约106.9亿元相比下降约34.99%；比2023年项目数量减少14个；2024年中标单位约201家，与2023年190余家基本持平，具体规模见图5-1。2024年的土壤污染防治资金为44亿元，与2023年持平。

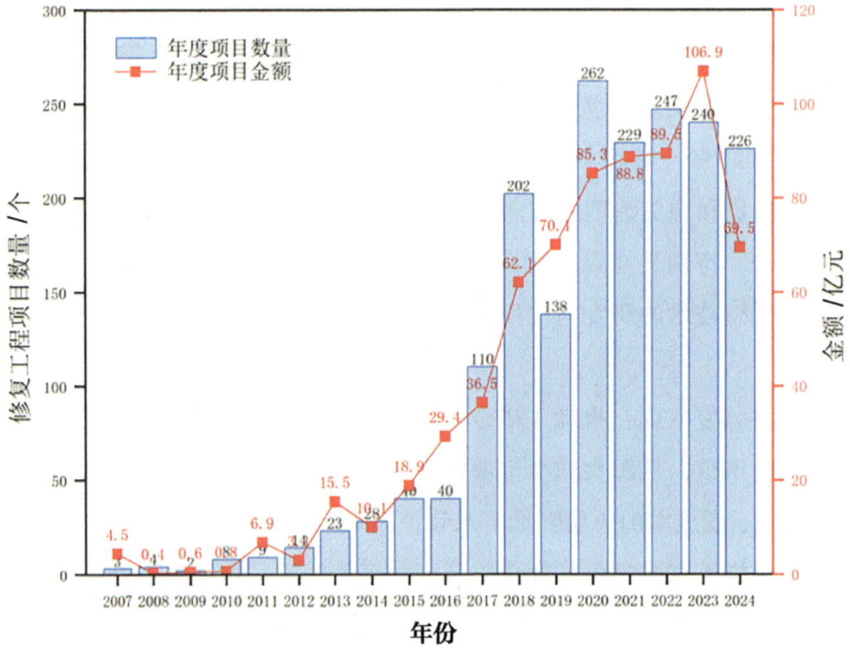


图5-1 工业污染场地修复工程规模

资料来源：《2024年行业评述和2025年发展展望》，中国环保产业协会。

根据现有数据，2006—2024年，我国环境修复地块数量总计为2 000余个，年均修复地块数量约为110个。与美国相比，我国年均修复场地数量约为美国的1%。参考美国修复行业碳排放量测算结果，粗略估计我国修复行业年均碳排放量约为33.7万t。

美国与中国的修复产业在治理修复技术选择、修复程度等方面存在显著差异，因此直接采用美国的修复体量和碳排放数据来估算我国修复产业的碳排放量并不完全合理。修复活动的碳排放测算涉及修复技术、工程管理水平、材料和药剂选择等多方面因素。例如，不同修复技术的碳排放强度差异显著，如异位热脱附技术修复1 $m^3$污染土壤的碳排放量可达212.22 $kgCO_2$，而绿色低碳的风险管控技术则具有显著的低碳优势。此外，国内外在碳排放核算方法和排放因子上也存在差异，这进一步影响了碳排放量的准确估算。因此，我国应立足于修复行业的发展现状，精准测算实际碳排放量，为污染场地修复活动的减污降碳目标提供科学依据和精准指导。

## 5.3　行动与计划

### 5.3.1　协同减碳模式

科技协同：加强土壤污染迁移转化理论等基础研究，推动关键材料和装备的研发，提升土壤修复的科技含量。完善绿色低碳修复技术的评价指标体系和碳核算方法，推动研究成果向工程实践转化。

政策协同：将环境修复与国家“双碳”目标相结合，制定修复过程绿色低碳和修复后场地和土壤碳汇应对方案，明确实施途径。探索将绿色低碳作为修复工程效果评估考核指标。

市场协同：通过政府引导和市场支持相结合，鼓励社会资本参与土壤修复，推动绿色低碳修复技术的市场化应用。

全过程协同管理：将土壤修复的全过程纳入减污降碳协同增效的框架中，从规划、调查、修复设计到后期管理，全面贯彻绿色低碳理念。在前期规划阶段，鼓励重污染地块拓展生态空间，强化污染管控与土壤固碳增汇的协同；在修复方案设计中，优化工艺设计，使用高能效技术装备、绿色低碳修复材料和可再生能源；在工程实施阶段，提升资源能源利用效率，推动修复后土壤资源化利用。

### 5.3.2 经济政策创新

为推动绿色低碳环境修复，可从以下几个方面采用创新型经济政策：

1. 绿色金融支持

加强信贷支持：加大对生态环境导向的开发（EOD）项目和绿色低碳修复项目的信贷支持力度，优化项目贷款条件，提高融资效率。

拓展多元化融资渠道：探索以项目相关资产、权益为抵押开展贷款的模式，鼓励绿色股权投资基金、创业投资基金、私募基金等参与投资，拓宽直接融资渠道。

发行绿色债券：支持发行气候主题绿色债券，引导更多社会资本投向绿色低碳修复项目。

2. 政策与资金激励

建立激励机制：在土壤污染防治资金使用和政府采购中，优先支持采用绿色低碳方案、装备和材料的项目。

碳减排支持工具：利用碳减排支持工具、气候投融资等市场化资金，支持绿色低碳修复技术研发和项目实施。

国际资金支持：积极争取国际贷（赠）款资金，支持绿色低碳修复的基础前沿研究和产业化应用。

税收优惠和补贴：对开展绿色低碳修复的修复项目、从业单位、开发商给予一定税收优惠政策或财政补贴。

### 5.3.3 行动建议与未来展望

5.3.3.1 行动建议

1. 理念先行，加快绿色低碳转型

大力培育绿色低碳理念：坚持节约优先、保护优先、自然恢复为主的方针，广泛宣传和培育土壤污染风险管控和绿色低碳修复理念，鼓励土壤污染责任人、土地使用权人、行业协会、从业单位、公益组织和个人积极参与。

系统推进减污降碳协同增效：在土壤污染风险管控和修复过程中，注重资源能源节约高效利用，减少二次污染风险，实现环境净效益最大化和碳排放最小化。

2. 全过程提升绿色低碳水平

前期规划阶段：鼓励重污染地块优先用于拓展生态空间，暂不开发利用的地块及时采取制度控制、工程控制、土地复绿等措施，强化污染管控与土壤固碳增汇协同增效。

调查评估阶段：强化全过程质量控制与监管，提升调查评估水平，合理确定风险管控和修复目标。

方案设计阶段：优化工艺设计，注重经济可行性和节约高效性，最大限度降低碳排放和能耗。

工程实施阶段：提升资源能源利用效率，鼓励使用高能效技术装备、绿色低碳修复材料和清洁能源。

后期管理阶段：强化风险管控和修复效果的长期跟踪评估，确保修复目标的可持续性。

3. 全方位强化科技支撑

加强科研布局：夯实土壤和地下水污染迁移转化理论基础研究，推动绿色低碳修复技术的原始创新。

加大技术集成和工程示范：发展可持续风险管控和绿色低碳修复集成技术，形成一批系统解决方案和综合示范工程。

创新修复模式：探索“土壤修复 + 工程建设”“环境修复 + 开发建设”等模式，实现修复与开发同步设计、同步施工、同步监管，降低修复成本。

4. 完善保障措施

加强组织领导：各级生态环境部门联合多部门共同推动土壤污染风险管控和绿色低碳修复，探索创新管理模式。

建立激励机制：在土壤污染防治资金使用和政府采购中优先支持绿色低碳方案、装备和材料，利用碳减排支持工具、气候投融资等市场化资金支持项目实施。

5.3.3.2　未来展望

环境修复实现碳中和具有重要的理论和实践意义，虽然修复完全实现零碳仍面临技术、经济和政策等多方面的挑战，但通过技术创新、政策支持和全过程管理的协同推进，未来有望逐步实现环境修复的低碳甚至零碳目标。

这不仅有助于解决土壤污染问题，还将为实现国家“双碳”目标提供重要支撑。

## 参考文献


[1] 雷英杰 . 土壤污染绿色低碳修复是未来方向 [J]. 环境经济，2024 (22): 22-25.

[2] 霍云剑，朱广森，方兴斌 . 污染土壤修复工厂现状及发展研究 [J]. 节能与环保，2024 (3): 50-55.

[3] 马福俊 . 推动污染场地绿色低碳风险管控和修复 [J]. 世界环境，2023 (5): 28-29.

[4] 姜文超 . 污染场地热脱附技术的绿色低碳评价与措施研究 [J]. 环境污染与防治，2023，45 (8): 1189-1194.

[5] 郝晓地、刘然彬等 . 污水处理实现“碳中和”技术路径已明晰 [EB/OL]. (2023-10-29)[2025-03-03].http://cuwa.org.cn/category/hangyeredian/2473.html.

[6] 王文兵，李春阳，董纤凌，等 . 双碳背景下污染场地修复策略与技术前景 [J]. 环境工程学报，2023，17（1）:188-196.

[7] 肖萌，董璟琦，张红振，等 . 气候变化视角下的污染场地绿色可持续修复新方向 [J]. 中国环境管理，2023，15（2）:130-139.

[8] 韩颖，邓璟菲，高铭晓，等 . 污染地块绿色可持续修复的国际进展及我国的发展路径分析 [J]. 环境保护，2023，51( 增刊 1):62-67.

[9] 侯德义，李广贺 . 污染土壤绿色可持续修复的内涵与发展方向分析 [J]. 环境保护，2016，44(20):16-19.

[10] 段颖，李书鹏，龙涛，等 . 2024 年土壤与地下水修复行业评述和 2025 年发展展望 [Z]. 中国环保产业协会，2025-3-3.

[11] Xiaodi Hao, Ranbin Liu, Xin Huang. Evaluation of the potential for operating carbon neutral WWTPs in China[J] .Water research, 2015, 87: 424-431.

[12] Xiaodi Hao, Ji Li, Mark CM. van Loosdrecht, et al. Energy recovery from wastewater: Heat over organics[J]. Water research, 2019: 74-77.

# 6　中国台湾省绿色低碳修复经验与进展

台湾省在倡导绿色可持续修复（GreenSustainable Remediation, GSR）方面实践较早，与国际接轨较多。通过建立相关规定制度、积极推动 GSR 宣传教育、及时跟进地块治理情况、开展案例评估和建立示范地块等，台湾省逐步构建了一套简便易行、符合实际、社会认可度高的管理制度。经过十余年的发展，台湾省的 GSR 经验，在规定与管理、实践与评估、宣传与培训、研发与推广、信息与平台等方面积累了较好的基础。系统梳理台湾省的有效做法和经验，对于中国构建 GSR 管理体系、整体推动污染土壤绿色低碳修复快速起步和稳步发展具有较强参考价值。

## 6.1　台湾省 GSR 发展历程

台湾省自 2000 年实施“土壤及地下水污染整治相关规定”以来，污染地块调查修复与管理工作已积累了丰富经验，相关行政管理程序也日渐成熟。随着工作的推进和经验积累，人们逐渐发现污染地块修复不仅是“移除污染物”，污染地块调查修复所付出的环境代价，甚至其导致的负面影响，可能会超过修复的效益。国际上相继提出绿色修复（Green Remediation）、可持续修复（Sustainable Remediation），以及 GSR 等理念。GSR 综合考量污染地块修复可能产生的环境、社会和经济影响，实现净效益的最大化。台湾省于 2012 年开始引入 GSR 理念，并成立台湾省可持续修复论坛（SuRF Taiwan）。具体来看，台湾省的 GSR 发展历程可划分为 3 个阶段：① 萌芽与起步阶段（2006—2014 年）；② 试点与探索阶段（2015—2018 年）；③实践与强化阶段（2019 年至今）。

### 6.1.1　萌芽与起步阶段（2006—2014 年）

2006 年，美国国家环境保护局发布“Green Remediation: Incorporating Sustainable Environmental Practices into Remediation of Contaminated Sites”，标志着 GSR 概念正式提出。2011 年，台湾省在《土壤及地下水污染整治基金

补助研究及模场试验专案》中开始鼓励学术界和产业界参与 GSR 技术的研发和应用。2012 年，台湾省执行《污染场址绿色及永续整治策略研拟计划》，收集分析国际绿色可持续修复发展的进度与趋势，建立并推行台湾省绿色可持续修复的架构、推动策略与评估工具集。这是台湾省首次正式引进 GSR 概念。2013 年，台湾省开始执行《污染场址绿色及永续导向型整治之评估（评价）作业示范及措施规划（改进）辅导计划》，以 3 种不同修复阶段污染场地为例，分析修复过程环境足迹与社会、经济可持续性。同时，为促进绿色可持续修复的推广，还开展了认证制度可行性评估与架构的拟定。2014 年，台湾省执行《污染场址绿色及永续导向型整治试办及推广计划》，追踪过去计划实施情况并持续开展典型案例试点评估，评估修复的环境、社会与经济可持续性。后建立认证制度草案，进行试评估，以分析认证制度评分的合理性。另外开始重视引入新兴的绿色调查技术（如植物环境污染调查技术），发展环境友好型的污染场地调查方法。同年，台湾省参考欧美等先进国家（地区）建立的相关评估工具，构建了网络系统版绿色可持续修复评估工具，提供污染方案决策支持系统、环境足迹评估工具、经济维度评估工具、社会维度评估工具与最佳管理实践（Best Management Practices, BMPs）等功能。

### 6.1.2 试点与探索阶段（2015—2018 年）

在此阶段，台湾省正式落实场地 GSR 管理，推动污染场地可持续评估，并逐渐探索和应用绿色技术。2015 年，基于先前所建立的评估工具，持续优化系统功能及相关环境足迹参数，将台湾省 3 种常见修复技术（地下抽出处理，多相抽提技术和原位热处理）进行模块化，以提升用户操作使用的友好度。同时开展工具培训说明会，通过模拟案例演练 GSR 模块化工具评估流程和操作方法，并收集参与人员使用经验与意见，调整系统功能，促进未来推广工作。2016 年，台湾省执行《土壤及地下水绿色整治技术发展计划》，引进新兴土壤及地下水绿色调查与修复技术并持续推动植物环境污染调查技术，持续追踪并新增试点场地，持续优化绿色可持续导向型评估工具，并建立土壤及地下水整治工作核查制度，以及搜集分析国际间环境技术验证制度。2018 年，台湾省执行《土壤及地下水污染整治绿色创新技术推动与技术验证示范计划》，筛选具有发展潜力的绿色创新技术，在典型污染场地实行，并持续推动植物环境调查技术。总体来看，在试点与探索阶段，台湾省积极更新优化绿色可持续修复评估工具相关功能，不断通过活动推广既有创新技术成果，持续推动及落实污染场地最佳管理实践及环境技术验证，推进绿色可持续修复快速发展。

### 6.1.3　实践与强化阶段（2019 年至今）

实践与强化阶段立足于前两个阶段的发展成果，持续提升台湾省土壤及地下水污染与修复专业技术能力以及落实最佳管理措施和环境技术验证，主要推广 GSR 精神并落实到各场地执行过程中。通过评核奖励制度与检核机制两者并行，促进场地改善过程多加考量环境、经济与社会可持续性。且锁定并推广符合绿色精神的技术，实际投入资源且执行应加速整治场地的修复工作，同时，检视技术成效、工程质量与 GSR 评估工具，以进行制度与工具平台的调整，促进台湾省推动 GSR 的成果。

2020 年，台湾省正式将 GSR 纳入控制 / 整治计划书撰写指引内容。将台湾省污染场地依据 GSR 评估指标进行分类，要求符合条件的污染场地执行 GSR 规划，并鼓励所有场地可规划与执行具有 GSR 精神的最佳管理实践，使污染场地生命周期中，能在遵循核定计划书中所定目标的前提下，完成减少修复过程对于环境与社会的影响，并提高整体经济效益的愿景。经由 GSR 适用场地指标评估与分类后，可将符合条件的场地分为 GSR 追踪场地，通过最佳管理实践检核作业确认执行成效。BMPs 作业整合场地监督查核与施工质量管理做法，针对场地执行进度与成效、技术操作质量、各阶段环境足迹记录变化与优化措施执行状况等内容进行确认，以确保场地能达到其所设定的绿色可持续修复目标。统计相关控制 / 整治计划书与进度报告书，2021 年台湾省共有 9 个县市 64 处污染场地执行 GSR 评估。

随着 GSR 理念深入台湾省各县市环保主管部门及污染场地修复公司，许多污染场地已于修复方案中提出多种最佳管理实践。但各类型污染场地特性不同，为避免场地管理流于形式，有效提高场地管理效率并建立土壤和地下水业务管理标准，台湾省于 2021 年在考评项目中增加最佳管理实践检核作业。针对工法规划、成效与管理措施执行有疑虑的场地，开展最佳管理实践检核作业，以提供场地具体改善意见，并期望借此优化管理策略，提升技术应用成效。2022年，考评项目除了增加最佳管理实践检核作业的分数，也对符合GSR核心元素与原则的最佳管理实践评分标准进行了修正。

### 6.1.4 台湾省GSR发展趋势与展望方向

一方面是污染地块绿色可持续韧性修复。近年来，随着全球气候变化与极端气候加剧，直接或间接对污染地块管理以及污染修复效果造成影响。在持续推动GSR的过程中，台湾省已经着力减缓或减少了污染地块修复对于环境、社会、经济的负面影响。在极端气候影响加剧的背景下，地块的修复与长期管理需要将气候变化带来的各种冲击纳入考量，进一步规划气候灾害的调整适应与灾害恢复，同时也要考虑污染地块的长期管理。另一方面是技术创新与本土化。技术创新和跨学科合作已成为推动GSR发展的重要动力。台湾省地理环境多样，不同类型的污染地块对修复技术有不同的需求，这促使本土化的技术创新必须考虑具体地块的特点和需求。台湾省近年来在生物修复技术方面有显著的进展，未来将进一步通过利用本土微生物或改良微生物，研发适应当地环境的生物修复技术。

## 6.2 台湾省GSR管理制度和实践进展

### 6.2.1 台湾省GSR管理制度

#### 6.2.1.1 法规与标准方面

台湾省针对GSR已建立起完整的管理评估制度和标准。场地管理评估过程依据对象分为3个阶段：① GSR通用场地指标评估；② 最佳管理实践核验；③ 场地管理综合鉴定。台湾省场地管理评估方式说明见表6-1。

表 6-1　台湾省场地管理评估方式说明

| 次序 | 评估 | 目的 | 执行对象 | 执行时间 | 评估项目 | 效益 |
|---|---|---|---|---|---|---|
| 1 | GSR 通用场地指标评估 | 判断场地是否须执行 GSR 定量计算或定性规则 | 所有场地 | 尚未提出控制 / 修复计划书之前 | 以场地特性、公告列管资讯与环保局建议为主要指标，判定执行必要性 | 减少小型场地额外计算负担，专注大型且必要场地执行情况 |
| 2 | 最佳管理实践核验 | 深度核查场地进度，施工质量和管理措施执行情况 | 已执行 GSR 的场地 | 场址并同自评表提出进度报告 | （1）场地执行进度；（2）GSR 指标计算；（3）工法执行安全与确实程度；（4）BMPs 执行成效 | （1）实际掌握场地现况改善瓶颈；（2）BMPs 执行与落实状况 |
| 3 | 场地管理综合鉴定 | 综合量化 GSR 优化与执行成效 | 已执行 GSR 场地 | 已配合执行 BMPs 检核工作场地 | （1）改善进度与污染物去除率；（2）BMPs 检核成绩；（3）GSR 指标效益 / 定量结果 | 综合考量场地进度、执行质量、具体量化 BMPs 成效，评断场地优劣 |
|  |  | 评估环保局管理与 GSR 推动成效 | 环保主管部门 | 固定每年统计一次 | （1）场地进度落实率；（2）BMPs 检核符合度；（3）GSR 指标达标率 | 计算管理进度与指标落实的预估执行成效 |

资料来源：绿色整治推广与示范计划成果报告（公开版）。

1.GSR 通用场地指标评估

通过建立多维度的指标体系，针对环境、经济与社会不同思考方向，检视场地特质执行 GSR 评估的必需性，依据考量项目区分为以下条件指标：列管时间 / 核定修复时间，列管状态，场地类型，列管面积，污染介质，污染物类型，工法说明，场地污染影响潜势评估总分，场地土地类型，场地分区和主管机关要求，共 11 个方面。台湾省 GSR 通用场地指标评估见表 6-2。

### 表 6-2　台湾省 GSR 通用场地指标评估

| 项次 | 指标名称 | 设定分数与指标 | 权重 | 计算得分（权重 × 分数） | GSR 考量 |
|---|---|---|---|---|---|
| 1 | 列管时间 / 核定修复时间 | （1）核定改善时间 3 a 以下；<br>（2）核定改善时间 3<X<10 a；<br>（3）核定改善时间超过 10 a | 6.00 | | 环境<br>社会<br>经济 |
| 2 | 列管状态 | （1）场地与其他；<br>（2）控制场地；<br>（3）整治场地 | 4.00 | | 环境<br>社会<br>经济 |
| 3 | 场地类型 | （1）农地；<br>（2）非法弃置、储罐；<br>（3）运作用工厂、加油站 | 4.00 | | 环境<br>社会<br>经济 |
| 4 | 列管面积 | （1）低于 10 000 $m^2$；<br>（2）高于 10 000 $m^2$ | 5.00 | | 环境<br>社会<br>经济 |
| 5 | 污染介质 | （1）仅土壤污染；<br>（2）仅地下水污染；<br>（3）同时土壤污染和地下水污染 | 2.00 | | 环境 |
| 6 | 污染物类型 | （1）重金属污染；<br>（2）油品与含氯有机污染物；<br>（3）复合型污染 | 2.00 | | 环境 |
| 7 | 工法说明 | （1）异位修复；<br>（2）原位修复；<br>（3）复合型工法 | 2.00 | | 环境 |
| 8 | 场地污染影响潜势评估总分 | （1）TOL<600 分；<br>（2）600 分 <TOL<1 200 分；<br>（3）TOL>1 200 分 | 3.00 | | 环境<br>社会 |
| 9 | 场地土地类型 | （1）交通水利用地；<br>（2）直接生产用地；<br>（3）建筑用地 | 1.00 | | 社会<br>经济 |
| 10 | 场地分区 | （1）工业区；<br>（2）住宅区与商业区 | 2.00 | | 社会<br>经济 |
| 11 | 主管机关要求 | 建议纳入 | 2.33 | | 环境<br>社会<br>经济<br>（可选） |

注：绿色可持续修复场地合适性评估总分。
1. 分数低于 75 分者，不强制执行 GSR 评估与设定 BMPs。
2. 分数高于 75 分者，建议都要列入 GSR 评估管理场地。
资料来源：绿色整治推广与示范计划成果报告（公开版）。

2. 最佳管理实践核验

结合现行环保主管部门场地监督核查制度，针对特定场地进一步检视工法运用的状况，在场地各生命周期阶段（调查、模场试验、系统操作建置、维护管理、定期监测及场地解除列管），通过书面与现场检核程序确认现场执行成效与绿色可持续指标执行成效，提供场地现场具体改善意见，确保场址各阶段执行成效符合预期，并通过优化管理策略提升技术应用成效。

台湾省污染场地最佳管理实践检核流程规划如图 6-1 所示，通过结合环保主管部门例行巡查作业，主要针对经“GSR 通用场地指标评估”的特定场地增加这一检核作业，并要求场地依据控制 / 整治计划书中工法设计、成效查核点与管理措施内容提出污染场地最佳管理措施场地自我评估表，再由环保主管部门及其顾问团队提出污染场址最佳管理措施场地检核表。在检视计划书与自评过程中，对于工法规划、成效与管理措施有疑虑的场地，建议可列入优先执行检核名单。其余场地将搭配例行性工作定期执行检核作业，针对检核目标将先提供污染场地最佳管理措施场址检核表给场地逐一针对检核项目制作对照表（照片、影片记录等）。通过邀请土壤及地下水污染场地改善推动小组（以下简称推动小组）相关领域专家学者组成检核小组，召开检核作业前置会议确认污染场地最佳管理措施场地检核表内容，并决议检核方式后，针对工法有疑虑之处讨论是否需前往现场进行检核。如果需要将安排现场检核，以理清修复工作疑虑与 BMPs 执行状况，如果不需要则直接将审查结果告知场地，并由计划团队评估是否需要现场复核，以追踪掌握执行成效与 GSR 指标变化，并累积相关参数与记录供后续执行参考。

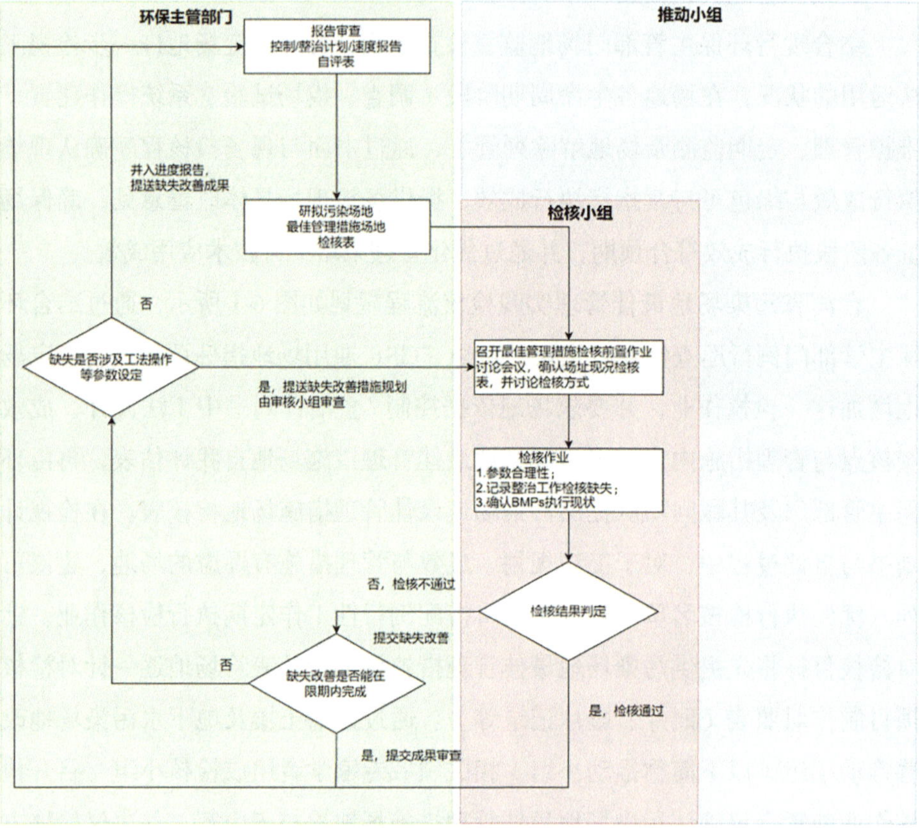


**图 6-1　台湾省污染场地最佳管理实践检核流程**

资料来源：绿色整治推广与示范计划成果报告（公开版）。

3. 场地管理综合鉴定

场地管理综合鉴定同时考量了场地改善执行进度与成效，并确认绿色可持续修复规划管理成效，汇整最佳管理措施检核结果、场地执行进度与绿色可持续修复指标评估结果，进行分项检视并以定量方式确认场地执行概况与环保主管部门管理成效。

针对已执行 GSR 评估的场地综合量化检视优化与执行成效，评鉴场地执行与管理优劣程度。检视场地进度报告执行成果，规划污染场地管理综合鉴定指标区分为以下 3 个主要内容。一是改善进度与污染移除率。这是各场地符合原规划进度基本达成的项目指标，然而通过执行工业优化或赶工进度调整，加快整体执行进度会于此指标项目中获得额外分数。二是污染场地最佳管理实践现场核检得分。执行过程中针对所提出场地自我评估项目，由检核小组于现场确认执行过程与细节是否符合规划设定，包括：①计划执行进度符合度评分；②计划基本检核项目资料完整性与执行进度符合度评分；③技术现场状态的符合度评分；④ BMPs 与 GSR 执行状况的符合度评分。检核表总分为 100 分，所占比重约为 30%，故分数需经过权重计算进行累加。三是绿色可持续修复指标效益 / 定量结果。绿色可持续修复指标包含环境冲击、社会面风险考量与经济成本计算。此项目指标计分方式原则依据执行程度，进行不同程度计分，并提出对应计算过程与确切数据比对。环境冲击主要区分为能源使用量、减少空气污染物（温室气体）与防止相关污染物排放、水资源使用量、原物料使用量与废弃物产生量等项目。当基本执行需要以场地生命周期计算整体过程所产生的环境足迹，并据以拟定相关的最佳管理措施（BMPs）以降低冲击，可以直接针对排放热点阶段与执行项目进行设计，其中降低程度将对应其 GSR 指标等级分数（最佳者为 5 分），经济面与社会面评定方式相同，将依执行等级依序评定分数。

县市环保主管部门管理综合鉴定将比照年度绩效考评作业，固定每年最后一个季度统计计算，计算管理进度与指标落实的预估执行成效，评断环保主管部门管理与 GSR 推动成效。指标分为以下三类。一是 GSR 推动的场地管理，占比 10%。分析所辖所有场地是否完成 GSR 适用场地指标评估，完成率需达 100%。二是推动 GSR 措施达成率，占比 40%。其中推动成果占比 20%，分析所辖所有场地是否完成 GSR 适用场地指标评估，进而针对已完成评估且需要执行 GSR 场地进行推动管理，逐年计算已执行 GSR 评估场地数量占需要执行 GSR 场地数量的比例，即为推动达标率，设定不同符合级距计算指标分数。主动检视场地执行 GSR 措施成果占比 20%，通过 BMPs 检核统整相关 GSR 措施执行概况，环保主管部门主动执行场次视为评定依据，每年计算一次 BMPs 检核场地数量占已执行 GSR 评估场地数量的比例即为主动管理场地 GSR 推动成效。三是整体 GSR 指标效益。绿色可持续修复指标包含环境冲击、社会面风险考量与经济成本计算，此项目指标计分方式原则为加总全县市所辖执行 GSR 评估场址的成果，针对环境面、社会面与经济面的指标计算结果进行统整，逐年量化检视环境足迹减少程度、产生经济效益与对应的社会冲击。

6.2.1.2　实践与评估方面

台湾省自引入 GSR 理念以来，不断推进其评估和实践。由于 GSR 所评估之面向甚广，故将需考量的因子依环境面、经济面与社会面确定核心元素。台湾省的环保主管部门鼓励各污染场地在提交控制 / 整治计划书时，提出工法评估与最佳管理措施实践执行内容，以促进场地能够完整考虑 GSR 观念。执行一个污染场地的生命周期评估应包含调查、修复、监测及解除列管等工作，以完成减少环境与社会冲击，并提高整体经济效益的愿景。

经统计，台湾省 2020 年共有 15 个县市 119 处污染场地执行了 GSR 评估，相较 2018 年和 2019 年明显增加。其中，台中市最多，为 40 例，其次为彰化县 22 例。2021 年共有 9 个县市 64 处污染场地执行了 GSR 评估。其中，台南市最多，为 16 例，其次为新北市 12 例与高雄市 11 例。以控制计划书 / 整治进度报告书为主，进度报告中说明场地改善工法的最佳管理实践，显示多数场地已将 GSR 概念与评估纳入整治方案选择与改善作业管理规划。

推动 GSR 至今，台湾省环保主管部门及污染修复公司对 GSR 理念已较为熟悉，许多污染场地已于整治方案管理中提出多种最佳管理措施。但各类型污染场址特性不一，为落实管理作业有效提升场地管理效率，并建立土水业务管理标准，台湾省环保主管部门提出了最佳管理措施检核程序并制定相关流程与表单供各界参考。2021 年，台湾省环保主管部门共执行 5 处污染场地试办最佳管理措施检核，并办理场地检核作业。推动环保主管部门主动办理场地 BMPs 检核，由环保主管部门发起并邀请土污推动小组的专家委员担任检验小组成员，至现场执行及确认相关表单。

6.2.1.3　宣传与培训方面

为掌握国际 GSR 发展动态，台湾省于 2012 年开始推动 GSR，积极参与相关活动。通过参与土壤及地下水污染整治工作的各项活动，促进环保信息交流，寻求合作新契机，并协助相关机构提升土壤及地下水污染修复技术水平，加强台湾省对环境保护的贡献。

6.2.1.4　合作交流与宣传教育方面

在合作交流方面，台湾省一直以来对交流合作以及宣传教育十分重视。在交流合作中，通过参与土壤及地下水污染整治工作的各项活动，促进环保信息交流，寻求合作新契机，并协助相关机构提升土壤及地下水污染整治技术，加强台湾省对环境保护的贡献，达成推动台湾省成为土壤及地下水信息交流中心的目标。

在宣传教育方面，台湾省通过各种渠道和方式积极开展 GSR 的宣传教育活动。在学校层面，通过与教育机构的合作，将 GSR 相关知识纳入学校课程，培养学生的环保意识和责任感。例如，通过举办“青力崛起——土水事 我们的事”青年创意活动，鼓励学生通过商品设计、行销推广、教学教案等形式，深入探讨土壤及地下水保护问题。在社区层面，组织各种形式的宣传教育活动，如土水环境教育推广活动，通过动手体验和互动讨论，让社区居民了解土壤及地下水的重要性及其保护方法。台湾省在 GSR 宣传中，充分利用了多种媒介和工具，以强化宣传效果。

1）社交媒体：通过社交媒体平台，发布有关土壤及地下水保护的科普内容，与公众进行互动交流。例如，“土净水清系列活动”通过定期发布图文和举办粉丝互动活动，提升公众的关注度和参与度。

2）科普教材：制作中文、英文版的土壤及地下水议题课课文教材，通过《空中英语教室》等渠道进行推广，使公众在学习和了解英语的同时，也能获取相关的环保知识。

3）桌游教育：开发并推广土壤及地下水保护桌游——大地捍卫者（Land Defender），通过游戏体验和教育活动，提升学生对土壤及地下水保护的认知和兴趣。

6.2.1.5　研发与推广方面

台湾省在 GSR 技术的研发与推广方面，已经积累了 12 年以上的应用经验。为持续提升台湾省土壤及地下水污染调查与整治技术能力，并协助环保产业技术推广，将 GSR 概念纳入技术发展，并推动落实于经济、社会与环境等各个维度中，台湾省不断推动场址认证与技术查证制度、绿色技术发展与试验、监测式自然衰减法等，进而提升技术水平与质量。如 2021 年，台湾省环保主管部门执行项目计划选择绿色整治材料（Green Remediation Materials）进行试验，其不仅符合绿色化学的定义，且制造过程生命周期对环境影响较低。经过评分及筛选，择定绿色高级氧化法——可再生型吸附颗粒（Regenerative Adsorption Particles，RAP）进行试验，RAP 为具有催化功能的氧化型活性炭，其吸附累积污染物后，再通过原位或异位氧化（添加常

规氧化剂或曝气 / 臭氧等方式）移除污染物，以便再利用。

为进一步落实技术实践应用，提升产学合作效益，台湾省自 2010 年起推动“土壤及地下水污染整治基金补助研究及模场试验项目”，以“厚植学研，硕果产业”为理念，鼓励学术研究单位进行土壤及地下水污染调查、评估及整治复育等创新技术研发工作，更积极媒合产学合作，通过技术应用于实地测试，优化技术，加速解决污染场地整治课题。2022 年，台湾省核定研发 38 个具备潜力的技术，包含 3 个先导研究型、19 个实验室研究型及 16 个技术试验模场型等。技术研发以可持续韧性整治、整治程序优化、智能污染监测、污染土地再利用管理与推动策略为主，达成台湾省整治技术需求，符合国际低碳永续与资源循环目标。截至 2022 年，台湾省已推动 348 个计划执行，完成 204 篇国际期刊投稿、取得 47 项专利及推动 5 项技术转移，培育超过 800 位专业人才，估计每年产出约 2.3 亿元新台币的产业价值，并带动 266 ~ 402 个就业机会。

6.2.1.6　信息与平台方面

台湾省的土壤及地下水信息化与平台建设，是响应工业化进程中环境污染防治需求的重要措施。自 20 世纪 90 年代末期以来，台湾省便着手推动土壤及地下水污染整治工作，逐步建立起一套集信息管理、数据分析、公共服务于一体的智慧化管理体系。在 GSR 信息平台方面，台湾省建立了绿色永续型整治倡导网，旨在推广绿色可持续导向型修复理念，供相关组织网站关联、国际活动预告、国际相关动态发展报告、国际相关组织发表文件、台湾省相关说明会及活动预告等。此外，还有绿色可持续推广平台，辅助地块管理单位在污染地块的全生命周期融入 GSR 理念，平台包含推广首页、GSR 评估工具、最佳管理措施（BMPs）建议方案及系统管理四大功能。

## 6.2.2　台湾省 GSR 实践进展

6.2.2.1　规定与管理制度进展

台湾省发布了土壤污染防治相关规定和配套文件，并积极推动促进污染地块治理的相关规定研究工作。2000 年 2 月，台湾省发布《土壤及地下水污染整治相关规定》，先后于 2003 年 1 月和 2010 年 2 月进行修订。该规定共分 8 章 57 条，包括总则、防治措施、调查评估措施、管制措施、整治复育、财务及责任、罚则、附则，对土壤和地下水的污染防治、管控修复、资金、责任义务与惩罚等进行了详细规定（目前相关配套文件包括《土壤及地下水污染整治施行细则》等21项命令、《土壤及地下水污染整治第八条第一项之事业（具命令性质之公告）》等5项相关公告和《土壤及地下水污染整治费收费办法之免征比例审理原则》等42项行政规则）。2021年，台湾省环保主管部门公开招标开展了污染地块修复的进展加速改善的相关规定研究分析工作，一方面是调研环保主管部门筛选的52个应加速治理的地块现状并研提相关规定意见建议，以加速52个地块的环境改善，另一方面促进推动土壤污染基金追偿工作。该项目执行期为2021—2022年，经费为672万元新台币。

台湾省在土壤可持续修复方面建立有相关机构和管理制度。对于可持续修复机构，2001年，设立了土壤及地下水污染整治基金管理会（以下简称土污基管会），主要开展4类工作，即完善规章制度、落实质量管理、推动整治活化、发展关键技术等，并通过各方合作和国际交流等积极促进产学研管一体化推进。土污基管会整体系统架构分为民众端（土壤及地下水污染整治网）和主管机关（土壤及地下水资讯管理系统），土壤及地下水污染整治网是公开资讯网，用于对民众开展宣教和资料查询；土壤及地下水资讯管理系统为环保主管部门业务管理平台，用于项目申报、管理、决策与行政等业务功能。对于管理制度，台湾省建立了丰富多样的制度，涵盖技术认证、地块分级管理、地块可持续利用、地块再利用管理、全过程评估和相关奖项设置。

6.2.2.2　修复与案例评估进展

早期，台湾省农用地土壤重金属污染事件接连发生，台湾省环保主管部门持续开展农用地、非法弃置场地及加油站的调查，持续进行修复，积极培训专业人才等。截至2022年底，历年累计列管地块9 100处（其中农用地7 487处），历年累计解列地块8 556处（其中农用地7 391处），2022年列管中地块544处。近年来台湾省各级环保主管部门及污染治理企业对绿色可持续修复理念已较为熟悉，许多地块已在修复方案管理中提出多种最佳管理实践措施。为有效提升地块管理效率，台湾省环保主管部门在2021年的考评中增加最佳管理实践措施核查，提供地块完善意见。2022年，完善了最佳管理实践措施评分标准。2020年共有15个县市环保主管部门提出GSR案例进行考评分析，场址案例约有119个，2021年共有9个县市环保主管部门提出

GSR 案例进行考评分析，场址案例约有 64 个。

6.2.2.3　研发与技术应用进展

台湾省在 2013 年针对土壤与地下水的技术发展和技术推广构建了规划蓝图，两者间形成正向促进。技术发展蓝图依据当时台湾省的发展状况，列明了快速调查技术、土壤治理技术、法律需求、地下水治理技术等技术发展需求方向。其后，台湾省环保主管部门定期回顾现阶段技术发展重点与目标，以期及时调整细节性目标。在 2018 年的回顾中，土壤与地下水技术重点包括原位物化处理、原位热处理和原位生物修复，相应技术包括渗透性反应墙、热脱附、强化生物治理和植生复育等技术。现阶段，配合精准式调查或高分辨率场地调查、原位处理技术与绿色低碳治理技术。技术推广政策上，着重收集汇整近期国际对于污染地块调查与治理技术发展的研析，以期确认并优化现阶段推动发展中的各项技术走向。再将研析与优化后的技术发展方向进行推广。推广策略包括增加技术导入与应用机会（技术验证推广、新兴技术导入、技术研发成果发表）、强化技术扩散与专业人员管理（专业技术训练、专业技术认证、技术资料建立）、评估国际趋势并参与国际技术市场（国际技术发展趋势评估、提升国际合作与市场介入、建立国际技术优势）、建立公私部门伙伴关系（产官学研究支援、研讨会辅助、周边组织合作关系建立）等。为落实技术实地应用，提升产学合作效益，自 2010 年起，推动开展土壤及地下水污染整治基金补助研究及模场试验项目，鼓励学术研究单位进行土壤及地下水污染调查、评估及整治活化等创新技术研发工作，通过将技术应用于实地测试，优化技术。

6.2.2.4　信息公开与平台建设进展

台湾省环保主管部门自 1991 年推动土壤及地下水污染整治工作以来，逐步建立土壤及地下水资讯管理系统（SGM 系统），SGM 系统作为业务执行和管理的重要作业平台，已根据业务和管理需求进行了多次功能扩展和强化。此外，在台湾省开发的绿色可持续推广平台中，可自行申请建立账号，通过输入修复计划和场地信息等数据，自动计算出相应的环境、经济、社会影响，以开展 GSR 评估作为决策支撑。在信息公开方面，土污基管会和台湾省工信管理部门的网站上有许多公开资料可供下载。公开资料可体现法规制定过程中专家意见的记录与披露，以及科研项目的任务书和成果材料等。

6.2.2.5 交流与行业合作进展

为掌握国际绿色可持续修复发展动态，台湾省从 2012 年推动绿色可持续修复起，就积极参与国际相关活动。2021 年和 2022 年台湾省环保主管部门组织参与多项国际交流，并邀请国际学员参加培训，分享台湾省土壤与地下水保护进展与未来方向。此外，台湾省邀请多名专家对相关项目计划成果进行咨询，获取多元专家意见。咨询会议研讨内容包括台湾省土壤及地下水相关技术中短期发展方向、技术推广和产学合作，结合各个领域专家的专业知识和背景，对相关议题进行充分研讨。

## 6.3 结论与建议

1）台湾省的 GSR 管理经过多年的发展，探索出一套接轨国际、普适性强、社会接受度高、便于推广且行之有效的制度和管理体系。

台湾省土壤及地下水污染整治相关规定和配套文件对土壤和地下水的污染防治、管控修复等进行了详细规定。此后，台湾省长期积极推动促进污染地块治理的法律研究工作，并先后对相关规定进行修订，奠定了在土壤可持续修复方面建立管理制度的基础。台湾省设立的土污基管会主要开展完善制度、落实质量管理、推动整治活化、发展关键技术等 4 类工作，并通过各方合作和国际交流等积极促进产学研管一体化推进。目前，台湾省制定了涵盖技术认证、地块分级管理、地块可持续利用、全过程评估等丰富的制度，建立了一套由松到紧的制度体系。

2）台湾省的 GSR 发展在框架体系、政策激励、宣传培训、信息公开、网络平台、基金保障等方面的做法和经验具有一定的参考价值。

台湾省将 GSR 相关知识纳入学校课程，举办青年创意活动，充分利用社交媒体、科普教材、桌游等多种媒介和工具，强化宣传效果。台湾省注重信息公开，法规制定过程中的专家意见记录、科研项目任务书和成果材料、污染地块相关情况都有公开信息。此外，台湾省建立了公开的 GSR 推广及平台系统，逐步建立起一套集信息管理、数据分析、公共服务于一体的智慧化管理体系。台湾省部分土壤与地下水污染治理基金可用于技术研究和奖励作为激励措施。建议进一步强化土壤和地下水保护合作交流和信息公开，推动国际和跨地区交流，建立产学研一体化的全链条动态信息服务中心，提供交流合作的综合平台。

3）台湾省的 GSR 实践在案例示范、推广应用、科技研发、经验总结、低碳评估、绩效考核等方面的基础和措施值得借鉴和学习总结。

推动 GSR 至今，台湾省许多污染地块已于修复方案中提出多种 BMPs，并在 GSR 技术的研发与推广方面积累了 10 余年的应用经验。台湾省定期收集国际上对于场调和修复技术发展的研析，以优化当前各项技术的发展走向。借助基金补助和试点项目、积极参与国际技术市场等途径，积极研发技术并宣传推广相关案例和经验。建议进一步提升场调和修复技术水平，积极推动试点和案例示范，宣传推广和引导带动 GSR 理念及低碳绿色技术。建立专题研究项目推动产学合作，综合考虑绿色可持续要素，设置服务于不同管理目的的评估指标和方法工具，通过试点示范不断完善评估指标和标准。要求省市级生态环境管理部门开展污染地块的 GSR 评估和 BMPs 检核，有效带动污染地块 GSR 推进。

4）台湾省的 GSR 产业在政府鼓励、学界支持、行业引导、合作交流、行业自律、研讨提升等方面的探索有一定前瞻性和实用价值。

台湾省长期积极参与国际相关活动，寻求合作契机，并对东南亚国家进行技术帮扶。通过制订发展计划、政策支持、宣传培训、建立管理抓手等一系列措施，持续稳步提升整个行业 GSR 能力。积极提供公共交流平台，促进修复行业不断在政策引导下自律发展。建议稳步推进和国际接轨，及早引入国际 GSR 发展报告、技术工具、典型案例等，面向修复行业加强宣传推广和教育培训。借助各类国际会议、政府间机构等，定期交流寻求国际合作契机，学习国际先进经验并将国内的探索实践对外推广。此外，建议提供平台支持，引导修复行业实现自我完善和健康可持续发展。

## 参考文献

[1] 环资国际有限公司 . 土壤及地下水数据分析与系统管理计划 EPA-107-GA11-03-A113 期末报告（定稿）[R]. 2020.

[2] 刘瑞祥，等 . 110 年度土壤及地下水污染整治年报 [R]. 土壤及地下水污染整治基金管理会，2021.

[3] 刘瑞祥，等 . 111 年度土壤及地下水污染整治年报 [R]. 土壤及地下水污染整治基金管理会，2022.

[4] 业兴环境科技股份有限公司 . 绿色整治推广与示范计划成果报告 ( 公开版 ) [R]. 2022.

[5] 业兴环境科技股份有限公司 . 112 年绿色永续整治优良单位选拔作业在线说明会 [R]. 2023.

[6] 鑫训工程顾问股份有限公司 . 土壤及地下水技术推广平台计划成果报告 [R]. 2022.

[7] 冯汝 . 论我国土壤污染防治基金制度的构建：以我国台湾地区土壤及地下水污染整治基金制度为鉴 [J]. 山西农业大学学报（社会科学版），2017，16（5）.

[8] 董斌，凌晨 . 土壤污染防治基金制度建构：域外经验与本土实践 [J]. 大连海事大学学报（社会科学版），2019，18（6）.

# 第二部分 国际进展

THE SECOND PART INTERNATIONAL PROGRESS

# 7 风险管控与生态景观融合的柔性修复新模式

土壤作为不可再生资源，保护和恢复土壤功能对人类福祉至关重要。2015 年，联合国正式提出 17 项可持续发展目标（Sustainable Development Goals, SDGs），要求采取紧急行动，通过向保护和保存这些生态系统所代表价值的更可持续的发展模式过渡，遏制资源退化、生物多样性丧失和土地不可持续利用。

在传统视角下，受污染的土壤往往被认为不可被再利用。基于移除污染源且资源密集型的传统修复技术往往会对生态系统造成不可逆转的损害，导致修复后的土壤生态系统不适合“软”终端用途（非建造用途），例如具备生态功能的绿色空间。大量棕地仍被遗弃或未充分利用，新的修复方式实践对于绿色低碳可持续修复和棕地再生至关重要。GRO 是近年来备受关注的创新修复技术，其技术涉及植物（phyto-），真菌（myco-）和 / 或细菌（bio-）的方法。研究表明，GRO 既能提供有效的风险管控，又能带来生态土壤功能的净收益。

GRO 作为一种低成本、低影响的原位修复技术，可以单独使用或作为污染修复技术组合的一部分。同时，GRO 为基于自然的解决方案（Nature-based Solutions，NbS），能在更广泛的修复场景为可持续发展作出贡献。除了常规的风险管控应用，GRO 可以与景观设计结合，结合留白增绿相关安排合理规划受污染土地用地，如农药、化工等行业重污染地块规划用于拓展生态空间的过程中优先考虑 GRO 等绿色修复方式。尽管 GRO 在可持续方面提供了一系列好处，但在意识层面、实践层面、知识层面和发展层面挑战重重，在欧洲，现阶段对于 GRO 的实践意识和执行力度都较低。

国际上对于柔性修复方案处于积极探索阶段。建议在国内，鼓励积极消化吸收相关技术模式，开展试点示范；强化理论研究，推动技术导则发布和实施；优化绿色可持续修复政策引导，鼓励落地实施；扩大国际合作，积极交流经验。

## 7.1 背景

由于工业化、城市化、农药化肥的施用和其他不可持续的发展模式，以土壤污染等形式出现的土地质量退化削弱了土壤履行其基本功能和向人类提供重要生态系统服务的能力。棕地在土壤污染过程中逐渐产生，以工业用地居多，与其他用地的主要区别是都存在一定程度的污染或环境问题。土壤污染修复是指通过物理、化学、生物、生态学原理，并采用人工调控措施，使土壤污染物浓（活）度降低，实现污染物无害化和稳定化，以达到人们期望的解毒效果的技术措施。在中国，大多数土数壤污染修复后的土地用途为房地产开发或其他开发用途。而棕地修复改造的出发点是对土地的可持续利用，因此，从 1980 年开始，欧美等发达国家（地区）的许多棕地被转化为了城市绿地，致力于以可持续发展的方式提升城市生活质量。

土壤是发育于陆地表面具有生物活性和孔隙、能进行物质循环和能量交换的疏松表层，是由矿物质、有机质、水、空气和生物组成的生物和非生物混合体。土壤是一种有限的资源，健康的土壤能够提供生态系统服务，包括碳封存，净化水和减少污染物，气候调节，洪水调节，养分循环，提供生物栖息地、建筑材料、食物、纤维和燃料，文化遗产等。因此，绿色的土壤污染修复技术必须对环境扰动性较小，避免“矫枉过正”而破坏了土壤本身的功能。某些化学修复技术，虽然可以快速修复土壤，但化学修复剂本身可能具有毒性或对环境造成影响，使用不当会导致二次污染，且对土壤的破坏程度较高。目前，国内外土壤污染修复技术的研发大致经历了“物理化学”修复、“物理化学生物”齐步发展、以“生物”为主绿色环保 3 个阶段。

在此背景下，世界银行于 2008 年发布的报告《生物多样性、气候变化和适应性》中首次提出基于自然的解决方案（NbS），近年来在我国逐渐受到官方认可。我国多个部委和政府文件，都已涉及了 NbS 的相关内容，特别是 2021 年国务院办公厅印发的《关于鼓励和支持社会资本参与生态保护修复的意见》，为利用社会资本开展 NbS 项目提供了可能；自然资源部在 2021 年 6 月和 10 月分别提出了 10 个基于自然的解决方案中国实践典型案例和 18 个中国生态修复典型案例，包括贺兰山生态保护修复、上海青西郊野公园生态修复等多个涉及采用柔性修复方案的项目。NbS 是保护、可持续管理并恢复自然和被改变的生态系统的行动，能有效和适应性地应对社会挑战，同时提供人类福祉和生物多样性效益。

柔性修复方案作为NbS的一种技术模式，是传统土壤修复的“绿色”原位修复方案，利用植物、真菌、细菌和土壤改良剂来打破污染物的联系，同时改善或维持土壤功能。它们可能不太适合高度污染的场地，例如埋藏储罐或石油泄漏场地，但特别适合对人类健康和环境构成低至中度风险的污染场地，因此可以很好地与棕地开发结合，用于污染场地的风险管控和棕地景观开发，使土壤恢复有益的用途，作为绿色基础设施的组成部分，为城市地区提供生态系统服务。

## 7.2　原理与类型

### 7.2.1　原理

柔性修复最早由Onwubuya等2009年在论文中提出，但术语柔性修复方案（GRO）起源于2013年Cundy等发表的文献。GRO是一个总称，涵盖了许多基于使用植物（phyto-）、真菌（myco-）和/或细菌（bio-）方法的技术，近年来，利用蚯蚓进行修复的方式也越来越多。这些更具创新性的土壤修复生物方法已逐渐成为传统物理化学方法的替代品。总体而言，柔性修复方案被定义为风险管理策略或技术，实现土壤功能的净收益或保证总体效益没有减少，并实现有效的风险管控。GRO可以提供更广泛的经济效益（如生物质发电），社会效益（如休闲、娱乐功能）和环境效益（例如碳封存。水过滤和排水管理，植物、微生物和动物群落生态恢复）。相较于传统的土壤修复方案，这些效益在传统修复方案中只是被连带考虑，但对于GRO，特别是对于后期规划具有“软”用途的区域，如可再生能源场地、生物栖息地或公园用地，GRO等基于自然的解决方案代表了潜在的更重要的价值主张。收益的形式可能是直接创收（如生物质收入），增加一个地区的自然或文化资本（例如土壤和水的改善能够提供绿色基础设施和舒适空间），或提供有形的经济利益（例如增加财产价值和创造就业机会）或无形的利益（如社会声誉）。除了经济效益、社会效益和环境效益，GRO提供多种功能：①有效去除土壤污染物（减少总污染物和/或生物可用污染物浓度）；②减少土壤生态毒性，

③ 减少对人类健康的环境风险；④ 维持土壤健康；⑤ 提供相关生态系统服务的功能恢复。

此外，国际植物技术学会扩大了以前以修复为重点的植物技术的定义，将其扩展为通过修复土壤、水和空气资源的质量和数量，以及通过恢复管理景观中的生态系统服务，战略性地利用植物来解决环境问题。根据这一定义，利用植物修复环境污染物只是植物技术包含的众多领域之一，还包括其他功能，如恢复生态系统和创造栖息地、创造生物燃料和其他有价值的生物产品、利用绿色屋顶绿化基础设施以提高能源效率、固碳以减缓气候变化、用植物技术管理垃圾填埋场和其他废弃物流、用人工湿地处理废水和恢复水资源等（图 7-1）。

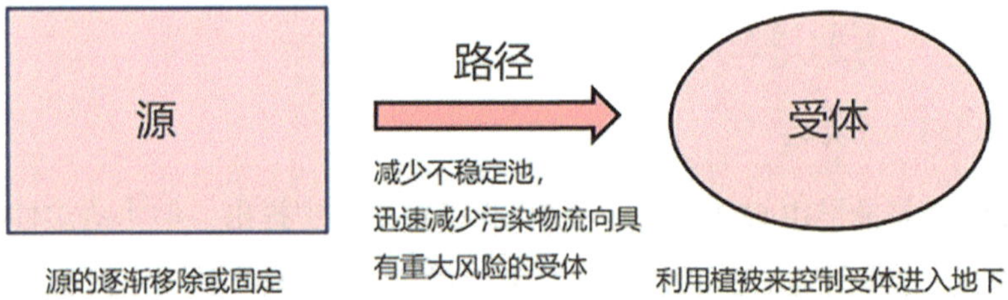


图 7-1　根据污染物模型量身定制的基于 GRO 的风险管控策略

资料来源：Cundy et al., 2015。

## 7.2.2　类型

GRO 主要应用于受污染的土壤，通过植物及其相关微生物吸收污染物并将其固定在地上的植物组织中，在收获时将污染物从现场移除（植物萃取），去除或降解有机污染物（植物降解 / 根系降解），过滤地表水和废水中的污染物（根系过滤）或植物及其微生物吸收和蒸发水分，从而影响地下水位、地下水流向和流速的过程（植物水力），以及稳定或固定土壤基质中的污染物（植物稳定），减少污染物向当地受体的转移（原位固定）。通常使用不会在可收获生物量中积累污染物的排斥植物实现稳定的植被覆盖（植物排斥）。如果修复路径设计良好，GRO 可以通过封闭和稳定的途径控制提供快速的风险管控方式，再加上长期去除或固定污染源，并管理受体的进入以防止暴露（表 7-1）。

表 7-1　GRO 类别

| GRO 类型 | 中文名称 | 定义 |
| --- | --- | --- |
| Phytoextraction | 植物萃取 | 植物及其相关微生物吸收污染物并将其固定在地上的植物组织中，然后在收获时将其从现场移除的过程 |
| Phytodegradation/ phytotransformation | 植物降解 / 植物转化 | 利用植物（以及相关的微生物，如内生细菌）来吸收、储存和降解污染物 |
| Rhizodegradation | 根系降解 | 利用植物酶和根际（根区）微生物降解有机污染物 |
| Phytostabilisation | 植物稳定 | 通过固定根系统和 / 或根际土壤中的活死生物量，降低污染物的生物利用度和流动性 |
| Phytovolatilisation | 植物蒸腾 | 利用植物从生长基质中去除污染物，将其转化为毒性较小的形式，并将其（或其降解产物）分散到大气中 |
| In-situ immobilisation | 原位固定 | 通过将有机或无机化合物掺入土壤，将污染物固定或结合到土壤基质中，以防止污染物被过度吸收和转移到食物链中，从而降低污染物的生物利用度 |
| Phytoexclusion | 植物排斥 | 使用不会在可收获生物量中积累污染物的排斥植物实现稳定的植被覆盖，通常与原位固定相结合 |
| Rhizofiltration | 根系过滤 | 通过植物根系和相关微生物从水中去除污染物 |
| Phytohydraulics | 植物水力 | 植物及其微生物吸收和蒸发水分，从而影响地下水位、地下水流向和流速的过程 |
| Bioremediation | 生物修复 | 利用土壤微生物降解、稳定或降低污染物生物利用度的一系列修复和风险管理技术 |
| Mycoremediation | 菌核修复 | 一种生物修复形式，利用真菌为基础的方法来降解、提取、稳定或降低污染物的生物利用度 |
| Vermiremediation | 动物修复 | 一种利用蚯蚓去除或稳定土壤污染物的修复技术 |

## 7.3 适用性分析

### 7.3.1 场地适用性

GRO 的成本在某些场景下会显著低于其他更具侵入性的修复技术，特别是在需要大面积修复的情况下。因此，虽然 GRO 的潜在应用范围可能在需要快速重建或以去除污染物并达到正常土壤浓度目标的场地受到限制，但许多场地非常适用于基于 GRO 的风险管控方法。包括以下几点：

（1）较大面积的处理区域，特别是污染可能引起社会关注但污染程度不高的场地。

（2）污染场地修复处理后需要土壤生物功能的场地。

（3）与土壤质量有关的其他环境服务（如生物多样性、碳固存）受到高度重视的场地。

（4）需要恢复边际土地以生产非粮食作物和避免重大土地利用变化的场地。

（5）有预算限制的场地。

（6）土壤污染修复过程中工厂（临时设施间）的部署有限制的场地。

（7）根据 OVAM (2019)，基于植物的 GRO 可用于：

① 中度、低浓度或（潜在的）高浓度无机和有机污染物的修复，即便是大面积污染；

② 用常规修复方法后剩余的污染区域；

③ 防止污染物渗入地下水或减少肥料和农药渗入河流和其他敏感地区；

④ 控制扩散、非点源污染（如空气沉积）的扩散；

⑤ 需要提供主动形式的可控自然衰减。

（8）不支持常规修复但可能适合 GRO 的场地或项目条件：

① 预算和部署有相应的限制（如大面积的弥漫性污染且不会立即引起公众关注、废弃的铁路或公路廊道）；

② 修复后需要生物功能的场地（如绿地、公园）；

③ 高度重视生态系统服务的场地（如河岸绿地、城市荒野）；

④ 需要恢复土地和生产非粮食作物潜力的场地（如用于生物燃料）。

## 7.3.2 技术适用性

在实践中，GRO 技术可分为标准型和增强型。标准型是指利用植物及其自然产生的微生物的固有功能，使各种机制得以实现。增强型是指为了提高技术的有效性，通过生物增强（向现场引入物种）或生物刺激（通过使用土壤改进剂增强现有微生物）来丰富根际或植物本身的微生物，从而增强植物修复效果。GRO 非常适用于减轻低至中等浓度无机和有机污染物场地，尽管修复的时间框架在污染物和所涉及的机制之间可能有很大差异（图 7-2）。需要注意的是，图 7-2 中使用的“相对修复时间”仅代表完全去除污染源（例如通过提取或降解）所需的估计时间，并且可能根据总浓度或生物可利用浓度而变化。

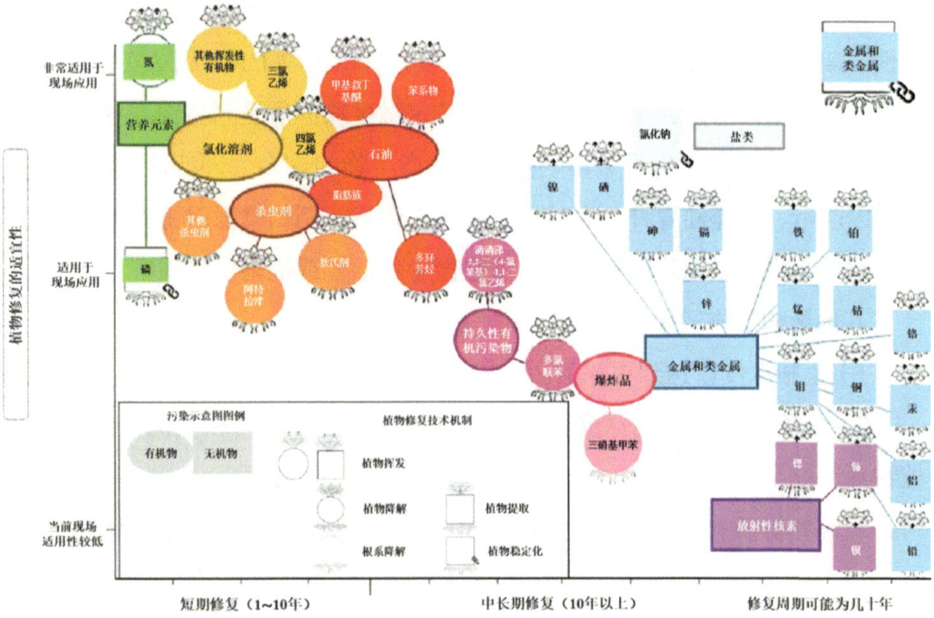


图 7-2 GRO 技术的相对修复时间

资料来源：Drenning, 2022。

## 7.3.3 植物适用性

为每种情况选择最合适的植物对于 GRO 成功至关重要。在国外，有相关专家已编制了对无机或有机污染物有明确修复作用的植物物种清单。一般来说，选择植物的标准包括以下重要因素：

1）高增长率；

2）生产更多的地上生物量；

3）根系分布广泛，分枝性强；

4）土壤中目标重金属的积累更多；

5）积累的重金属能够从根向茎转运；

6）对目标重金属毒性作用的耐受性强；

7）对环境和气候条件有良好的适应能力；

8）能够抵抗病原体和害虫；

9）易于种植和收获；

10）排斥食草动物，以避免食物链污染。

在植物 / 根降解方面，较大的根吸收面积、较大的根尖质量、较高的酶活性、较高的根分泌物生物利用度是土壤有机污染物 GRO 成功实施的关键因素。同样重要的是，土壤性质和根际特定微生物群落受到植物本身的影响，这可能对修复效果产生重大影响。植物和微生物的许多关键特性可以通过使用基因改造、选择性育种、高性能克隆等来改善，例如增强对毒性的抵抗力、提高污染物降解或积累的有效性、增强微生物活性或提高生物质产量。

其他影响植物适用性的因素：

1）生根深度以达到更深的污染或地下水位（图 7-3）；

2）植物对污染物的耐受性，以确保植物的生存能力和抵抗任何潜在的植物毒性；

3）生物质产量，以最大限度地提取或实现高质量的生物质生产（表 7-2）；

4）蒸散速率，通过选择抽水能力较大的植物来实现有效的水力控制（图 7-4）。

特别是生根深度是选择合适植株的关键因素，它关系到 GRO 的成败。植物必须能够接触到污染物才能产生影响，而根的结构和深度在物种和特定地点的环境中差异很大。

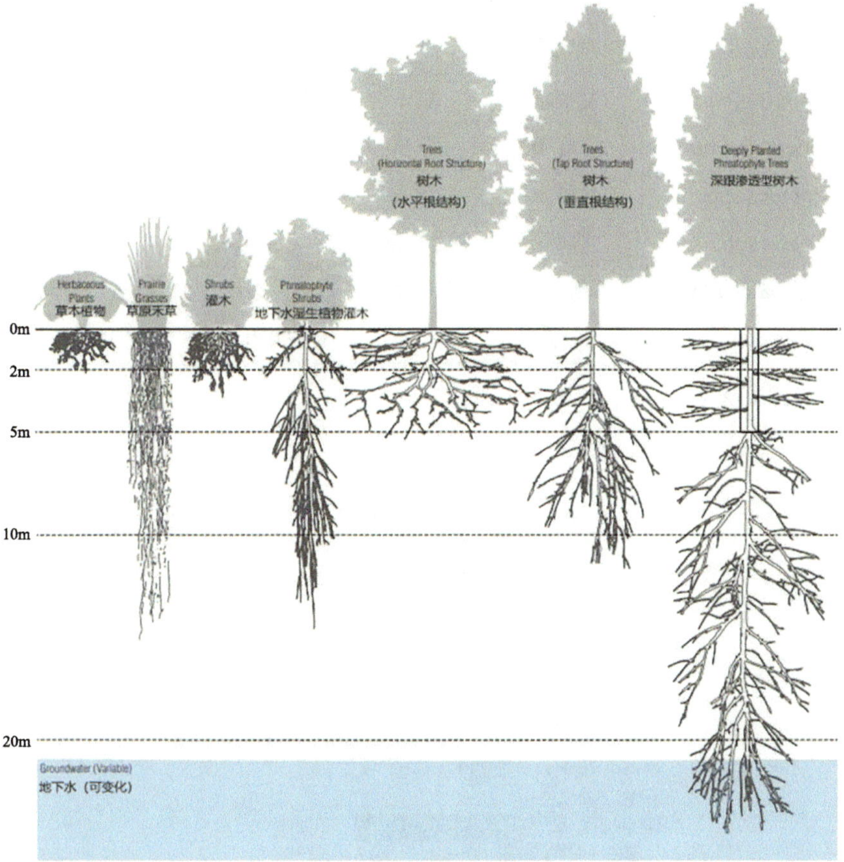


图 7-3 典型植物根系深度

资料来源：Google。

表 7-2 GRO 中常用的高生物质产量物种

| 拉丁文 | 植物名称 | 植物种类 | USDA 耐寒区划分 | 原产地 |
|---|---|---|---|---|
| *Bambuseae* | 竹子 | 草本 | 多处 | 亚洲 |
| *Brassica juncea* | 芥菜 | 草本 | 9 ~ 11 | 俄罗斯至中亚 |
| *Brassica napus* | 油菜籽 | 草本 | 7+ | 地中海 |
| *Cannabis sativa* | 大麻 | 草本 | 4+ | 亚洲 |
| *Chrysopogon zizanioides* | 香根草 | 草本 | 9 ~ 11 | 印度 |
| *Helianthus annuus* | 太阳花 | 草本 | 一年生种植 | 北美洲和南美洲 |

| 拉丁文 | 植物名称 | 植物种类 | USDA 耐寒区划分 | 原产地 |
|---|---|---|---|---|
| *Linum usitatissimum* | 亚麻 | 草本 | 4+ | 亚洲 |
| *Miscanthus giganteus* | 大银草 | 草本 | 5 ~ 9 | 中国、日本 |
| *Panicum virgatum* | 柳枝稷 | 草本 | 2 ~ 9 | 北美洲 |
| *Populus* spp. | 白杨木 | 乔木 | 多处 | 多处 |
| *Salix* spp. | 柳树 | 乔木 / 灌木 | 多处 | 多处 |
| *Sorghum bicolor* | 高粱 | 草本 | 8+ | 非洲 |
| *Zea mays* | 玉米 | 草本 | 一年生种植 | 北美洲和南美洲 |

资料来源：Google。

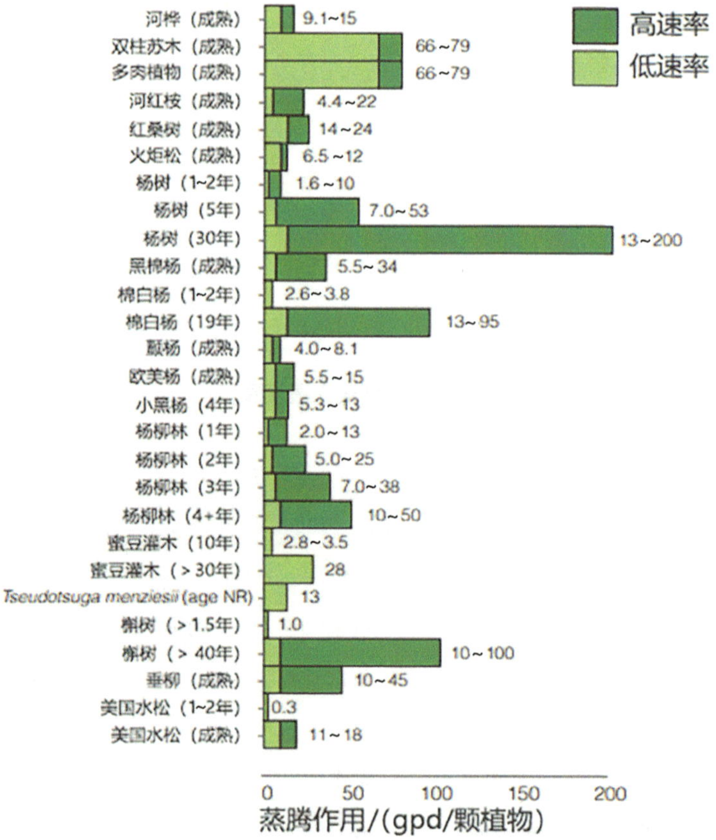


图 7-4　具有高蒸散速率的植物示例

资料来源：Google。

由于在许多情况和环境中具有可靠的效果，一些植物物种比其他植物更常被使用。根据 OVAM（2019）的数据，在比利时法兰德斯地区，作为 GRO 修复方案被研究和使用最多的植物是杨树、柳树、枫木、禾本科植物（羊茅属、农草属、毛茛属）、豆科植物（苜蓿、荷花、三叶草）、农业和园艺作物（玉米、芥菜、向日葵、小麦、葫芦）、金属超积累模式植物（天蓝遏蓝菜）、水生植物（芦苇、香蒲）。

## 7.3.4　适用工具

为提高柔性修复技术的可行性和应用的广泛性，微量元素污染土地柔性修复项目（Gentle Remediation of Trace Element Contaminated Land, Greenland）制定了基于欧洲污染场地柔性修复案例的技术导则，利用微软 Excel 的用户友好型操作界面，从定义阶段 / 可行性、探索阶段 / 确认、设计阶段 / 实施等 3 个阶段，开展修复技术评估、利益相关者筛选和场地再利用决策，尤其适用于场地再开发的软终端利用。

The GREENLAND DST 是一个简单的基于微软 Excel 的工作簿。它有一个分层的结构，目的是在选择污染场地的修复方法时为决策和备选方案评估提供信息，如图 7-5 所示，每个阶段存在一个决策点（是 = 继续下一阶段；否 = 返回选项评估），并且从阶段 1 到阶段 3 的复杂性和时间投资成本会持续增加。通过选择底部的“用户指南”选项卡，可以访问该工具的完整用户指南。该工具针对规划人员、顾问、监管机构、从业者、科学家和其他棕地或受污染土地的利益相关者，旨在为评估受污染场地管理的各种选择提供实际的决策支持。

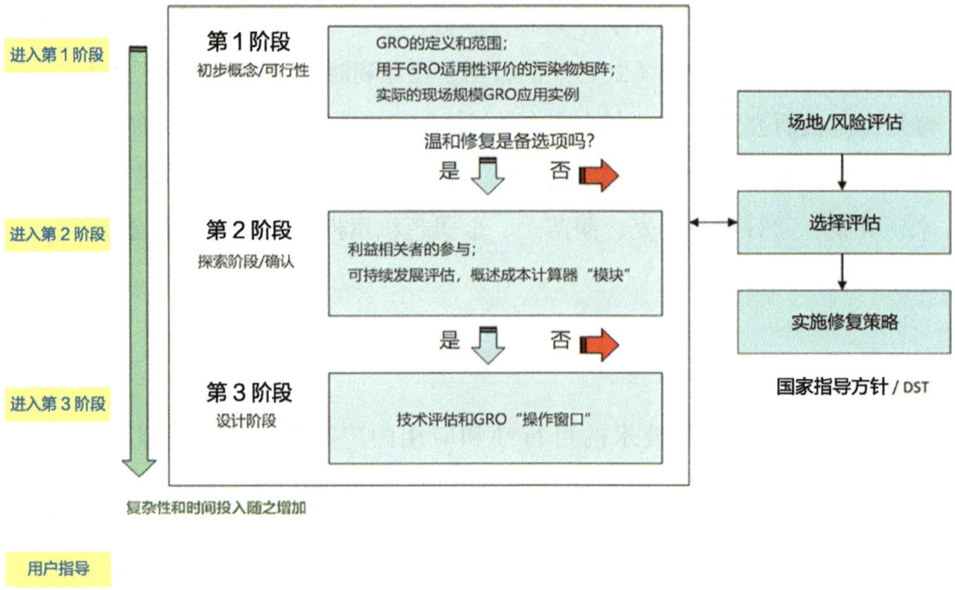


图 7-5　The GREENLAND DST 界面 3 个阶段

资料来源：The GREENLAND DST 网站。

# 7.4　柔性修复的优势与挑战

## 7.4.1　优势

棕地代表了重要的土地和土壤资源，并为城市、城郊甚至农村地区提供了再生机会。目前，GRO 已被成功运用于法国、德国、西班牙等欧洲国家的污染工业用地、农业用地、矿区等多种土地利用类型修复项目。

GRO 与联合国可持续发展目标中的多项目标吻合，例如目标 11—建设包容、安全、有风险抵御能力和可持续的城市及人类住区；目标 13—采取紧急行动应对气候变化及其影响；目标 15—保护、恢复和促进可持续利用陆地生态的丧失，可持续管理森林，防治荒漠化，制止和扭转土地退化，遏制生物多样性的丧失相吻合，包括环境、社会和经济优势。在环境优势方面，体现在污染物的低影响原位修复、减轻整治和城市土地使用对环境的影响、保护 / 改善土壤和土地资源、构成绿色基础设施的要素、提供 / 恢复 / 维持生态系统服务和土壤功能、提供基于自然的解决方案、增强应对气候变化影响和自然灾害的能力、碳固存；在经济优势方面，体现在与传统修复方案相比，显著节约成本（约 50%）、能够用更低的成本修复低风险和中等风险的污染场地、对于土地价值低或传统修复技术不适合的地点非常有用、产生有利的生物质生产潜力（如生物能源）；在社会优势方面，具体体现在改善城市宜居性、允许场地用作正式的绿色空间和“软”用途、植被覆盖的棕地也提供了非正式的休闲空间、美观修复、作为景观设计方式的潜在组成部分（表 7-3）。

**表 7-3 GRO 的优势和与 SDGs 的关联**

| | 环境 | 经济 | 社会 |
|---|---|---|---|
| GRO优势 | （1）污染物的低影响原位修复；<br>（2）减轻整治和城市土地使用对环境的影响；<br>（3）保护 / 改善土壤和土地资源；<br>（4）绿色基础设施的要素；<br>（5）提供 / 恢复 / 维持生态系统服务和土壤功能；<br>（6）基于自然的解决方案；<br>（7）应对气候变化影响和自然灾害的能力；<br>（8）碳固存 | （1）与传统修复方案相比，显著节约成本（约 50%）；<br>（2）能够用更低的成本修复低风险和中等风险的污染场地；<br>（3）对于土地价值低或传统修复技术不适合的地点非常有用；<br>（4）产生有利的生物质生产潜力（如生物能源） | （1）改善城市宜居性；<br>（2）允许场地用作正式的绿色空间和“软”用途；<br>（3）植被覆盖的棕地也提供了非正式的休闲空间；<br>（4）美观修复；<br>（5）景观设计方式的潜在组成部分 |
| SDGs相关 | <br>建设包容、安全、有风险抵御能力和可持续的城市及人类住区（目标 11）；<br>采取紧急行动应对气候变化及其影响（目标 13）；<br>保护、恢复和促进可持续利用陆地生态的丧失，可持续管理森林，防治荒漠化，制止和扭转土地退化，遏制生物多样性的丧失相吻合，包括环境、社会和经济优势（目标 15） | | |



## 7.4.2 挑战

虽然柔性修复方案在某些方面提供了巨大的好处，然而，至少在欧洲，意识和执行力都较低。阻止 GRO 被更广泛采纳的障碍，既源于 GRO 作为修复技术的性质，也源于市场和利益相关者对这些方法能否长期实现有效风险管理存在不确定性的看法。时间和不确定性限制、社会中没有明确的负责长期知识开发的角色和激励机制低或不存在都是其面临的巨大挑战。

在实践层面，GRO 有效的前提是必须找到合适的类型和评估方法，且 GRO 应用有限、存在长期影响。通常情况下，土地所有者需要快速高效地管理土壤健康风险。欧洲的大部分修复工作都是由于监管要求而实施的，以减轻风险和 / 或刺激棕地再利用或再开发，因此经常受到时间尺度的压力和场地面积的限制。这两个因素都倾向于排除对总收益的考虑，因为总收益被认为是缓慢的，总收益的计算更适合于大面积场地。Onwubuya 等（2009）指出，普遍存在的不确定性以及利益相关者对 GRO 作为实际风险管控解决方案的可行性或可靠性缺乏信心和知识，限制了 GRO 的发展。

在知识层面，目前相较于传统修复技术，缺乏关于 GRO 的知识储备，且 GRO 的有效性存在不确定性，量化指标和评估方法都相对缺乏，如何证明相应的 GRO 的有效性尚待考量，难以衡量可能的结果和预期效果。

在发展层面，传统修复方式很难在短期内被替代，GRO 的普及尚且需要时间和经验；对于土壤修复和污染场地来说，相关利益者认为其本质是修复污染而非改善土壤质量，土壤改良和土壤修复完全是两码事，因此，很多利益相关者在时间效率、成本的考虑下，并不将土壤功能改善带来的经济效益、社会效益和环境效益考虑在内。

## 7.5 柔性修复的应用场景

### 7.5.1 棕地修复与景观再生

从世界范围来看，各个国家对棕地的定义还未统一，但总体上都强调两个方面的特征：其一为污染或废弃的状态，其二为再利用的需求。在建筑专业领域的百科全书《建筑设计资料集》（第三版）“棕地再生”小节中，棕地被定义为“泛指因人类活动而存在已知或潜在污染的场地，其再利用需建立在基于目标用途的场地风险评估与修复基础之上”，主要包括工业及其基础设施闲置地、采矿废弃地、垃圾填埋场三大类。广义棕地则在此基础上有所拓展，指因污染、受损、废弃、闲置等原因而面临改造和更新需求的场地。从类型上看，广义棕地包括战争遗址、墓地、灾后重建地、畸零地块等更多样化且广泛的类型；从内涵上讲，广义棕地不仅关注是否存在污染，更加注重其作为城市用地的功能潜力是否得到了充分挖掘和利用。

棕地代表了重要的土地和土壤资源，土地和土壤除了是提取有限资源以支持人类活动的载体外，由于土壤形成过程非常缓慢和表面积有限，土壤和土地本身也可以被认为是不可再生的资源。棕地的重新利用是建立可持续系统的关键环节，该过程将新旧用地连接起来，而不会浪费中间的任何土地。

欧洲 Green Surge 项目研究了一项城市绿色空间（UGS）清单，其中展示了城市棕地未来潜在的 14 种绿地用途（图 7-6）。

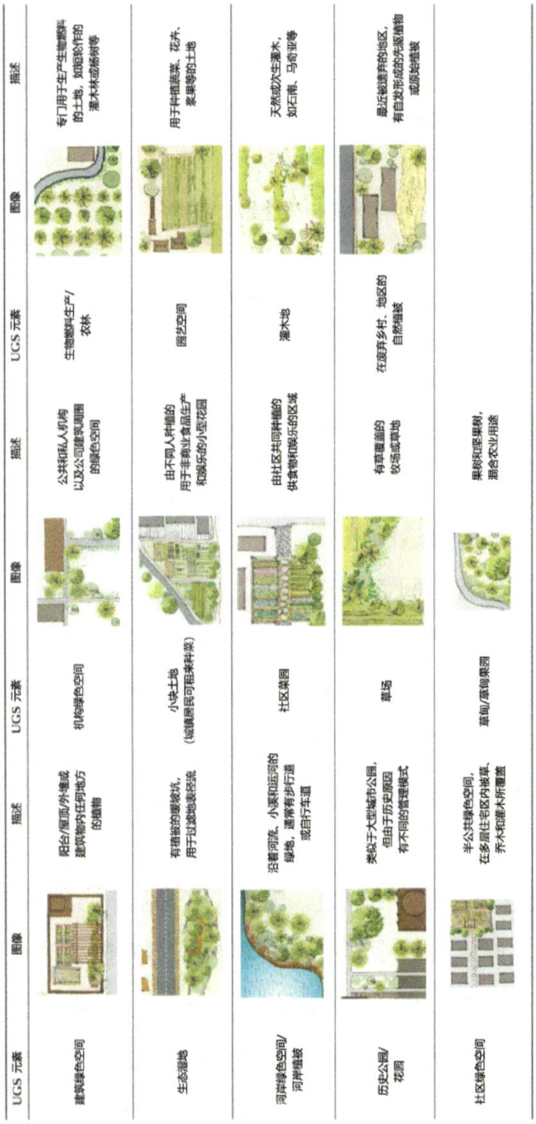


图 7-6　城市棕地未来潜在的 14 种绿地用途

资料来源：The Urban Greenspace(UGS) 项目。

与密集的城市发展不同，绿地的发展方向为棕地提供了灵活性，且可以同时进行修复过程。GRO 为典型的以绿色土地利用为导向的自然修复方式，可作为创新的修复技术和替代性土地管理策略。GRO 系统是更被动和更自然地解决棕地再生的资源密集型传统修复措施的替代方案。

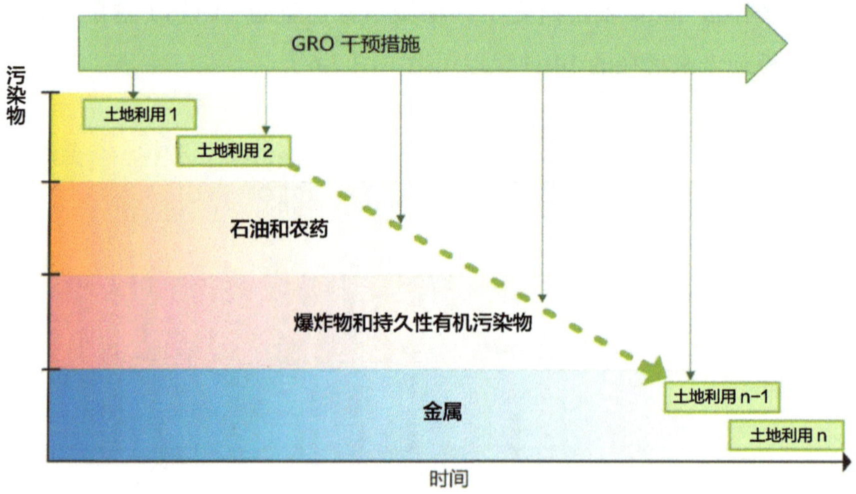


图 7-7　不同类型的柔性修复方案 (GROs) 与未来 UGS 土地用途之间的联系
资料来源：Chowdhury，2020。

图 7-7 概述了基于自然的城市棕地土地利用框架，以评估未来绿地利用的可行性，考虑其随着时间而增长的修复潜力，通常情况下，特定的绿色土地利用方式与特定的自然修复过程相互作用，随着时间的推移，逐渐改变土壤污染物的组成，为新型的绿色土地利用腾出空间。随后的绿地使用促进了新的土地价值，从而导致其他土地用途的可能性。条带内颜色强度的降低象征着土壤中污染物随时间的减少，通过 GRO 降低土壤中的金属浓度通常需要较长时间。

基于 GRO 理念，运用植物修复、湿地重建等基于自然的解决方案（NbS），不仅能够实现棕地修复与景观再生，还可提供丰富的生态系统服务，主要包含 4 大类：①供给服务（Provisioning Services）：水资源供给，物质生产，土地资源再生等；②调节服务（Regulating Services）：气候调节，洪水调控，污染净化，噪声与空气质量改善；③支持服务（Supporting Services）：土壤修复与肥力恢复，生物多样性保护，生态廊道连接等；④文化服务（Cultural

Services）：教育与科研价值，历史与美学价值，休闲与健康等。

澳大利亚悉尼公园（Sydney Park）原为垃圾填埋场，后经柔性修复与生态景观再生，成功转型为生态公园。项目通过人工湿地与曝氧设施净化城市废水，并结合地形高差打造雨水花园，实现高效的水资源循环利用。修复后提供的生态系统服务：①调节服务：改善水质，铜含量降低 68%，镍含量降低 50%，氮含量降低 85%，锌含量降低 68%，湿地和蓄水池可滞留暴雨径流，降低城市内涝风险。②支持服务：提升生物多样性，为超过 190 种脊椎动物（如青蛙、鸟类）和昆虫提供栖息地；恢复土壤健康状态，修复后的土壤促进植物生长，增强碳储存能力。③文化服务：通过精心规划步行道、自行车道及开放草坪，为市民提供丰富的户外活动空间，同时，景观设计与工业遗迹相融合（如砖窑烟囱），在保留场地历史记忆的同时，增强社区归属感，塑造独特的文化景观[①]，为学生、游客、专业人士等提供实践性的环境教育场所。

加拿大蒙特利尔的圣米歇尔环境综合体（CESM），原为米隆大型垃圾填埋场，填埋了近 4 000 万 t 废物。在完成安全封场与污染控制的基础上，项目团队通过表层覆盖技术，种植耐受性强的植物，逐步修复土壤肥力，恢复生物多样性，打造稳定的生态基底。同时，通过精细化的堆体整形与雨污分流系统，优化场地排水条件，促进自然水文循环，显著改善生态环境。如今，该场地已成功更新为蒙特利尔圣米歇尔地区最大的城市公园绿地，形成以绿地为核心的大型环境技术和教育综合体，为城市居民提供丰富的生态系统服务，主要包括：①调节服务：通过植被固碳和沼气发电减少温室气体排放，累计减少二氧化碳当量约 5 000 万 t；渗滤液处理系统与湿地恢复有效降低污染物对地下水和地表水的影响，改善区域水质。②支持服务：植被覆盖和微生物修复技术使退化土壤逐步恢复生产力，同时为鸟类、昆虫等提供栖息地。③文化服务：修复后的公园为市民提供休闲、文化、体育、教育场所，吸引商业投资和文旅项目（如剧院、马戏表演），提升周边土地价值，促进就业和社区融合。

美国纽约猎人角南滨公园一期（Hunter's Point South Waterfront Park Phase 1）通过湿地重建、污染土壤治理、恢复自然岸线等柔性修复方式，将

① https://www.landscapeperformance.org/case-study-briefs/sydney-park。

后工业废弃地转变为多功能滨海生态公园，显著提升了区域生态系统服务价值，增强了城市应对气候变化的能力，主要包括：①调节服务：通过太阳能发电减少碳排放，植被固碳释氧，增强城市碳汇能力；通过湿地和生态走廊有效缓解东河洪水对城市的影响，降低洪涝灾害风险；构建雨洪管理系统过滤污染物，改善东河水质，保护水生生态系统。②支持服务：湿地和原生草原为鸟类、传粉昆虫等提供栖息地，加强生态网络的连通性，提升生物多样性；通过覆盖清洁土壤并种植适宜植被，逐步恢复退化土壤的生产力。③文化服务：设计悬臂式观景台、艺术装置（如铁轨花园）和环保教育展示区，为公众提供休闲娱乐与生态教育功能。此外，公园周边土地价值在2012—2017年平均增长了49%[①]。

以上案例均运用柔性修复技术（GRO）进行污染治理，不仅实现生态功能提升，还通过多功能景观设计，提供休闲、运动、教育、商业等社会文化服务，实现环境、社会和经济价值的协同增益。由此可见，GRO以绿色土地利用为导向，推动棕地再生，结合创新修复技术与可持续土地管理策略，不仅增强场地的生态系统服务功能，还有效提升人居环境质量，为城市更新提供科学引领与实践范例。

### 7.5.2 可持续风险管控

GRO作为一种风险管控方式，主要归因于三个主要的“风险缓解机制”。

（1）降低生物利用度和溶解度——通过物理和/或生物（化学）作用降低生物利用度和流动性，稳定或固定土壤污染物，从而减轻对人类构成的风险和暴露风险。这种机制还可以通过降低土壤孔隙水中污染物的浓度来减轻对环境的风险，从而限制流动性和暴露于土壤和当地地表水中的生态受体（图7-8）。

（2）源去除——通过植物吸收、降解、挥发，去除或降解无机和有机污染物的生物可利用池，从而在一定程度上减轻对人类和环境构成的风险。

（3）植被覆盖的次生效应——污染场地的植被恢复，通常与土壤改良

---

① https://www.landscapeperformance.org/case-study-briefs/hunters-point-south-waterfront-park-phase-1。

相结合，本身就是一种修复策略，是生态恢复和植物稳定策略的核心特征。植被覆盖还可以通过粉尘控制、侵蚀控制、水力控制和管理受体进入地下来提供风险管控。

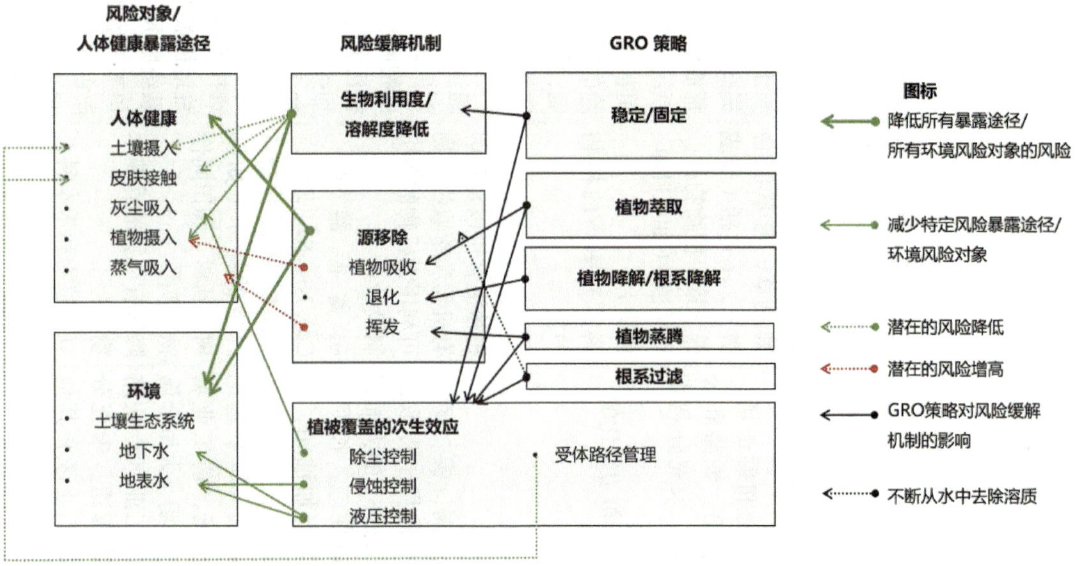


图 7-8　概念化 GRO 策略、相应的风险管控机制和对风险对象的影响以及人类健康接触途径之间的联系

资料来源：Drenning et al., 2022。

以上 3 种 GRO 机制都有助于减轻受污染场地的风险，它们作用于特定的暴露途径，以保护风险对象，如人类健康和敏感的环境受体（表 7-4）。

Smith 和 Nadebaum 指出，可持续原则与风险管控实践是在棕地修复项目中相互关联的关键要素，关键问题在于如何合理设定优先级，明确修复的终点及实际目标，考虑场地当前和未来的生命周期属性，并评估利益相关者对风险的可接受程度。这一观点意味着，在实际操作中，可在允许范围内保留一定程度的土壤残留污染，并通过长期场地管理，平衡环境、社会与经济目标，从而最大化项目的整体效益。Cundy 等指出柔性修复方案（GRO）能够实施必要的风险缓解措施，维持土壤的整体功能性，甚至可能带来额外效益，为可持续棕地修复提供了新的思路。

表 7-4　GRO 风险管控应用总结

| 应用 | GRO 方式 | 媒介 | 污染物 | 场地案例 | 典型植物 | 策略 |
|---|---|---|---|---|---|---|
| 植被覆盖（结合土壤改良剂）用于稳定土壤、沉积物和控制渗透 | 主要：植物稳定，原位固化/稳定化。<br>次要：植物降解，根系降解，植物蒸腾，植物萃取，植物水力 | 土壤沉积物、地下水、地表水 | 对大多数污染物有效，但与非生物可利用性污染物最相关。<br>无机物：金属（液体）（如铅）、盐、营养物（P）、放射性核素；<br>有机物：持久性有机污染物（POPs）和其他疏水性有机物（如多氯联苯、多环芳烃、二噁英、呋喃、五氯苯酚、滴滴涕、狄氏剂） | 堆填区（覆盖和控制渗滤液）、前采矿场地和尾矿、石油开采场地和炼油厂；<br>军事基地和射击场、大片农田、铁路和公路走廊、未充分利用的工业区；<br>以及其他被边缘化的土地 | 浓密、密集种植、密集纤维和深根草本（理想的多年生）植被覆盖（例如羊茅、黑麦草、弯草混合物），不包括（非或低积累）植物物种；<br>豆科植物（如三叶草、苜蓿）；<br>蒸散速率高的植物种类 | 将污染物留在现场，减少水的渗透和浸出。<br>通过：<br>降低污染物的生物利用度/溶解度；<br>与土壤改良剂配合使用，提高效果；<br>荒地植被恢复－提供生态系统服务；<br>植被覆盖也会带来降低风险的优势，如减少侵蚀控制，液压控制、粉尘控制，并管理受体接触污染物 |
| 植物修复的植被覆盖物（提取、降解或挥发） | 主要：植物萃取、植物降解、根系降解、植物蒸腾。<br>次要：植物稳定、植物水力 | 土壤沉积物、地下水、地表水 | 无机物：易于提取的金属（液体），如 As、Cd、Co、Cu、Ni、Se、Zn；放射性核素（Ba、Ce、Cs、Sr、U），营养物质（N 和 P）。<br>有机物：杀虫剂和除草剂（如阿特拉津、甲草胺、狄氏剂）；石油产品，如 BTEX，MTBE，脂肪族和多环芳烃；氯化溶剂（如 TCE、PCE、VC 等 VOCs）；炸药（TNT、RDX）；持久性有机污染物（DDT、PCB） | 有砷、镉、镍、硒、锌或其他易于提取的金属（液体）的大面积场地或住宅，长期农田修复，加油站，汽车修理店，干洗店，社区花园，军事基地和射击场，前工业场地/打捞场，大型金属冶炼厂工业区，铁路和公路廊道、未充分利用的工业区和其他边缘土地 | 种植混合可以是降解有机物和萃取物生物可利用无机物的多机制设计：<br>超蓄能器（As、Cd、Ni、Se、Zn）<br>金属积累和高生物量产生的树木（如柳树、杨树）和田间作物/草；<br>降解有机物的乔灌木物种；<br>豆科植物和禾本科；<br>释放酚类物质的树木（桑树、苹果） | 通过以下途径逐步去除源污染：<br>生物可利用污染物剥离无机污染物；<br>加强有机污染物的生物降解/挥发－通过生物与刺激、生物增强和根分泌物选择植物相关的微生物；<br>荒地植被恢复－提供生态系统服务；<br>植被覆盖也会带来降低风险的优势，如减少侵蚀控制、液压控制、粉尘控制，并管理受体接触污染物 |

| 应用 | GRO 方式 | 媒介 | 污染物 | 场地案例 | 典型植物 | 策略 |
| --- | --- | --- | --- | --- | --- | --- |
| 植物修复林 | 主要：植物水力、植物降解、根系降解；<br>次要：植物萃取、植物稳定 | 土壤沉积物、地下水、废水 | 无机物：金属（液体）（Cu、Cd、Pb），盐。<br>有机物：溶解的有机化合物，包括石油产品（如 BTEX、MTBE、脂肪类化合物和石油碳氢化合物，包括汽油）；柴油和油类有机物）和氯化溶剂（如 TCE、PCE、DCE、VC）<br>高度适用于污染的地下水径流 | 加油站、汽车修理店、干洗店、城市工业区周边、殡仪馆和墓地缓冲区，农业树篱，漏水的地下储罐区，肥料外溢区 | 具有高蒸散速率的深根树木、灌木物种（如柳树、杨树、白杨）。某些物种更适合降解，这取决于根分泌物和相关微生物 | 控制地下水中污染物的横向迁移。<br>有针对性地修复地下水和深层土壤中的污染物，使用深根树木－通过生物刺激、生物增强和选择植物的根渗出物以及特定污染物的相关微生物来改善 |
| 水力屏障 | 主要：植物水力；<br>次要：植物萃取、植物降解、根系降解、植物蒸腾 | 地下水 | — | 铁路、军事和工业设施或含有氯化溶剂和挥发性有机化合物（如 TCE、PCE）的干洗店；泄漏的地下储罐区、加油站和带有 BTEX 或 MTBE 的炼油厂 | — | 主要用于控制地下水的流向和速度（通量），以水力控制受污染的地下水径流 |

资料来源：OVAM，2019.

美国弗莱士河公园（Freshkills Park）位于纽约市史坦顿岛，占地 8.9 $km^2$，曾是世界上最大的垃圾填埋场，长达 50 多年承担着纽约市主要的固体生活垃圾填埋的功能。自 2001 年封场并启动更新以来，该区域经历了 20 余年的修复治理，如今正逐步转变为一座生态绿色公园。在这一过程中，污染风险管控与生态景观再生实现了有机融合，共同塑造生态宜居、充满活力的城市绿洲。

由于填埋垃圾预计至少需要 30 年才能完全停止分解和释放气体，同时渗滤液的排出仍需长期管理，公园采用了分阶段、分区域开发的可持续风险管控模式，以确保公众安全。公园的 4 座堆体中，已有 2 座完成封顶，并覆盖了厚实的封层，以有效隔离废弃物。保护环境与公众安全，剩余 2 座堆体仍在封闭处理中。在此过程中，定期维护与长期监测成为关键手段，在经过严格测试并确认安全之前，任何区域都不会向公众开放。

公园整体规划了 5 个特色区域，分别是集会区、北公园、南公园、东公园和西公园，各具主题特色，将生态修复、场地历史与公众游憩等多重功能有机融合。公园充分利用原有的污染土方进行地形塑造，通过乡土植物修复和空间营造、雨洪管理等手段，使昔日的垃圾填埋场焕发新生。目前公园仍在建设中，北公园已对外开放，拥有广阔的湿地和水系，为多种野生动植物提供栖息地，同时为市民提供徒步旅行、观鸟、骑行、慢跑等多种户外活动空间，成为纽约市崭新的生态地标。

整个公园预计 2036 年竣工，届时面积将达到纽约中央公园的 3 倍，成为世界最大的垃圾填埋场转变为绿地公园的改造项目，不仅为市民提供了生态优美、景色宜人的绿色休闲空间，也将极大促进周边区域的经济发展，实现生态、社会、经济多重增益，成为全球污染场地可持续风险管控与生态景观再生有机融合的典范。

### 7.5.3 植物管理与修复

2020 年 2 月 4 日，在 Scopus 数据库中对“植物管理”进行了初步搜索，结果显示 171 个搜索结果，其中 15 个被认为是相关的，经过筛选标题和摘要，仅限于“生态系统服务”、“土壤质量”、“土壤健康”或“土壤肥力”等研究。2021 年 3 月 18 日再次搜索，显示了许多其他研究，这意味着这个词的使用正在增加。

植物管理作为 GRO 较有希望的新应用方向，通常被定义为积极作物生产与柔性修复方案的长期结合，逐渐减少由于金属（loid）过剩而导致的污染物，促进生态系统服务的恢复。

植物管理包括一系列土地管理策略，以产生可持续和有价值的场地利用，例如生物质生产，最大限度地提高 GRO 的效益（图 7-9）包括营养循环、碳储存、水调节和净化、侵蚀控制、肥力维持等生态系统服务。这可以是一个短期的、临时的解决方案，也可以作为“软”最终用途的长期土地管理，如绿地用途和休闲绿色空间。因此，成功的植物管理的一个基本要求是，它要么成本低于其他修复方案，要么是具有实际效益的操作。

例如，Nsanganwimana 等的一项研究表明，利用芒草进行植物管理以恢复生态系统服务是可行的；由于其多年生生长及其稳定微量元素和降解某些有机污染物的能力，可以：①减少根区污染物淋滤和地下水污染；②减少污染物径流（水蚀）和地表水污染；③减少由于风蚀和季节性土壤耕作而排放到大气中的粉尘，从而潜在地限制污染物向不同环境区域的转移；④限制污染物进入植物地上部分，进而进入食物链。

PhytoSUDOE 项目（2020 年完成）——“通过植物管理改善 Interreg Sudoe 地区受污染和退化土壤的生物多样性、功能和生态系统服务的示范”及其延续项目（截至 2021 年）。Phy2SUDOE 项目旨在进一步制定可行的植物管理策略，将 GRO 纳入管理与退化场地中污染物相关风险的研究。同时，强调了植被的其他好处，包括从收获的生物质中产生有用的生物产品（如木材、树脂、精油、生物能源、生态催化剂），以及加强生态系统服务的供应（如碳封存、侵蚀控制、创造栖息地）和改善土壤功能和生物多样性。

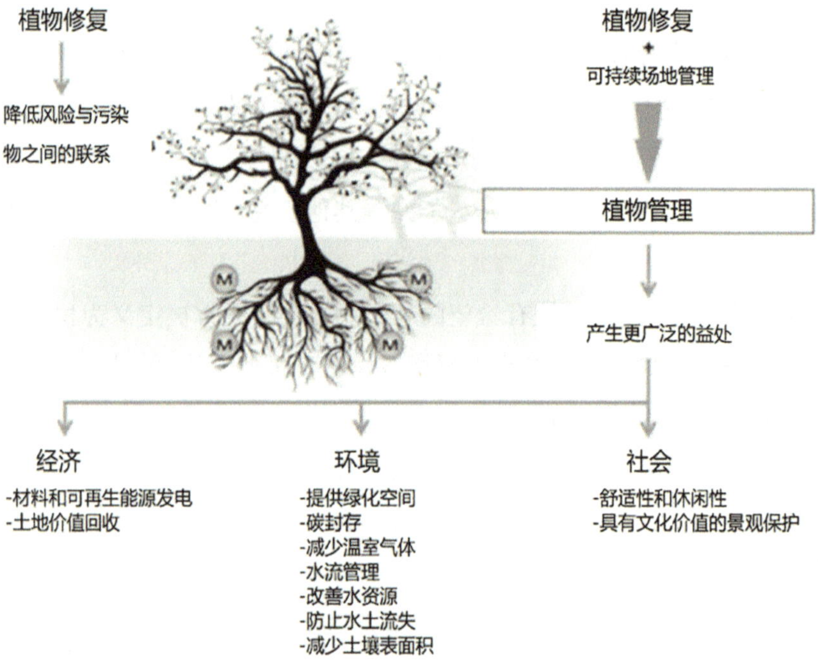


图 7-9　植物管理方法

资料来源：Burges et al., 2018。

此外，植物修复在 GRO 领域也有研究进展。美国棕地研究专家 Kate Kennen 与哈佛大学教授 Niall Kirkwood 合作撰写了 *Phyto: Principles and Resources for Site Remediation and Landscape Design*，系统介绍了植物修复技术在棕地污染治理中的多种应用方法及案例，被公认为迄今为止最为全面的植物生态修复技术指南之一。该著作重点探讨了植物修复在去除毒素及有害化学污染物方面的实践，同时强调植物生态修复技术与景观规划设计的深度融合，有效衔接棕地治理过程中污染修复与再生利用两个关键阶段，为可持续场地再生提供了重要的技术支撑。

面对全球气候变化的挑战，David O'Connor 等（2019）利用 SimaPro 8.0 LCA 软件对滨海棕地的植物修复在气候适应性方面的可持续性进行了评估。研究基于美国国家气候评估（NCA）、联合国政府间气候变化专门委员会（IPCC）及美国国家科学研究委员会（NRC）的数据，构建了低、中、高三类海平面上升情景①。结果表明，植物修复作为一种基于自然的解决方案，在应对温和的气候变化和海平面上升方面展现出弹性的适应能力，但在极端海平面上升情景下，其修复能力将受到显著影响，呈现出一定的脆弱性。

## 7.6 结论与启示

### 7.6.1 结论

（1）理念模式先进，积极探索阶段

国际上，早期的受污染土地的传统处理方法主要集中在遏制、覆盖或移至垃圾填埋场。从20世纪90年代末开始，人们开始转向基于处理的修复策略，使用原位和异位处理技术，如土壤洗涤、原位化学氧化等，同时广泛采用基于风险管控的方法来管理受污染的土地。2009年，GRO作为一般性描述被提及，GRO作为正式的术语出现于2013年、2016年，GRO被正式定义为风险管控策略。目前，因在风险管控、资金调配和可持续性方面与传统修复技术相比，具有绝对优势，该理念模式正处于积极探索阶段。

（2）技术方法成熟，多元政策支持

针对有机物，GRO技术方法包含加速自然衰减过程（退化），控制、降解和挥发地下水中的有机污染物（水力控制）；针对无机物和持久性有机物，GRO已涌现出运用萃取、稳定、增加土壤改良剂、植被覆盖等技术方法；同时，在国外，根系过滤、植物水力和水力控制、生物修复、菌核修复、动物修复都有相对成熟的研究进展。除了联合国可持续目标的宏观政策支持，欧盟委员会的一系列议程报告，如《资源高效欧洲愿景》《2020年欧洲生物多样性战略》，提高了人们对过度开发、土地利用变化、污染、密封、压实、侵蚀、忽视等导致生态系统普遍退化的认识；此外，土壤保护专题早在2006年即被欧盟提出，确定了七项基本土壤功能。多元政策的支持保障了柔性修复可持续发展的动力。

---

① 构建3类海平面上升情景，分别是低上升情景（L-SLR，海平面100年内上升30.5 cm）、中上升情景（M-SLR，海平面100年内上升63 cm）和高上升情景（H-SLR，海平面100年内上升200 cm）。

（3）创新修复管控，定位实际应用

在近几年的文献研究中，利用植物进行修复已经从一种主要以去污染为中心的方法发展成为一种基于“植物管理”的更全面和整体的土地管理策略。最近的研究文献强调了植物（以及相关的微生物组）在恢复土壤生态系统和提供生态系统服务方面提供的更广泛的好处。例如，诸如“植物管理”“土壤健康”“土壤微生物特性”等关键词在文献中被频繁使用。GRO 从发展至今，已经逐步从关注技术层面转化为强调实际应用，“植物管理”等风险管控方式将促进土壤污染修复和后期规划高质量发展。

（4）关注土壤健康，提升服务价值

健康土壤是生长健康作物、保障动物和人类健康的基础，也是维系土壤功能可持续性和保障粮食安全的关键。GRO 作为面向土壤生态环境风险防控和修复治理实际需求的土壤修复策略，关注土壤健康管理与安全利用，强调土壤生态系统的组成、性质和功能复杂，聚焦修复后土壤规划用途。针对不同的污染场地，选择恰当的 GRO 策略，能提供更广泛的经济效益、社会效益和环境效益，提升服务价值。

## 7.6.2 启示

（1）积极消化吸收，开展试点示范

GRO 作为近 10 年来产生于国外的土壤修复策略，目前在我国暂未得到充分学习和借鉴，建议相关专家、学者、从业人员、监管机构积极消化吸收，建立生态环境部、自然资源部、住房和城乡建设部等多部门联合研究机制，探索多元资金渠道，充分探索因地制宜利用柔性修复治理修复等策略，针对污染地块进行整体设计和运行管理，明确利益相关方和实施主体，加强拓展试点示范。国家层面鼓励开展相关案例征集，省级层面加强横向交流。

（2）强化理论研究，推动技术导则

当前，我国建设用地土壤环境管理多以单一地块、行政监管为主，缺乏考虑区域土地利用规划和周边健康与环境风险的整体管控修复策略。在修复技术上，水泥窑混烧长期占据主流修复技术，而相对温和低扰动的修复技术应用由于工期长、价格高、管理要求强等问题难以推广，且缺少鼓励和激励绿色低碳修复技术应用的具体可落地政策模式研究。目前，已出现植物修复、生物修复等技术的相关研究，但尚未出现整合柔性修复策略的理论研究，需强化柔性修复策略的整合理论研究，推动相关技术导则，针对环境修复进行绿色可持续评估，逐步发展绿色低碳可持续的修复策略。

（3）优化政策引导，鼓励落地实施

在相关理论研究和技术导则基础之上，深入开展政策引导，进一步完善技术应用推广工作机制，优化精准推送，深化科普宣传，抓好政策落实，为发展绿色低碳可持续的修复技术应用贡献更大力量。逐步形成具有普适性推广价值和可借鉴、可复制的柔性修复经验模式，鼓励先试先行和落地实施，不断总结已开展实施的场地修复管控案例经验，形成典型案例工程示范。

（4）扩大国际合作，积极交流经验

一方面，要积极参与和主导国际柔性修复的理论研究和工程示范，聚焦重大问题加强国际联合研发与合作创新，最大限度用好全球创新资源；另一方面，要加大制度型开放水平，促进创新要素更大范围、更便利地跨境流动。此外，还要努力构建更多、更持久的合作共赢伙伴关系，全面提升我国在全球柔性修复等绿色低碳可持续修复中的影响力和规则制定能力。

## 参考文献


[1] 郑晓笛 . 多维棕地论 [J]. 世界建筑，2021，(4):26-30+129.DOI:10.16414/j.wa.2021.4.4.

[2] ALI H, KHAN E, SAJAD M A, Phytoremediation of heavy metals-Concepts and applications[J]. Chemosphere 91, 2013, 869–881.

[3] BERT V，LORS C H，PONGE J F，et al. Metal immobilization and soil amendment efficiency at a contaminated sediment landfill site：A field study focusing on plants，springtails，and bacteria[J]. Environmental pollution，2012，169：1–11.

[4] BECERRA-CASTRO C，MONTERROSO C，PRIETO-FERN_ANDEZ A，et al. Pseudometallophytes colonizing Pb/Zn mine tailings：A description of

the plant-microorganism-rhizosphere soil system and isolation of metal-tolerant bacteria[J]. Journal of hazardous materials，2012，217/218：350–359.

[5] BREURE A M, LIJZEN J P A, MARING L. Soil and land management in a circular economy[J]. Sci. Total Environ. 2018, 624：1025–1030.

[6] BURGES A, ALKORTA I, EPELDE L, et al.From phytoremediation of soil contaminants to phytomanagement of ecosystem services in metal contaminated sites[J]. Int. J. Phytoremediation 20, 2018：384–397.

[7] CHOWDHURY S, KAIN J H, ADELFIO M, et al. Greening the browns: a bio-based land use framework for analysing the potential of urban brownfields in an urban circular economy[J]. Sustainability, 2020, 12.

[8] CONESA H M, EVANGELOU M W H, ROBINSON B H, et al. A critical view of current state of phytotechnologies to remediate soils: Still a promising tool?[J]. ScientificWorld. 2012.

[9] CUNDY A B, BARDOS R P, CHURCH A, et al. Developing principles of sustainability and stakeholder engagement for "gentle" remediation approaches: The European context[J]. Environ. Manage. 2013, 129：283–291.

[10] CUNDY A B, BARDOS R P, PUSCHENREITER M, et al Brownfields to green fields: realising wider benefits from practical contaminant phytomanagement strategies[J]. Environ Manage. 2016, 184：67–77.

[11] CUNDY A, BARDOS P, PUSCHENREITER M, et al. Developing effective decision support for the application of "gentle" remediation options: The greenland project. Remediation Journal, 2015, 25(3)：101-114.

[12] DRENNING P, CHOWDHURY S, VOLCHKO Y, ET al. A risk management framework for Gentle Remediation Options (GRO)[J]. Sci. Total Environ. 2022, 802.

[13] DRENNING, PAUl. Gentle Remediation Options (GRO): A literature review (Part 1/2). 2021.

[14] EC, Roadmap to a Resource Efficient Europe (No. 571 Final), 2011. Brussels.

[15] EPELDE L, BECERRIL J M, BARRUTIA O, et al. Interactions between plant

and rhizosphere microbial communities in a metalliferous soil[J]. Environ Pollut, 2010, 158：1576–1583.

[16] Gentle remediation of trace element contaminated land（GREENLAND）. Best practice guidance for practical application of gentle remediation options. 2014［2016-11-01］.

[17] LACALLE G R M, BECERRIL J, GARBISU C. Biological methods of polluted soil remediation for an effective economically-optimal recovery of soil health and ecosystem services[J]. Environ. Sci. Public Heal. 2020, 4.

[18] GERHARDT KE, GERWING PD, GREENBERG BM. Opinion: Taking phytoremediation from proven technology to accepted practice[J]. Plant Sci. 2017, 256: 170–185.

[19] GREENLAND. Best Practice Guidance for Practical Application of Gentle Remediation Options (GRO). GREENLAND Consortium (FP7-KBBE-266124, Greenland).2014.

[20] HAASE D, KABISCH N, STROHBACH M, et al. Urban GI components inventory milestone 23; Euopean commission: Brussels, Belgium, 2015.

[21] HÉROUX M, MARTIN D. (2020). Frederic-Back Park, Montreal, Canada: How 40 million tonnes of solid waste support a public park. Detritus, (11), 68. https://doi.org/10.31025/2611-4135/2020.13972.

[22] JACO, VANGRONSVELD, Nele, et al. Developing Effective Decision Support for the Application of "Gentle" Remediation Options: The GREENLAND Project[J].Remediation: The Journal of Environmental Cleanup Costs, Technologies & Techniques, 2015, 25(3):101-114.

[23] KELLER C, HAMMER D, KAYSER A, et al. Root development and heavy metal phytoextraction efficiency: comparison of different plant species in the field. 2023, 67–81.

[24] KENNEN K, KIRKWOOD N. Phyto: Principles and resources for site remediation and landscape design, First Edit. ed. Routledge. 2015.

[25] KLENOSKY D B, SNYDER S A, VOGT C A, et al. If we transform the

landfill, will they come? Predicting visitation to Freshkills Park in New York City. Landscape and Urban Planning, 2017, 167: 315-324.

[26] MCCUTCHEON S C, SCHNOOR J L. (Eds), Phytoremediation: Transformation and control of contaminants, First edit. ed. Wiley-Interscience. 2003.

[27] MENCH M, LEPP N, BERT V, et al. Successes and limitations of phytotechnologies at field scale: Outcomes, assessment and outlook from COST Action 859. J. Soils Sediments 10, 2010, 1039–1070.

[28] OLOFSDOTTER B, BJÖRNBERG K, CHANG H-W, et al. Urban Nexus Synthesis Report: Competing for Urban Land. 2013.

[29] ONWUBUYA K, CUNDY A, PUSCHENREITER M, et al. Developing decision support tools for the selection of "gentle" remediation approaches. Sci. Total Environ. 2009, 407：6132–6142.

[30] OVAM, Phytoremediation - code of good practice. 2019.

[31] ROBINSON, BRETT H., BAÑUELOS, G., et al. The phytomanagement of trace elements in soil. CRC. Crit. Rev. Plant Sci. 2009, 28：240–266.

[32] O'CONNOR D, ZHENG X, HOU D, et al. Phytoremediation: Climate change resilience and sustainability assessment at a coastal brownfield redevelopment. Environment international, 130: 2019, 104945.

[33] THIJS S, SILLEN W, WEYENS N, ET al. Phytoremediation: State-of-the-art and a key role for the plant microbiome in future trends and research prospects. Int. J. Phytoremediation 2017, 19, 23–38.

[34] TRAPP S, REIN A, CLAUSEN L P W, et al. Feasibility of phytoremediation for common soil and groundwater pollutants. 2014.

[35] VANGRONSVELD J, HERZIG R, WEYENS N, et al. Phytoremediation of contaminated soils and groundwater: Lessons from the field. Environ. Sci. Pollut. Res. 2009, 16, 765–794.

[36] WANG L, HOU D, SHEN Z, et al. Field trials of phytomining and phytoremediation: A critical review of influencing factors and effects of

additives. Crit. Rev. Environ. Sci. Technol. 2019, 0, 1–51.

[37] WITTERS N, MENDELSOHN R O, VANSLYCKEN S, et al. Phytoremediation, a sustainable remediation technology? Conclusions from a case study I: Energy production and carbon dioxide. Biomass Bioenergy, 2012, 39：454–469.

[38] WITTERS N, MENDELSOHN R O, VANPASSEL S, et al. Phytoremediation, a sustainable remediation technology? II: Economic assessment of $CO_2$ abatement through the use of phytoremediation crops for renewable energy production. Biomass Bioenergy, 2012. 39：470–477.

# 8 绿色低碳修复环境足迹测算与决策支持软件

21 世纪初，全球环境问题开始得到广泛关注，特别是在气候变化、生态破坏和土壤污染方面。随着公众环境保护意识的提高，污染场地修复成为重要议题。欧美等发达国家（地区）意识到，污染场地修复不仅关乎环境保护，还涉及公共健康和社会经济发展。在全球化的背景下，跨国公司在不同国家的工业活动加剧，污染场地问题逐渐跨越国界，国际合作和经验共享成为修复工作的重点。欧洲、美国都出台了相关政策法规推动绿色修复技术的应用，亚洲部分国家和地区也开展实施修复活动，关注环境治理。

21 世纪初，许多国家开始加大对环境保护领域的投资，包括污染场地修复项目。特别是对于生态修复、绿色技术（如生物修复、植物修复等）的应用日益重视。国际社会通过了《联合国 2030 年可持续发展议程》，强调全球可持续发展的重要性，污染场地修复成为实现该议程的一部分。国际社会对可持续发展的关注推动了绿色修复技术的研究和应用，这一时期的技术进展逐步实现了更高效、低成本、低环境影响的修复方案。为准确地对场地进行 GHG 核算，欧美等国家开发一系列核算软件，如 SiteWise™、SRT（Sustainable Remediation Tool）、SEFA 等。

## 8.1 SRT 工具

### 8.1.1 软件简介

8.1.1.1 国际背景

SRT（Sustainable Remediation Tool）工具发布时，全球对污染场地修复的关注已经达到较高水平，尤其是在欧美等发达国家，相关法律法规逐步完善，投入持续增长，技术创新不断推进。SRT 工具的发布正是响应这一需求，旨在为决策者提供一个科学、简便的评估框架，推动修复过程中环境效益、经济效益和社会效益可持续性的实现。

8.1.1.2 软件概况

SRT 工具（V2.2）最初发布于 2011 年。该工具由美国空军环境评估中心（Air Force Center for Environmental Excellence，AFCEE）开发，旨在避免繁杂的参数对修复决策造成过多干扰，实现修复设计中各参数的简便计算，帮助决策者在污染场地修复过程中作出更加可持续的决策。通过量化不同修复方案的环境影响、经济成本和社会影响，协助决策者选择最佳的修复方案。

该工具支持决策者在修复活动中对不同修复技术的可持续性进行评估，并为这些技术提供支持数据，计算其环境、经济影响。主要功能包括：评估修复方法的环境效益（如温室气体排放、水资源使用等）；计算修复成本和效益；提供技术和修复方案的选择建议；支持修复策略的优化。为特定场地的修复工程进行未来规划；基于可持续性指标比较修复方法；提供现场修复系统优化结果的评估方法。

注：当前使用版本与用户指导手册中有差别，且部分功能无法使用（只能使用快速分析的第一层功能，下文所有软件框架说明都基于第一层功能进行）。

8.1.1.3　软件相关资料梳理

软件相关资料的梳理见表 8-1。

**表 8-1　SRT 工具相关资料梳理**

| 时间 | 作者 | 资料名称 | 备注 |
|---|---|---|---|
| 2011 | AFCEE | Sustainable remediation tool version 2.2 User Guide | 未找到 2.2 以上版本 |
| 2011 | FARZAD FERDOS | Environmental footprints and sustainability ofcontaminated land remediation | 作者使用了 SRT 与 SiteWise 软件进行对比分析 |
| 2024 | VALÉRIE CAPPUYNS | Carbon footprint calculations in the soil remediation sector: A comparative analysis | 文中使用了 CO2PL、SEFA、SRT 工具 |

## 8.1.2　软件框架、界面与功能

8.1.2.1　框架拆解

软件根据修复工程细节获取程度分为两层：

1）层次 1：简化计算，基于环境修复行业广泛使用的经验法则设置，结果较为简略。

2）层次 2：需获取更多参数，更具场地针对性，计算结果更详细。

· 根据被污染介质，预设了土壤修复模块和地下水修复模块（图 8-1）。

· 各模块设置污染物基本信息输入。

· 内置 8 种修复技术，填写相关参数（表 8-2）。

· 结果：输出环境足迹、成本效益、能源消耗、土地资源服务变化等。

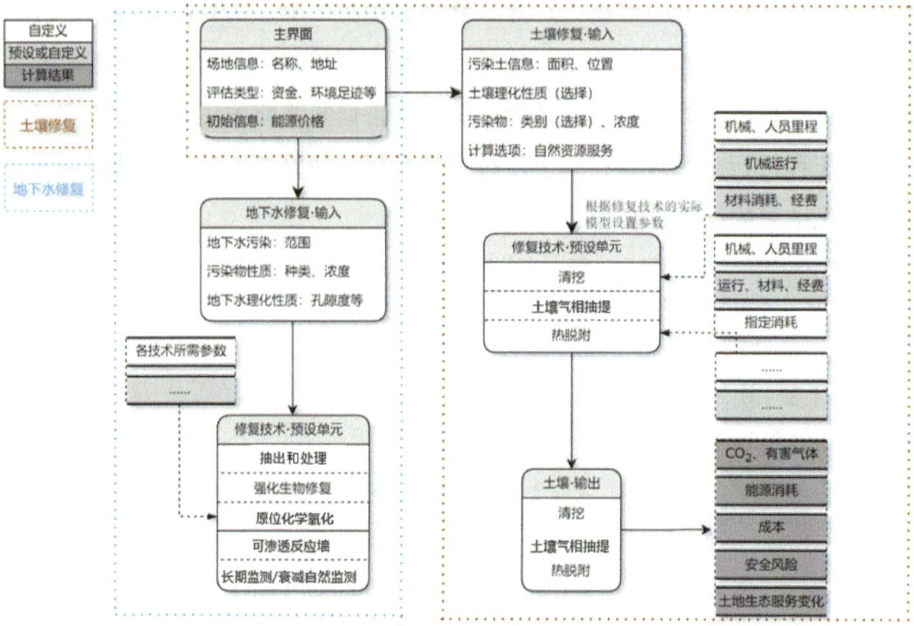


图 8-1　SRT 工具概念模型

**表 8-2　SRT 工具两个层级异同点**

| 项目 | 修复技术 | 内部默认值 | 计算逻辑 | 基础参数 | 输出结果 |
|---|---|---|---|---|---|
| 层次 1 | 8 | 不可更改 | 生命周期评估 | 102 | 数量级结果 |
| 层次 2 | 8 | 可更改 | 自上而下 | 102~574 | 更为详细 |

8.1.2.2　界面分析

（1）主界面

显示项目概况、输入数据的导航菜单，允许用户选择不同的修复技术进行对比（图 8-2）。

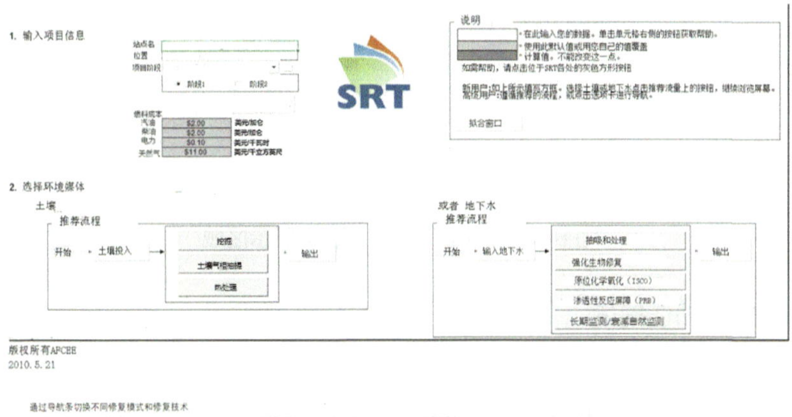


图 8-2　SRT 工具主页面

（2）预设修复技术参数输入界面

数据输入区域 – 用户可以在此区域输入场地信息、污染类型、修复目标等数据。各部分参数主要根据各技术必需的参数进行设定，主要包括修复系统设计和材料、消耗品的输入。例如，清挖：填写土壤体积、挖掘时间、污染土堆放的时间等；气相抽提：抽气井数量、吸附材料、抽气效率等（图 8-3）。

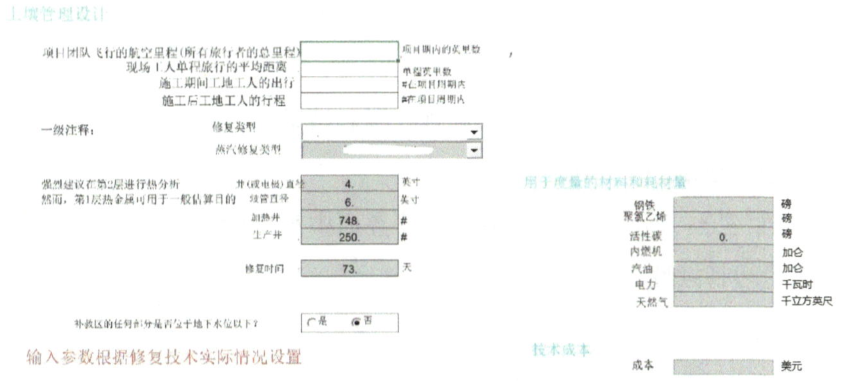


图 8-3　SRT 预设修复技术参数输入界面

（3）评估结果展示区域

系统自动计算评估结果并以表格显示，以便用户直观地查看不同修复技术的可持续性表现（图 8-4）。

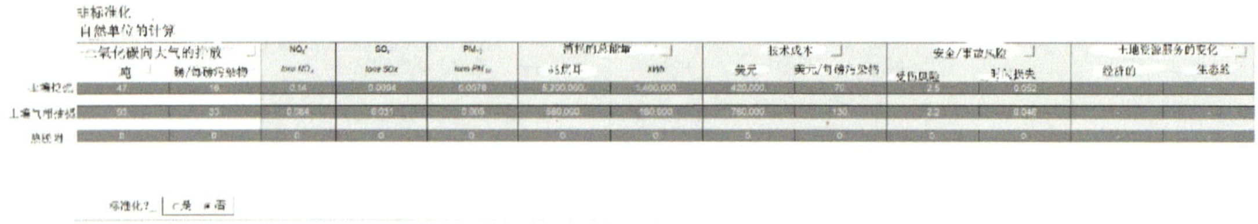

图 8-4　SRT 工具评估结果展示区域

8.1.2.3　功能阐述

1）修复方案选择：通过输入污染场地的具体情况，SRT 帮助决策者选择适合的修复技术。

2）预设 8 种修复技术，通过输入相关参数得到温室气体排放、成本等评估结果以进行更具综合效益的修复技术。

3）环境影响评估：评估每种修复方案和修复单元污染物的环境影响及能量消耗总量，包括温室气体排放、土壤资源服务功能和空气质量影响等。

4）成本效益、风险分析：提供每个修复方案的成本分析及其安全风险水平。

5）可持续性评估结果：综合评估环境、经济等方面的可持续性，可以选择每种修复技术生成归一化结果（以美元为单位）。

2.2 版本中新增加的功能：

情景规划：展示当前基础情景和排放限制情景下，碳抵消成本和能源成本的不同输出结果。

综合性评分：不同参与者在软件共享界面中对可持续性指标进行评分，以获取综合可持续性打分结果。

## 8.1.3　软件数据库与计算逻辑

用户手册中针对每一种修复技术的成本和非成本计算的单元过程都定义或设置了计算公式或默认值，总体计算结果根据修复技术概念模型对单元过程进行组装计算（表 8-3）。

表 8-3　SRT 使用的主要数据库

| 数据库名称 | 所属模块 | 主要内容 | 来源 |
|---|---|---|---|
| 土壤、地下水输入价值 | 输入 | 各类型土壤价值 | 文献、专著 |
| 各修复技术参数 | 修复技术设计 | 运载工具、燃料等 | 研究报告等 |
| 转换系数 | 计算、输出 | 原料的各项成本系数 | 已有数据库等 |
| 二氧化碳排放系数 | 输出 | 各项单位过程的碳排放 | www.carbonify.com/carboncalculator.htm 等 |
| 修复技术成本和能源消耗评估模型 | 计算 | 各修复技术的成本和能源消耗 | 自定义、相关标准制定参考文件、相关统计数据 |
| 可持续性指标 | 计算 | 各类经验法则 | 自定义、其他行业类似数据 |

### 8.1.4　软件相关政策法规与技术指南

1）法规政策

EPA 法规：如《环境反应、赔偿与责任综合法案》（CERCLA）和《资源保护与回收法案》（RCRA）等。

2）技术指南

- EPA 相关指导手册；
- 各类环境修复研究文章、专著；
- 其他政府部门（能源信息署、劳动统计局等）发布的标准性文件。

## 8.2　SEFA 工具

### 8.2.1　软件简介

8.2.1.1　国际背景

SEFA（Sitewise Environmental Footprint Assessment）工具的开发是在全球环境压力和可持续发展需求的背景下进行的。它基于生命周期评估（LCA）方法，结合国际环境政策和法规的要求，提供了一个简化、易用的环境足迹评估工具。通过评估产品或服务在整个生命周期中的环境影响，SEFA 工具帮助企业和组织识别主要的环境影响因素，提出改进措施，推动可持续发展的实践。国际社会的广泛支持和应用，使 SEFA 工具成为实现环境可持续性的重要工具之一。

8.2.1.2　软件概况

SEFA 工具是一套工作软件，旨在帮助 EPA 进行现场修复过程的环境足迹分析，如 EPA 的《了解和减少项目环境足迹的支持方法》（EPA 542-R-12-002）所述。SEFA 工具旨在评估修复项目关键阶段的足迹，例如修复技术筛选、设计和优化，但也可应用于其他阶段。虽然最初是为环保局内部使用而开发的，但 SEFA 工具目前向公众开放，以帮助其他希望评估场地修复的环境足迹的人。SEFA 工具工作手册不单独或共同代表 EPA 指南或要求，EPA 也不要求使用这些手册。

SEFA 工具最初于 2012 年 4 月发布，2013 年 1 月略有修改。2014 年 8 月，SEFA 工具进行了更新，改进了易用性和应用灵活性，并进行了影响足迹结果的修正和调整。2018 年 11 月的更新（3.0 版）提供了材料加工、燃料消耗和实验室分析的更新足迹转换系数。任何未来更新将发布在 www.cluin.org/greenremediation/SEFA，其中 3.0 版可用于下载。

## 8.2.2　软件框架、界面与功能

8.2.2.1　框架拆解

SEFA 工具由三个相互关联的 Excel 工作簿组成（Main、Input、Caculation），用户可以将其保存在一个目录中。每个工作簿包含多个工作表（worksheets/tabs）。

输入工作簿（Input Workbook）：用户输入所有与修复活动有关的数据，包括能源消耗、材料使用、废物产生、人员运输和设备操作。

计算工作簿（Calculations Workbook）：自动应用各个修复活动的能源使用和空气排放的足迹转换系数，并总结结果。用户不需要输入数据，但可以在某些选项卡中进行补充计算。

主工作簿（Main Workbook）：以表格或图文形式展示计算结果。

8.2.2.2　界面分析

1）主工作簿（Main Workbook）：Excel 首页，填写场地名称、计算工作簿名称、组件等基本信息（图 8-5）。

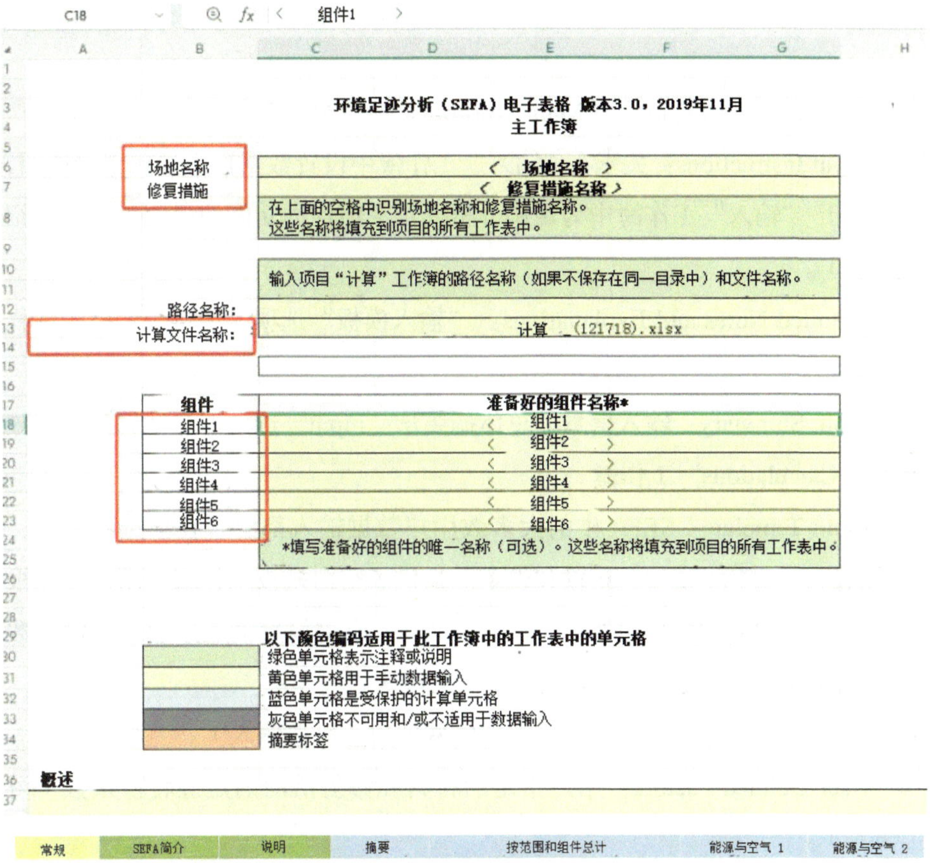


图 8-5　SEFA 工具界面

SEFA 工具简介（Intro to SEFA）：SEFA 的目的、结构和逻辑。

一般介绍（General）：修复场地的信息和自定义名称（可选输入）。

简介（Instructions）：关于三个 workbook 的链接和 SEFA 输入的总体方法的一般说明。

总结（Summary）：列表方式的整体分析结果（可选输入）。

按 scope 和 component 列出的总计（Totals by Scope and Component）：自动填充的柱状图和饼图，以图形方式展示修复措施、能源和空气排放足迹范围。

Energy & Air 1 - 6 and All Energy & Air（7 worksheets）：从“Calculations workbook”自动导入的能量和空气的结果。

2）输入工作簿（Input Workbook）。

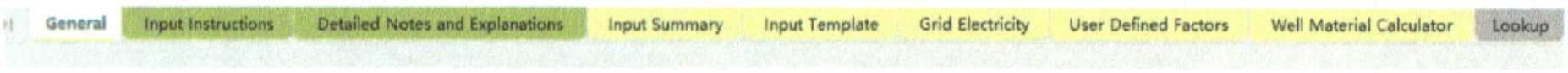


General：自动复制填写 Main Workbook 场地相关信息。

Input Instructions：关于在“输入”工作簿中设置数据输入选项卡的说明，以及关于 “输入”工作簿中为足迹分析提供灵活性的功能的说明（都是介绍性文字）。

Detailed Notes and Explanations： “输入模板”选项卡中每个表格的注释和说明。

Input Summary：输入信息的总体摘要从“Input”选项卡自动编译，并导出到 “Calculations”工作簿。

Input Template：SEFA 中的大多数用户数据输入都出现在该选项卡中，包括能源、材料、 废物、运输和设备。提供了空白模板工作表。用户可以根据需要创建“输入模板”选项卡的多个副本。有关设置输入选项卡和输入数据的具体说明和说明，请参阅“Input”工作簿。

Grid Electricity：混合燃油或本地电网电力（可选输入）。

User Defined Factors：用户指定的材料和修复活动的足迹转换系数（可选输入）。

Well Material Calculator：用于估算建设特定类型、材料、尺寸的井所用到的材料的量的可选工具。

Lookup： “Input Template”选项卡中使用的典型能耗率和材料转换系数参考表。

3）计算工作簿（ “Calculations” Workbook）。

General：自动复制填写“Main” Workbook 场地相关信息。

Notes：关于“计算”工作簿中功能的注释。

Components 1 - 6 (6 worksheets)：根据“Input”工作簿的结果自动计算能

源和空气排放量，每个 worksheet 底部都有有用的小计。

所有组件：总能源使用量和空气排放量（即单个“组件”选项卡中的值总和）， worksheet 底部有有用的小计。

默认转换：用于计算与常见修复材料和活动相关的能源及空气排放的内置足迹转换系数。

电网电力转换：基于“Input”工作簿中“Grid Electricity”选项卡中的混合燃油自动计算电网电力的足迹转换系数。

电网电力说明：解释电力转换系数是如何产生的，并提供一个示例。

转换 1-3（3 个工作表）：中间数据交换。

8.2.2.3 功能阐述

评估修复项目关键阶段的足迹，如修复技术筛选、设计和优化。

材料与废物：计算使用的精炼材料、未精炼材料、有害废物和非有害废物的数量。

水资源：记录不同水源的使用情况。

能源消耗：包括总能源消耗量和可再生能源的使用情况。

空气污染：计算 $NO_x$、$SO_x$、PM 和有害空气污染物的排放量。

温室气体排放：计算总的温室气体排放量。

样品分析检测产生的环境足迹范围 1 ~ 3：

范围 1：化石燃料燃烧直接排放。

范围 2：外购电力、蒸汽、热水间接排放。

范围 3：上游原材料生产、上游原材料运输、下游产品运输、废弃物等其他间接排放。

## 8.2.3 软件数据库与计算逻辑

（1）数据库

主要来源包括 EPA 的环境足迹分析方法、美国国家可再生能源实验室（NREL）的生命周期清单数据、欧洲参考生命周期数据库（EUROPA）以及多项独立研究。这些数据涉及能源消耗、碳排放、化学品处理、建筑材料、运输和其他环境足迹相关的转换因子。此外，部分数据还来自特定案例研究，如密歇根大学可持续系统中心的报告，以及丹麦环境保护署的食品生命周期评估数据库。

（2）计算逻辑

1）数据输入。

在 Input template 表格，创建不同组件（最多 14 个），输入人员、能源、材料、废物、运输和设备等（图 8-6）。

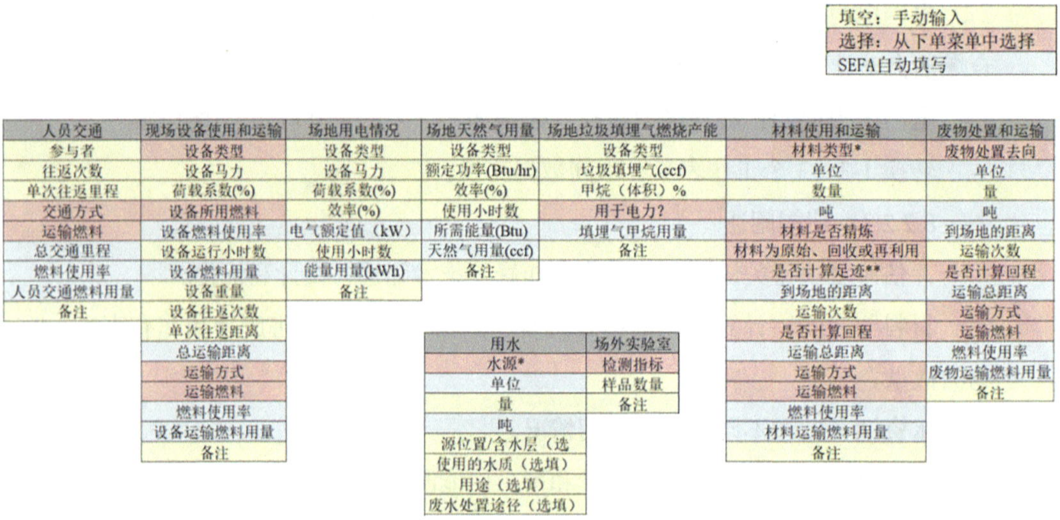


图 8-6　SEFA 工具数据输入清单

2）数据计算。

内含默认的环境足迹转换系数，根据输入数据，自动连接计算。

3）结果输出。

输出方式 1：SEFA 工具将环境足迹分析结果量化为 25 项指标，对应绿色修复清洁的五大核心要素，SEFA 工具数据输出见表 8-4。

| 环境足迹摘要 | | | |
|---|---|---|---|
| 核心要素 | 指标 | | 计量单位 |
| 材料与废物 | 1 | 现场使用的精炼材料 | 吨 |
| | 2 | 来自回收或再利用材料的精炼材料百分比 | % |
| | 3 | 现场使用的未精炼材料 | 吨 |
| | 4 | 来自回收或再利用材料的未精炼材料百分比 | % |
| | 5 | 现场危险废物场外处置 | 吨 |
| | 6 | 现场非危险废物场外处置 | 吨 |
| | 7 | 回收或再利用的废物 | 吨 |
| | 8 | 总潜在废物回收或再利用的百分比 | % |
| 水（现场使用） | 1 | 公共用水 | 兆克 |
| | 2 | 地下水使用 | 兆克 |
| | 3 | 地表水使用 | 兆克 |
| | 4 | 再生水使用 | 兆克 |
| | 5 | 雨水使用 | 兆克 |
| | 6 | #错误 | 兆克 |
| | 7 | #错误 | 兆克 |
| | 8 | 产生的废水 | 兆克 |
| 能源 | 1 | 总能源使用量（现场和非现场） | 百万英热 |
| | 2 | 自愿从可再生资源中获得的能源 | |
| | 2A | 现场可再生能源发电或使用 + 现场生物柴油使用<br>运输用生物柴油和其他可再生资源 + | 百万英热 |
| | 2B | 自愿购买可再生电力 | 兆瓦时 |
| | 3 | 自愿购买可再生能源证书 | 兆瓦时 |
| | 4 | 现场电网电力使用 | 兆瓦时 |
| 空气 | 1 | 现场氮氧化物、硫氧化物和颗粒物排放 | 磅 |
| | 2 | 现场有害空气污染物排放 | 磅 |
| | 3 | 总氮氧化物、硫氧化物和颗粒物排放 | 磅 |
| | 3A | 总氮氧化物排放 | 磅 |
| | 3B | 总硫氧化物排放 | 磅 |
| | 3C | 总颗粒物排放 | 磅 |
| | 4 | 总有害空气污染物排放 | 磅 |
| | 5 | 总温室气体排放 | 吨二氧化碳当量 |
| 土地与生态系统 | | 定性描述 | |

图 8-7　SEFA 数据输出表

输出方式 2：分 6 项内容输出（图 8-7）。

Energy use（MMBTU）：采用英制热单位衡量能量消耗。

GHG emission（tons $CO_2e$）：采用二氧化碳当量衡量温室气体排放。

$NO_x$ emission（lbs）：采用磅衡量氮氧化物排放。

$SO_x$ emission（lbs）：采用磅衡量硫氧化物排放量。

PM emission（lbs）：采用磅衡量颗粒物排放量。

HAPs emission（lbs）：采用磅衡量有害空气污染物排放量。

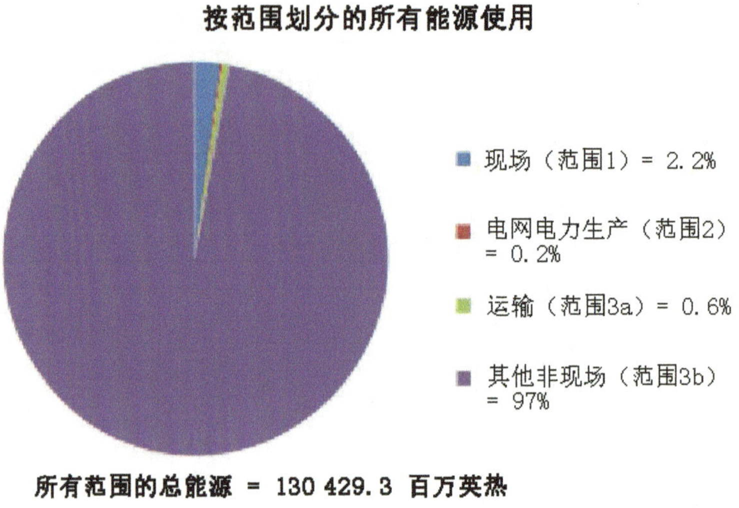


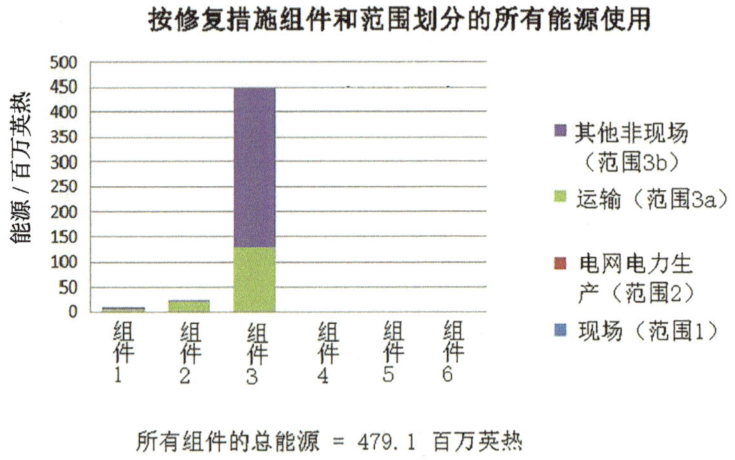


图 8-8 SEFA 工具数据输出（基于假设数据）

### 8.2.4 软件相关政策法规与技术指南

（1）EPA 行政命令及指导

1）行政命令 14072：加强国家的森林、社区和地方经济。

2）行政命令 14057：通过联邦可持续性促进清洁能源产业和就业。

3）行政命令 14008：应对国内外的气候危机。

4）绿色清洁原则。

5）超级基金绿色修复。

6）根据 CERCLA 的 EPA 绿色清洁活动指导。

7）EPA 区域政策。

8）州资源。

9）ASTM 标准绿色清洁指南。

（2）联邦行政命令、总统备忘录、联邦法律和指导

1）2018 年美国水基础设施法。

2）环境质量委员会备忘录。

3）2005 年能源政策法。

4）2007 年能源独立和安全法。

5）联邦设施管理和基准报告要求。

6）美国能源部联邦能源管理计划。

（3）EPA 关于实施联邦项目的雨水径流要求的技术指导

1）行政命令 13624：加速工业能源效率投资。

2）行政命令 13990：保护公众健康和环境，恢复科学以应对气候危机。

3）行政命令 14008：应对国内外的气候危机。

4）行政命令 14057：通过联邦可持续性促进清洁能源产业和就业。

5）行政命令 14072：加强国家的森林、社区和地方经济。

6）总统备忘录：气候变化和国家安全。

（4）相关联邦计划与指南

1）超级基金修复过程中环境合理决策指南。

2）水再利用指南。

3）整合水资源和废物管理项目以恢复流域：联邦和州项目管理者的指南。

4）建设与开发规划指南（MYER 指南）。

5）战略性可持续。

6）总统气候行动计划。

7）EPA 2018—2024 财年战略计划。

8）水再利用行动计划。

# 8.3 SiteWise™

## 8.3.1 软件简介

### 8.3.1.1 国际背景

随着环境保护意识的增强，传统的污染场地修复方法逐渐被认为不够全面。修复活动不仅要解决污染问题，还要考虑对环境和社会的潜在影响。这种理念在欧美国家（地区）率先得到推广，尤其是在美国和西欧，GSR 的概念在 21 世纪初逐渐形成。国际上，如可持续修复联盟（Sustainable Remediation Forum, SuRF）等组织积极推动 GSR 的发展，制定了相关的指导原则和实践框架，强调在修复过程中考虑温室气体排放、能源使用、资源消耗、社会影响等多方面的因素。EPA 通过其气候领导者计划（Climate Leaders Program）和相关指导文件，推动了 GSR 在美国的应用。SiteWise™ 工具的开发为美国的污染场地修复提供了科学的评估方法，还通过国际合作和技术转移，推动了全球绿色可持续修复的发展。通过综合评估修复活动的环境影响，SiteWise™ 工具帮助决策者在修复过程中更好地平衡环境、社会和经济利益，为可持续发展作出了重要贡献。

### 8.3.1.2 软件概况

SiteWise™ 是由美国海军、美国陆军、美国陆军工程兵团（USACE）和 Battelle 联合开发的独立工具，根据一致的指标评估修复替代方案 / 技术的环境足迹，包括：温室气体（GHG）排放；能源使用（能源使用总量和可再生 / 不可再生能源的电力）；标准污染物的空气排放（总排放和现场排放），包括氮氧化物（$NO_x$）、硫氧化物（$SO_x$）和颗粒物（PM）；用水量；资源消耗（填埋空间和表土消耗）；以及工人安全（死亡、受伤和工时损失的风险）。

评估采用积木式方法进行，首先将每个修复备选方案分解成模块，这些模块可以代表备选方案的一般组成部分，或者模拟大多数修复阶段，包括修复调查（RIS）、可行性研究（FS）、纠正措施研究（CMS）、修复行动构建（RACS）、修复行动操作（RA-0s）和长期监测（LTM）。一旦分解成不同的模块，每个模块的占用量会单独计算出来。然后，将不同的足迹组合起来，以估计修复备选方案的总体足迹。

需要考虑的输入要素包括生产活动所需的材料；所需材料、设备和人员往返现场的运输；要执行的所有现场活动（如设备操作）；管理活动产生的废物。材料使用仅考虑完全消耗的材料（以下简称消耗品）以及在应用替代品期间无法重复使用的材料。例如，考虑用于油井套管或管道的聚氯乙烯（PVC）的足迹，因为它是用于油井安装或输送管道的消耗品（http://www.navfac.navy.mil/navfac_worldwide/specialty_centers/exwc/products_and_services/ev/erb/gsr.html）。

8.3.1.3 软件相关的资料梳理

与软件相关的资料如表 8-4 所示。

表 8-4 SiteWise™ 相关资料梳理

| 时间 | 作者 | 资料名称 | 备注 |
| --- | --- | --- | --- |
| 2018 | Sam Moore 和 Russell Sirabian（Battelle） | SiteWise™ Version 3.2 User Guide | — |

## 8.3.2 软件框架、界面与功能

8.3.2.1 框架拆解

该工具包括 8 个不同的 Excel 文件，用户不得更改文件名。

输入表：是首先打开的，是所有数据输入的位置。输入表针对修复措施的四个组成部分各有一个选项卡，可以将其重命名为典型的修复阶段 :RI、FS、CMS、RAC、RA-0 和 LTM。查找表包含用作计算 GSR 指标基础的参考数据。计算选项卡可以计算自定义电力和地下水监测井的材料产生的排放。在足迹减少选项卡中计算减排技术的环境足迹。

工作表：包括“计算”选项卡，可以在其中计算自定义电力和地下水监测井的材料产生的排放。可以与输入表的计算选项卡互换使用。

计算表：即组件 1、组件 2、组件 3 和组件 4 的工作表。它们链接到输入表，以便接收用户输入到输入表中的数据。计算表包含与材料生产、人员和材料运输、设备使用、沉积物修复方案和残余物处理相关的方案。所有活动都被设置为工作表的不同标签。计算表不用于数据输入，可用于向用户提供进入工具后端的选项，以查看 SiteWise 如何进行计算。

摘要：可用于查看不同计算表的输出。汇总表还有一个额外的选项卡，比较修复备选方案的组成部分，并帮助确定最大足迹的方案。不同汇总表链接到最终汇总表。

最终总结：工具中的最终总结文件用于对输入到工具中的多个备选方案进行比较分析。

8.3.2.2　界面分析

SiteWise$^{TM}$ 主页面如图 8-9 所示。

**图 8-9　SiteWise$^{TM}$ 主页面**

资料来源：软件说明书案例。

站点信息表要求用户输入用户名、日期、站点名称、修复替代名称和替代文件（图 8-10）。

输入表中，白色单元格表示用于用户输入的单元格，黄色单元格表示具有列出选项的下拉菜单的输入，蓝色单元格表示嵌入在工具中的用户默认设置，用户可以覆盖该设置（图 8-11）。

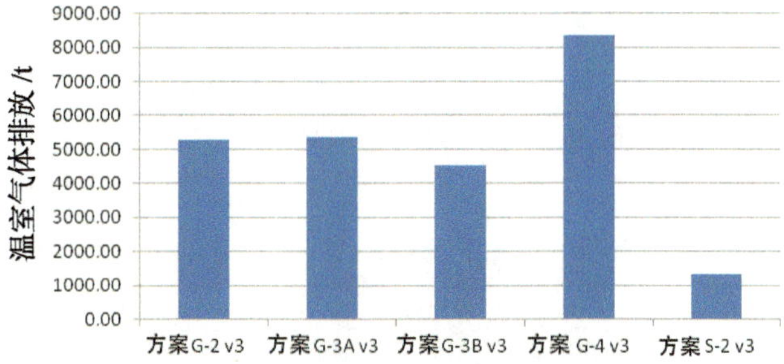


图 8-10　SiteWise™ 站点信息表

资料来源：软件说明书案例。

图 8-11　SiteWise™ 站点信息表

资料来源：软件说明书案例。

结果输出：温室气体排放修复方案的比较分析（图 8-12）。

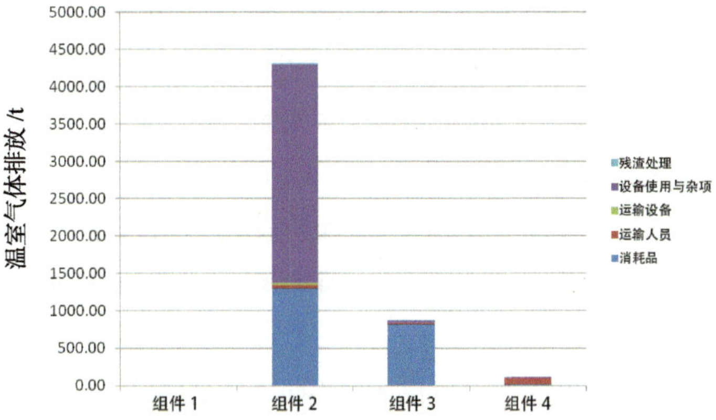


图 8-12　SiteWise™ 温室气体排放修复方案的比较分析

资料来源：软件说明书案例。

结果输出：详细分析修复替代方案的温室气体排放（图 8-13）。

相对影响

| 补救替代方案 | GHG排放 | 能源使用 | 水使用量 | 电力使用 | 现场NOx排放 | 现场SOx排放 | 现场PM10排放 | 总NOx排放 | 总SOx排放 | 总PM10排放 | 事故风险死亡 | 事故风险伤害 | 社区影响 | 资源损失 |
|---|---|---|---|---|---|---|---|---|---|---|---|---|---|---|
| 方案 G-2 v3 | 中 | 中 | 中 | 中 | 高 | 高 | 高 | 中 | 高 | 中 | 低 | 低 | 用户选择 | 用户选择 |
| 方案 G-3A v3 | 中 | 中 | 中 | 中 | 高 | 高 | 高 | 高 | 高 | 中 | 低 | 低 | 用户选择 | 用户选择 |
| 方案 G-3B v3 | 中 | 中 | 中 | 中 | 高 | 高 | 高 | 中 | 中 | 中 | 低 | 低 | 用户选择 | 用户选择 |
| 方案 G-4 v3 | 高 | 高 | 高 | 高 | 高 | 高 | 高 | 高 | 高 | 高 | 低 | 低 | 用户选择 | 用户选择 |
| 方案 S-2 v3 | 低 | 低 | 低 | 低 | 中 | 中 | 中 | 中 | 低 | 高 | 中 | 低 | 用户选择 | 用户选择 |

相对影响（用户覆盖）

| 补救替代方案 | GHG排放 | 能源使用 | 水使用量 | 电力使用 | 现场NOx排放 | 现场SOx排放 | 现场PM10排放 | 总NOx排放 | 总SOx排放 | 总PM10排放 | 事故风险死亡 | 事故风险伤害 | 社区影响 | 资源损失 |
|---|---|---|---|---|---|---|---|---|---|---|---|---|---|---|
| 方案 G-2 v3 | 中 | 中 | 中 | 中 | 高 | 高 | 高 | 中 | 高 | 中 | 低 | 低 | 用户选择 | 用户选择 |
| 方案 G-3A v3 | 中 | 中 | 中 | 中 | 高 | 高 | 高 | 高 | 高 | 中 | 低 | 低 | 用户选择 | 用户选择 |
| 方案 G-3B v3 | 中 | 中 | 中 | 中 | 高 | 高 | 高 | 中 | 中 | 中 | 低 | 低 | 用户选择 | 用户选择 |
| 方案 G-4 v3 | 高 | 高 | 高 | 高 | 高 | 高 | 高 | 高 | 高 | 高 | 低 | 低 | 用户选择 | 用户选择 |
| 方案 S-2v 3 | 低 | 低 | 低 | 低 | 中 | 中 | 中 | 中 | 低 | 高 | 中 | 低 | 用户选择 | 用户选择 |

*事故风险是对可能发生多少事故的估计。这种风险与癌症风险不同，后者是指（单个人）患癌症的概率。由于内在的根本差异，事故风险与癌症风险不能相提并论。

图 8-13 SiteWise™ 修复替代方案的温室气体排放分析

资料来源：软件说明书案例。

结果输出：在工具的最终汇总表中生成的影响类别表（图 8-14）。

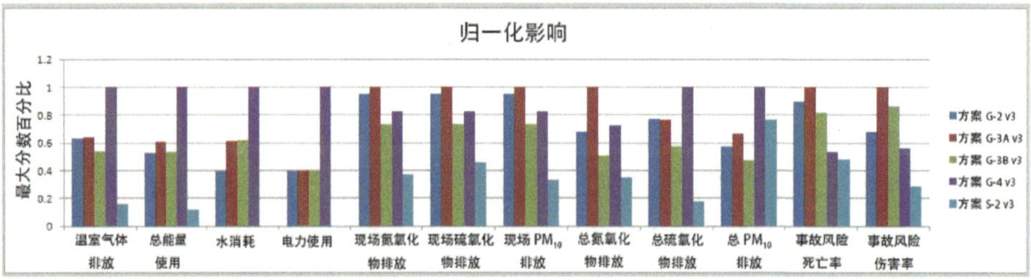


图 8-14 SiteWise™ 影响类别

资料来源：软件说明书案例。

8.3.2.3 功能阐述

（1）量化环境影响：SiteWise™ 可以评估修复方案在多个环境指标上的影响，包括温室气体（GHG）排放、能源使用、空气污染物排放、水资源消耗、资源消耗、工人安全风险（如事故风险、伤亡率、工时损失）。

（2）分阶段评估：将修复方案分解为多个模块（如材料生产、运输、设备使用、废物处理等），分别计算每个模块的环境足迹。

（3）灵活性：用户可以根据修复项目的不同阶段（如调查、设计、实施、长期监测）输入数据，软件会分别计算每个阶段的环境影响。

（4）软件提供了许多默认值（如设备效率、材料排放因子），用户可以根据需要进行自定义。

（5）可持续性优化：用户可以评估不同环境足迹减少措施的效果，例如使用可再生能源（如太阳能、风能）、节能设备（如变频驱动器）、生物燃料等。

（6）成本效益分析：软件可以计算实施这些减少措施的增量成本，并评估其环境效益和经济效益。

## 8.3.3　软件数据库与计算逻辑

8.3.3.1　数据库

温室气体（GHG）排放足迹计算：EPA 气候领导者计划（U.S. EPA, 2009b）提供了一份温室气体排放清单指南，是世界资源研究所和世界可持续发展工商理事会开发的温室气体协议的修改版本。该指南被工业界用于记录包括二氧化碳（$CO_2$）、甲烷（$CH_4$）和一氧化二氮（$N_2O$）在内的温室气体排放。SiteWise™ 还使用了由阿贡国家实验室的交通运输中温室气体、受管制排放和能源使用（GREET）模型、EPA 的 Mobile 6 模型以及 EPA 的非道路模型开发的排放因子。消费品的排放因子是基于生命周期的，并从提供生命周期清单的来源（例如，国家可再生能源实验室提供的生命周期清单）中获取。水上运输作业的排放因子取自 EPA 的《移动源港口相关排放清单编制的当前方法》（U.S. EPA, 2009a）。

能源使用计算方法：现场使用的电力可以通过现有系统的电表读数确定，也可以通过对每台设备进行工程计算得出。燃料中蕴含的能量数据来源于阿贡国家实验室的 GREET 模型，该模型提供了燃料的生命周期能耗数据。

水资源使用：与电力使用类似，现场消耗的水资源信息通常可以从场地直接获取。在涉及电力生产冷却水的情况下，工具使用了一个系数 510 加仑/兆瓦时（gallons/MWh），这一系数来自亚利桑那水研究所（Arizona Water Institute）的一项研究。

空气排放清单的开发：移动源排放 6（Mobile 6）和非道路排放（Non-road）是 EPA 交通与空气质量办公室开发的两个计算机程序，分别用于计算移动设备和非道路设备的氮氧化物（$NO_x$）、二氧化硫（$SO_x$）、一氧化碳（CO）、挥发性有机物（VOC）和颗粒物（$PM_{10}$）的排放因子。其他排放清单，例如 AP-42（U.S. EPA, 1995），也可用于获取各种活动的排放因子。水上运输作业的排放因子取自 EPA 的《移动源港口相关排放清单编制的当前方法》（U.S. EPA, 2009a）。

事故风险计算方法：多个组织（包括汽车运输统计、航空运输统计、铁路运输统计以及劳动统计）提供了在各种活动（包括汽车、飞机和铁路运输）中发生的死亡和伤害的统计数据。

注：

U.S. EPA. 2009. Current Methodologies in Preparing Mobile Source Port-Related Emissions Inventories. April.

U.S. EPA. 2009. Center for Corporate Climate Leadership. Available at: http://www.epa.gov/climateleadership/.

U.S. EPA. 1995. Compilation of Air Pollutant Emission Factors; Volume I: Stationary Point and Area Sources. Fifth Edition.January.

8.3.3.2　计算逻辑

SiteWise™ 工具中的公式列表涵盖了多个环境足迹计算的关键指标，包括能源消耗（BTU）、温室气体（$CO_2$、$N_2O$、$CH_4$）排放、空气污染物（$NO_x$、$SO_x$、$PM_{10}$）以及风险等。这些指标通过不同的公式计算，适用于多种场景和设备，如土方工程、钻井、电泵、沉积物管理、水运操作、农业活动、稳定化处理、混合操作等。

（1）设备使用：能源消耗和污染物排放的计算基于设备运行时间、燃料消耗率以及相应的转换因子。风险计算则基于设备运行时间和单位时间的风险值。

（2）运输：能源消耗和污染物排放的计算考虑了不同运输方式（公路、航空、铁路、水路）的燃料消耗、乘客里程或吨英里数，并结合相应的转换因子。风险计算则基于旅行者数量、里程和单位里程的风险值。

（3）残余处理：能源消耗和污染物排放的计算涉及废物处理和热氧化器的燃料消耗，结合燃料的热值和转换因子。温室气体排放的计算还考虑了全球变暖潜能值（GWP）。

（4）材料使用：能源消耗和污染物排放的计算基于材料使用量及其单位能耗或排放因子，适用于井材料、处理化学品、颗粒活性炭、建筑材料、淤泥帷幕材料等。

（5）碳足迹减少：通过计算填埋气微型涡轮、风能、太阳能和可再生能源证书（RECs）的燃料流量、总容量、成本节约和简单投资回收期，评估碳减排潜力。

### 8.3.4 软件相关政策法规与技术指南

（1）环境政策

·《环境反应、赔偿与责任综合法》（CERCLA），也被称为《超级基金法》；

·《资源保护与恢复法》（RCRA）；

·《国家环保政策法》（NEPA），规定了环境影响评估的强制性方针。

（2）国防政策

·美国国防部（DoD）关于环境处理、恢复和潜在危险废弃物管理的政策文件；

·美国海军和 USACE 联合指南。

## 8.4 CARBONAS 工具

### 8.4.1 软件简介

8.4.1.1 国际背景

2010 年前后，污染场地修复领域开始逐渐意识到环境影响的全面性，特别是碳排放的影响。当时部分国家已通过立法或政策要求减少碳排放，但针对污染场地修复的碳足迹计算工具并不普遍。市场上有基于生命周期分析（LCA）进行的碳足迹评估，但专门针对土壤和地下水修复的环境足迹计算工具仍较为少见。环境修复的碳排放往往没有被作为优先考虑的因素，很多时候企业或政府主要关注修复效果和成本。尽管已经有一些生命周期评估（LCA）工具和碳足迹计算工具用于其他行业，但针对土壤和地下水修复领域的工具相对稀缺，尤其是能考虑到特定技术、运输、化学品使用等修复细节的工具。为了填补这一市场空白，满足污染场地修复领域日益增长的碳排放评估需求，TAUW 针对公司实际业务开发了相关的评估工具。

8.4.1.2 软件概况

CARBON footprint Assessment of Soil works 由 TAUW 组织开发建设，用于组织内部计算土壤和地下水以及其他土壤工程的碳足迹（$CO_2$）。工具考虑运输、土壤处理（包括原位和异位）、地下水处理、钻井技术、管道材料、板桩、化学添加剂、原位修复技术及化学和生物过程。

8.4.1.3　软件相关资料梳理

与软件相关的资料见表 8-5。

表 8-5　CARBONAS 相关资料梳理

| 时间 | 作者 | 资料名称 | 备注 |
| --- | --- | --- | --- |
| 2009 | Mohan, D.A. | Remediation efficiency of diesel contaminated sites (Screening with LNAPL-weathering code RT3D-OW and $CO_2$Tauw Rekentool) | 其中使用了此工具，但未获取到文档 |

## 8.4.2　软件框架、界面与功能

8.4.2.1　框架拆解

总体上，软件分为输入、输出两个模块（图 8-15），输入部分根据不同修复技术工艺预设单元格，用于完整修复过程搭建，最后输出两种结果：

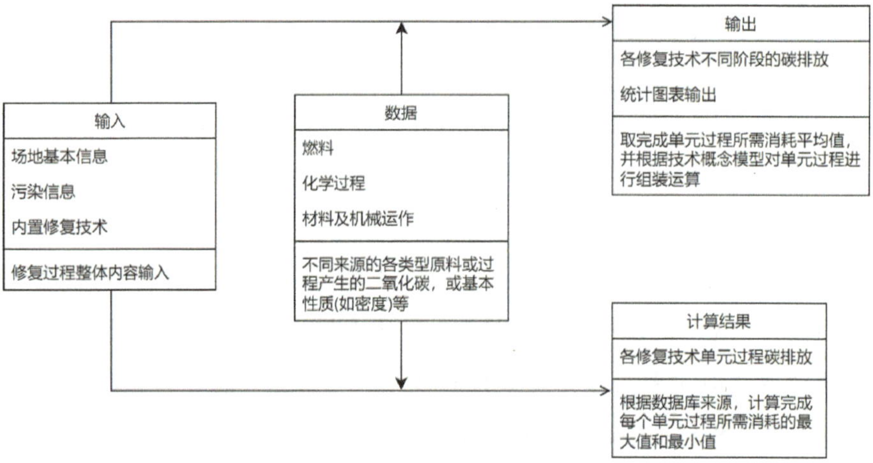


图 8-15　CARBONAS 整体框架

1）简略结果（output）：软件中对涉及的每种燃料、化学过程、材料及器械运作进行了二氧化碳排放、密度等的设定（根据不同部门或资料的公布数值），简略结果取完成每个单元过程平均消耗值，并根据每个单元过程的归属，将其分为不同修复技术的各阶段，并进行组装运算，得到碳排放结果。

2）复杂结果（calculations）：软件中对 DataSheet 设定的内容部分为范围值（数据来源不唯一），复杂结果输出每个单元过程的最大值和最小值。

8.4.2.2　界面分析

（1）输入界面

1）场地基本信息填写见图 8-16。

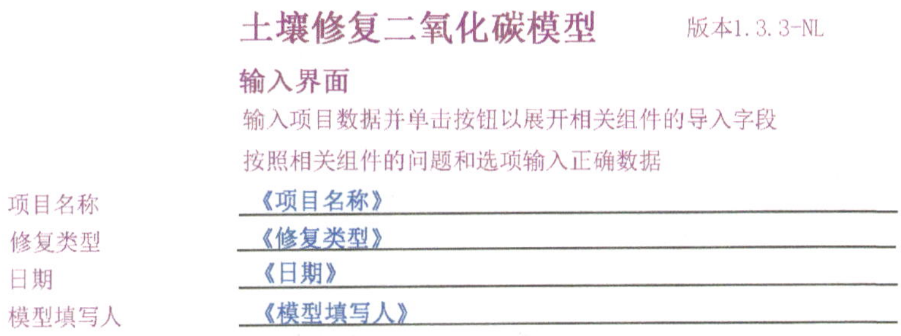


图 8-16　CARBONAS 输入页面——场地信息填写

2）污染信息填写见图 8-17。

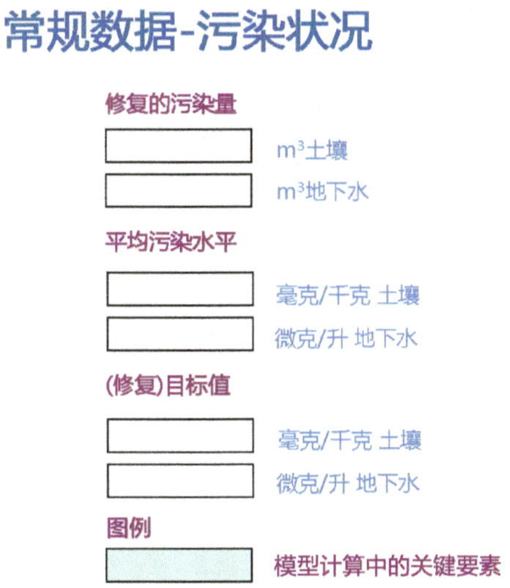


图 8-17　CARBONAS 输入页面——污染情况填写

（2）输出界面

1）输出页（简略结果）。

① 数值结果（单个修复技术结果）见图 8-18。

| | | |
|---|---|---|
| 开挖土壤 | | ( )吨二氧化碳 |
| 开挖 | ( )吨二氧化碳 | |
| 处理 | ( )吨二氧化碳 | |
| 材料 | ( )吨二氧化碳 | |
| 运输 | ( )吨二氧化碳 | |
| 曝气和气相抽提 | | ( )吨二氧化碳 |
| 系统建设 | ( )吨二氧化碳 | |
| 维护系统 | ( )吨二氧化碳 | |
| 氧化反应 | ( )吨二氧化碳 | |
| 运输 | ( )吨二氧化碳 | |

图 8-18 CARBONAS 输出页面——数值结果——单个修复技术分阶段的二氧化碳排放结果

② 图表输出(土壤、地下水修复整体结果,单个修复技术结果)见图 8-19。

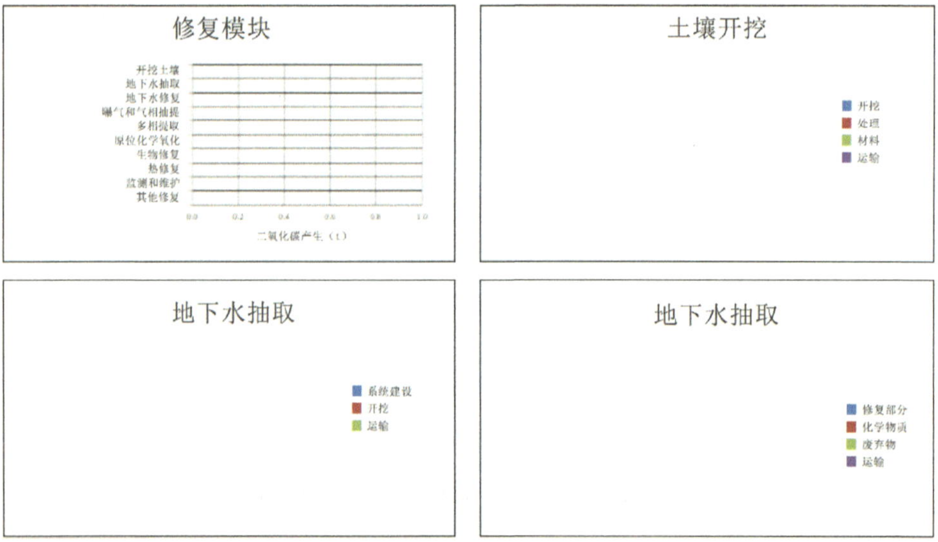


图 8-19 CARBONAS 输出页面 — 图表结果 — 土壤、地下水修复整体结果及单个修复技术二氧化碳排放结果

2）计算页（复杂结果）见图 8-20。

| 土壤开挖 | | | | | 输入数据 | | | | | | | |
|---|---|---|---|---|---|---|---|---|---|---|---|---|
| 内容 | 项目 | 二氧化碳足迹 | 范围 | 单位 | 输入值 | 单位 | 输入值 | 单位 | 输入值 | 单位 | 输入值 | 单位 |
| 开挖 | 开挖 | 0 | 0 | 千克 二氧化碳 | 0 | 立方米 | 请选择 | 计算类型 | 0 | 立方米 液压挖 | 0 | 立方米 铲 |
| 材料 | 土工布/铝箔 | 0 | 0 | 千克 二氧化碳 | 请选择 | 材料 | 请选择 | 计算类型 | | 立方米 | | 毫米厚度箔 |
| 开挖 | 板桩墙 | 0 | 0 | 千克 二氧化碳 | 0 | 米 | 0 | 米-距表面 | 请选择 | 单桩墙运作时间 | | |
| 工程 | 仓库 | 0 | 0 | 千克 二氧化碳 | 0 | 立方米 | 间接耗电 | 电力供应 | | | | |
| 工程 | 场地 | 0 | 0 | 千克 二氧化碳 | 请选择 | 清洁土是否开; | 0 | 立方米 | 请选择 | 电力供应 | 请选择 | 燃料设备类型 |
| 材料 | 场地 | 0 | 0 | 千克 二氧化碳 | 请选择 | 清洁土是否开; | 0 | 立方米 | 请选择 | 电力供应 | 请选择 | 燃料设备类型 |
| 处理 | 过滤 | 0 | 0 | 千克 二氧化碳 | 0 | 立方米 | 请选择 | 电力供应 | | | | |
| 处理 | 碎砖 | 0 | 0 | 千克 二氧化碳 | 0 | 立方米 | | | | | | |
| 处理 | 湿法萃取 | 0 | 0 | 千克 二氧化碳 | 0 | 立方米 | 请选择 | 电力供应 | | | | |
| 处理 | 生物修复 | 0 | 0 | 千克 二氧化碳 | 0 | 立方米 | 请选择 | 电力供应 | 0 | 千克-碳 | | |
| 处理 | 热修复 | 0 | 0 | 千克 二氧化碳 | 0 | 立方米 | 0 | 千克-碳 | 0 | 0 | | |
| 材料 | 混凝土 | 0 | 0 | 千克 二氧化碳 | 0 | 千克 干燥土 | | | | | | |
| 材料 | 膨润土 | 0 | 0 | 千克 二氧化碳 | 0 | 千克 干燥土 | | | | | | |
| 运输 | 修复场地1 | 0 | 0 | 千克 二氧化碳 | 0 | 立方米 | 0 | 千米 | 请选择 | 平均运输距离 | | |
| 运输 | 修复场地2 | 0 | 0 | 千克 二氧化碳 | 0 | 立方米 | 0 | 千米 | 请选择 | 平均运输距离 | | |
| 运输 | 修复场地3 | 0 | 0 | 千克 二氧化碳 | 0 | 立方米 | 0 | 千米 | 请选择 | 平均运输距离 | | |
| 运输 | 修复场地4 | 0 | 0 | 千克 二氧化碳 | 0 | 立方米 | 0 | 千米 | 请选择 | 平均运输距离 | | |
| 运输 | 他处重复利用地 | 0 | 0 | 千克 二氧化碳 | 0 | 立方米 | 0 | 千米 | 请选择 | 平均运输距离 | | |
| 运输 | 他处重复利用地 | 0 | 0 | 千克 二氧化碳 | 0 | 立方米 | 0 | 千米 | 请选择 | 平均运输距离 | | |
| 运输 | 他处重复利用地 | 0 | 0 | 千克 二氧化碳 | 0 | 立方米 | 0 | 千米 | 请选择 | 平均运输距离 | | |
| 运输 | 他处重复利用地 | 0 | 0 | 千克 二氧化碳 | 0 | 立方米 | 0 | 千米 | 请选择 | 平均运输距离 | | |
| 运输 | 碎片处理1 | 0 | 0 | 千克 二氧化碳 | 0 | 立方米 | 0 | 千米 | 请选择 | 平均运输距离 | | |
| 运输 | 碎片处理2 | 0 | 0 | 千克 二氧化碳 | 0 | 立方米 | 0 | 千米 | 请选择 | 平均运输距离 | | |
| 运输 | 碎片处理3 | 0 | 0 | 千克 二氧化碳 | 0 | 立方米 | 0 | 千米 | 请选择 | 平均运输距离 | | |
| 运输 | 碎片处理4 | 0 | 0 | 千克 二氧化碳 | 0 | 立方米 | 0 | 千米 | 请选择 | 平均运输距离 | | |
| 运输 | 完成修复场地1 | 0 | 0 | 千克 二氧化碳 | 0 | 立方米 | 0 | 千米 | 请选择 | 平均运输距离 | | |
| 运输 | 完成修复场地2 | 0 | 0 | 千克 二氧化碳 | 0 | 立方米 | 0 | 千米 | 请选择 | 平均运输距离 | | |
| 运输 | 完成修复场地3 | 0 | 0 | 千克 二氧化碳 | 0 | 立方米 | 0 | 千米 | 请选择 | 平均运输距离 | | |
| 运输 | 完成修复场地4 | 0 | 0 | 千克 二氧化碳 | 0 | 立方米 | 0 | 千米 | 请选择 | 平均运输距离 | | |
| 运输 | 材料 | 0 | 0 | 千克 二氧化碳 | 0 | 千米 | 0 | 运输次数 | 0.00 | 升 燃油/千米 | 请选择 | 燃油类型 |

图 8-20　复杂输出页面——输出范围结果

3）数据库。

软件中内置数据库基本表示及来源见图 8-21。

| 燃料 | 燃烧时的二氧化碳排放 | | | | 来源/参考 |
|---|---|---|---|---|---|
| 柴油 | 2.67 | 千克 二氧化碳/升 柴油 | | | 应用环境经济研究所（2003） |
| 汽油 | 2.39 | 千克 二氧化碳/升 汽油 | | | 应用环境经济研究所（2003） |
| 液化石油气 | 1.611 | 千克 二氧化碳/升 液化石油气 | | | 应用环境经济研究所（2003） |
| 轻质燃料油 | 2.70 | 千克 二氧化碳/升 轻质家用燃料油 | | | 应用环境经济研究所（2003） |
| 天然气 | 1.77 | 千克 二氧化碳/立方米 气体 | | | 应用环境经济研究所（2003） |
| 坑口煤 | 2.73 | 千克 二氧化碳/千克 碳 | | | 应用环境经济研究所（2003） |
| 生物柴油 | 1.723 | 千克 二氧化碳/升 生物柴油 | | | 能源与环境研究咨询机构 |
| | | | | | |
| 燃料 | 开采、运输和预处理的二氧化碳排放 | | | | |
| 柴油 | 0.4657 | 千克 二氧化碳/升 柴油 | | | W-t-T 欧盟报告，2008 |
| 汽油 | 0.60206 | 千克 二氧化碳/升 汽油 | | | W-t-T 欧盟报告，2008 |
| 液化石油气 | 0.144864 | 千克 二氧化碳/升 液化石油气 | | | W-t-T 欧盟报告，2008 |
| 轻质家用燃料油 | 0.43 | 千克 二氧化碳/升 轻质家用燃料油 | | | W-t-T 欧盟报告，2008 |
| 天然气 | 0.25 | 千克 二氧化碳/立方米 气体 | | | W-t-T 欧盟报告，2008 |
| 坑口煤 | 0.229622 | 千克 二氧化碳/千克 碳 | | | W-t-T 欧盟报告，2008 |
| 生物柴油 | 0.755 | 千克 二氧化碳/升 生物柴油 | 来源：包括埃因霍温理工大学 | | 能源与环境研究咨询机构 |

图 8-21　软件中内置数据库基本表示及来源

8.4.2.3　框架拆解功能阐述

通过选择不同修复技术对应的模块，输入软件中预设的对应内容后，可计算土壤修复和地下水修复中各环节的碳排放。

### 8.4.3 软件数据库与计算逻辑

CARBONAS 数据库基本信息见表 8-6。

表 8-6 CARBONAS 数据库基本信息

| 数据库名称 | 所属模块 | 主要内容 | 来源 |
|---|---|---|---|
| 数据表 1 | 输入 | 各种燃料二氧化碳排放当量、各种材料密度 | 文献、专著、专业部门 |
| 数据表 2 | 输入 | 各种化学反应过程的二氧化碳排放量等 | 研究报告等 |
| 数据表 3 | 输入 | 机械运行的能源消耗、材料生产（或生命周期内）产生的二氧化碳排放 | 已有数据库等 |

计算逻辑：

基本原则为二氧化碳因子法，具体计算中主要遵循以下几点：

1）电力的组成以及由此产生的二氧化碳排放是基于 2007 年和 2008 年的荷兰情况。

2）对于一个修复过程，不能选择多种能源形式。

3）对于耗能设备（如卡车和泵）的 PER 值（能源消耗的潜在环境影响），在其技术寿命期间的能耗（燃料、电力）由于值太小，因此不做考虑。

4）用于修复的建筑材料（如净化建筑、棚屋）的 PER 值不计入其中。

5）不同材料的 PER 值基于常规生产过程，使用灰色电力或化石燃料。如果一种材料是用可再生能源生产的，那么该材料的绝对数量需要通过一个相对数量进行调整，这个相对数量是灰色电力 / 化石燃料每千瓦时的二氧化碳排放量与替代能源之间的相同因子。

### 8.4.4 软件相关政策法规与技术指南

（1）法规政策

1）欧盟碳排放标准：软件的碳排放计算方法符合欧盟相关的碳排放标准和指南。

2）国际土壤修复技术指南：软件参考了国际上通用的土壤和地下水修复技术指南，确保计算模型的科学性和合理性。

3）国家和地方政策：软件考虑了不同国家和地区的环境政策和法规，确保计算结果符合当地要求。

（2）技术指南

1）设备能耗计算：参考设备制造商提供的能耗数据，结合运行时间计算碳排放。

2）材料生产碳足迹：参考材料生产过程中的碳排放数据，结合使用量计算碳排放。

3）运输碳排放计算：参考国际运输碳排放系数，结合运输距离和方式计算碳排放。

4）修复技术碳排放模型：参考国际土壤修复技术指南，结合污染场地数据计算修复过程的碳排放。

## 8.5　$CO_2$ PL 系统

### 8.5.1　软件简介

#### 8.5.1.1　国际背景

（1）全球气候变化议题的升温与碳排放管理的需求

随着全球对气候变化问题的日益关注，《京都议定书》签署后，气候变化和温室气体排放成为国际社会的重要议题。系统化的管理和有效的减排措施是各国政府和组织应对气候变化的重要手段。到 2007 年，国际社会普遍开始认识到仅依靠政府的政策和法律无法全面应对碳排放问题，企业和组织的主动参与也是碳减排的重要环节。

（2）欧洲及全球碳排放政策的逐步强化

欧盟在 2000 年代已开始实施严格的碳排放政策，自 2005 年起欧盟碳排放交易系统（EU ETS）正式运作，成为全球最大的碳市场之一。随着碳排放交易制度的推广，企业面临更加严格的排放配额要求和市场压力。同时，欧盟提出了绿色转型的战略，推动低碳经济的发展，并开始推动绿色采购和环保认证。

（3）企业主动减排的市场需求

随着碳排放政策和市场机制的推行，企业不仅面临政府的合规压力，还需要应对市场对绿色和可持续产品的需求。绿色采购、低碳产品的需求逐渐上升，如何系统化地展示企业或组织的碳管理水平和减排成效，提升市场竞争力，并为其在绿色采购、投标等场合提供优势，减少配额交易成本，成为相关市场的迫切需求。

（4）国际碳减排合作和标准化的推动

在国际气候协议的推动下，尤其是《巴黎协定》的出台，各国和地区的碳减排目标逐步趋同。各大国际组织和机构（如 IISD、ICLEI 等）意识到，企业在减少碳排放和参与全球减排合作中的作用愈加重要，标准化的管理和认证程序，可在较大程度上提高企业减排行动的透明性和可持续性。

8.5.1.2　系统概况

$CO_2$ PL（Performance Ladder）是一个碳排放管理和碳减排实施水平评估的认证系统，该认证系统由 the Foundation for Climate Friendly Procurement and Business （SKAO）联合 International Institute for Sustainable Development（IISD）、Utrecht University、$CO_2$-Logic、ICLEI Europe 等机构、部门于 2009 年设立，本身不提供软件功能，也不提供数据管理或自动化工具，可用作 $CO_2$ 管理系统或采购工具（招标中此认证可能影响其中标机会和报价竞争力）。基于计划—执行—检查—行动周期，重点关注企业或组织的持续的碳减排行动。经长期发展，现得到欧盟各组织、部门、政府的广泛认可。

8.5.1.3　软件相关资料梳理

软件相关资料见表 8-7。

表 8-7　$CO_2$PL 相关资料梳理

| 时间 | 作者 | 资料名称 | 备注 |
|---|---|---|---|
| 2020 | Vastbinder | Handboek $CO_2$ -PerstatieLadder 3.1 | $CO_2$ PL 工具指南 |
| 2023 | SKAO | $CO_2$ Performance Essentials SKAO | $CO_2$ PL 详细说明 |
| 2023 | IISD | The $CO_2$ Performance Ladder as a Tool for Low-Carbon Procurement | $CO_2$ PL 用于招标采购的说明 |
| 2023 | Ronja Bechauf | $CO_2$ PL-Legal FQA | 详细法规政策 |
| 2024 | Valérie Cappuyns | Carbon footprint calculations in the soil remediation sector: A comparative analysis | 使用了 $CO_2$ PL、SEFA、SRT 工具 |

## 8.5.2　软件框架、界面与功能

### 8.5.2.1　框架拆解

认证功能：

提供 5 个等级的标准认证功能，通过对组织的碳排放进行评估，设定减少目标，并监控其实施情况实现温室气体排放的管理和降低。

1）提高碳管理透明度：提供清晰的框架，促使相关部门或组织公开其碳排放数据，并向公众和利益相关方展示其减排成效。

2）满足法规要求：许多政府部门和公共机构将 $CO_2$ PL 认证作为合作和招标的一个重要要求。

3）提升市场竞争力：通过获得 $CO_2$ PL 认证，企业可以提升其在绿色采购和可持续发展方面的声誉和竞争力。

$CO_2$ 输出：

$CO_2$ PL 提供一套标准化的 $CO_2$ 排放因子，将能源消耗（如电力、天然气、燃料等）转换为二氧化碳当量。这些排放因子基于最新的科学研究和国际数据库，确保计算结果的准确性和一致性。组织可以使用这些因子来计算其运营活动的碳排放量。$CO_2$ PL 系统提供了手册和特定网站，提供了精确到国家的各类能源消耗的二氧化碳当量排放因子。

（1）排放清单编制

申请认证组织需要编制详细的排放清单，涵盖以下方面：

范围 1：直接排放，如自有设备的燃料燃烧、工艺排放等。

范围 2：间接排放，如购买的电力、热力或蒸汽的生产过程中产生的排放。

范围 3：其他间接排放，如供应链排放、产品使用过程中的排放、废弃物处理等。

对于每个排放源，组织需要收集相关的活动数据（如能源消耗量、产品使用量等），并结合相应的排放因子计算出二氧化碳当量。

（2）考虑范围 3 排放

$CO_2$ PL 强调范围 3 排放的核算和管理。组织需要识别和评估其供应链中的主要排放源，并通过供应链分析和合作来减少这些排放。例如，组织可以通过与供应商合作，要求其提供低碳产品或服务，从而间接减少自身的碳足迹。

（3）持续改进和验证

$CO_2$PL 强调基于“计划—执行—检查—行动”（PDCA）循环的持续改进。组织需要定期更新其排放清单，验证减排措施的有效性，并根据实际情况调整其碳管理策略。通过这种方式，组织可以确保其二氧化碳当量计算的准确性和可靠性。

（4）第三方验证

为了确保计算结果的可信度，$CO_2$PL 要求组织的排放清单和减排措施经过第三方验证。这些验证机构会根据国际标准（如 ISO 14064：2006）对组织的碳排放数据进行审核，并提供验证报告。

8.5.2.2　功能阐述

1）确定企业或组织的不同能源流和碳足迹，通过遵循不同程度的碳减排措施获得对应等级的认证（表 8-8）。

表 8-8　$CO_2$PL 各等级认证能力

| 二氧化碳排放目标水平 | 奖励优势 | 原则 |
|---|---|---|
| 水平 5 | 10% | 成为行业的领导者，全面实施碳管理，推动创新和持续改进 |
| 水平 4 | 7% | 进行更高效的碳管理并与外部合作 |
| 水平 3 | 4% | 实施具体减排措施并验证减排效果 |
| 水平 2 | 2% | 制订减排计划并设置目标 |
| 水平 1 | 1% | 基础要求，包括了解和报告排放数据 |

2）提供精确（区域）的各类能源消耗产生的二氧化碳当量的排放因子，用于市场组织计算二氧化碳。

## 8.5.3　软件数据库与计算逻辑

根据申请认证的等级不同，对碳排放管理实施不同程度的制约管理。

如要获取 $CO_2$PL 的水平 5 认证：

1）企业拥有完善的碳管理体系，包括全面的碳排放数据监控和报告机制。

2）应用先进的低碳技术，如替代燃料、碳捕集和封存（CCS）、可再生能源等。

3）需要向供应链传递低碳要求，确保上下游合作伙伴也在碳减排方面表现良好。

4）证明企业在减排过程中具有创新性并推动行业的碳减排发展。

一般所需材料：

1）碳排放基准数据和监测报告；

2）详细的减排目标和计划；

3）已实施的减排措施和其成效的证明；

4）第三方审核报告和认证文件；

5）持续改进措施和未来发展计划。

（1）数据库

比利时能源消耗转化为 $CO_2$ 排放当量的二氧化碳排放因子数据库。

（2）计算逻辑

$CO_2$ PL 本身只提供特定区域内的能源二氧化碳排放因子，为组织、企业计算二氧化碳的当量提供参考，碳排放计算结果和碳减排实施成效由企业自身进行计算，再经第三方认证机构审核后提交。

## 8.5.4 软件相关政策法规与技术指南

（1）法规政策

1）支持《巴黎协定》目标。

2）《欧盟气候行动法》。

3）根据在不同国家的应用，合理调整标准系统以符合标准当地的碳排放法规和减排政策。

（2）技术指南

1）GHG Protocol：全球最广泛使用的温室气体核算标准之一，提供了详细的指南和方法，用于核算企业或组织的温室气体排放。$CO_2$ PL 使用 GHG Protocol 的方法来划分排放范围（范围 1、范围 2 和 范围 3），并根据这些范围计算二氧化碳当量。

2）ISO 14064：2006：这是一套关于温室气体核算和验证的国际标准。$CO_2$ PL 要求组织按照 ISO 14064:2006 的要求编制温室气体排放清单，并根据 ISO 14064：2006 第三部分进行验证。

# 8.6 GRATJ 软件

## 8.6.1 软件简介

8.6.1.1 国际背景

GRATJ（Green Remediation Tool for Japan）软件的开发是在全球土壤污染问题日益严重、绿色和可持续修复（GSR）概念兴起、生命周期评估（LCA）方法广泛应用以及国际环境政策和法规推动的背景下进行的。在日本，虽然之前已经开发出用于计算和比较修复方法产生的二氧化碳排放量的模型，但由于当时缺乏库存数据，该模型仅限于二氧化碳排放的评估。因此，日本结合自身的土壤污染治理需求，开发了这套科学、全面的评估工具，以实现土壤污染治理的环境效益、社会效益和经济效益的最大化。

8.6.1.2 软件概况

2016 年日本国立先进工业科学技术研究所（AIST）与东京都环境局、竹中工务店开发研究所基于生命周期评估的模型，联合开发电子表格软件 GRATJ。旨在提供一个量化工具，评估比较日本污染土壤各种对策的环境影响，帮助决策者和从业者选择最合适的修复方法。该工具采用基于生命周期评估（LCA）的模型，计算修复活动生命周期中的库存输入 / 输出。

模型特点与优势：

全面的对策覆盖：该工具能够评估 19 种对策，包括针对重金属和挥发性有机化合物污染的土壤修复方法，涵盖了日本土壤污染对策法中约 90% 的方法。

丰富的库存输入 / 输出评估：与以往研究中使用的工具相比，GRATJ 软件能够评估的库存输入 / 输出种类更多，这有助于决策者更好地理解每个库存输入 / 输出对总输入 / 输出的贡献。

综合的环境与社会影响评估：GRATJ 软件使用了基于终点建模的生命周期影响评估方法（LIME2），该方法考虑了人类健康、社会资产、生物多样性和初级生产等影响类别，能够更全面地评估修复活动的环境和社会影响。

8.6.1.3 软件相关的资料梳理

与 GRATJ 软件相关资料见表 8-9。

表 8-9 软件相关资料

| 时间 | 作者 | 资料名称 | 备注 |
|---|---|---|---|
| 2016 | Yasutaka T, Zhang H, Murayama K, et al | Development of a green remediation tool in Japan | https://doi.org/10.1016/j.scitotenv.2016.01.018 |

## 8.6.2 软件框架、界面与功能

8.6.2.1 框架拆解

（1）输入模块

目标场地数据：用户输入目标场地的基本数据，如污染土壤的体积、深度、污染物类型等。

修复方法选择：用户选择要评估的修复方法，软件支持 19 种不同的修复方法，包括 14 种重金属污染和 12 种挥发性有机物（VOCs）污染的修复方法。

（2）评估模块

生命周期评估（LCA）模型：

库存输入 / 输出计算：通过活动量（如汽油消耗、标准型钢生产）乘以每个活动量的基本库存输入 / 输出单位来计算。

过程流程：构建 19 种目标修复方法的过程流程，详细描述每个修复方法的步骤和系统边界。

活动量计算：基于 COCARA 模型，计算每个子步骤的活动量，评估 40 个活动量，涵盖材料使用、能源消耗和运输等方面。

基本库存输入 / 输出单位数据库：使用 MiLCA 的 IDEA 数据库中的 130 个库存输入 / 输出单位。

环境影响评估：

库存分析：计算每个修复方法的 130 个库存输入 / 输出。

特征化：将库存输入 / 输出分类到 9 个影响类别中，如全球变暖、城市空气污染、资源消耗等。

整合：将 9 个影响类别整合到 4 个综合终点（人类健康、社会资产、生物多样性、初级生产力）和 1 个单一指数（图 8-22）。

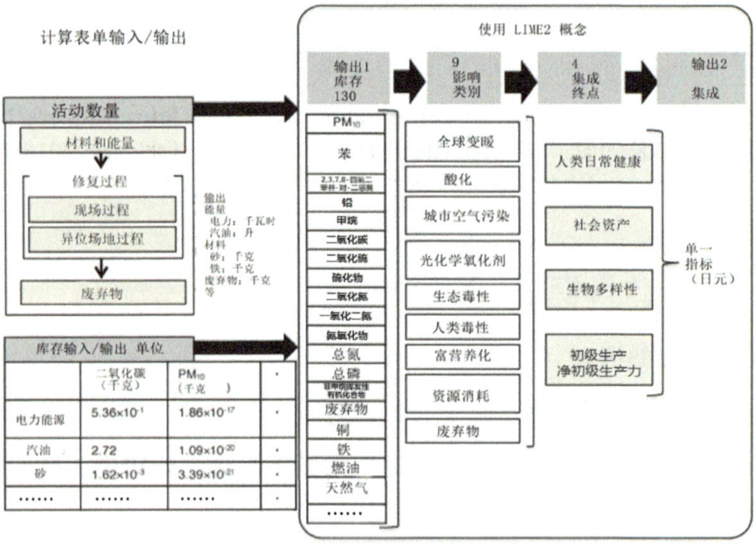


图 8-22 研究方法的简化计算流程

资料来源：Development of a green remediation tool in Japan。

3）输出模块

综合结果展示包括图表和指数及详细报告。

图表和指数：通过简单的图表和指数，展示不同修复方法的环境影响，便于决策者和从业者理解。

详细报告：提供详细的库存分析和综合影响评估，帮助用户识别主要的环境影响因素。

8.6.2.2 功能阐述

（1）评估 14 种重金属污染和 12 种挥发性有机物（VOCs）污染的修复方法，涵盖 19 种不同的修复措施。

（2）可以评估 130 个库存输入 / 输出，包括 $CO_2$、$SO_x$、$NO_x$、$PM_{10}$ 等排放物和资源消耗，有助于决策者更好地了解每一库存投入 / 产出对总投入 / 产出的贡献。

（3）包括环境影响和社会影响，共 9 个影响类别，分别为全球变暖、城市空气污染、资源消耗、酸化、富营养化、人类毒性、生态毒性、土地占用、水体占用。将 9 个影响类别整合到 4 个综合终点（人类健康、社会资产、生物多样性、初级生产力）和 1 个单一指数中，以便更直观地比较不同修复方法的总体环境影响。

### 8.6.3　软件数据库与计算逻辑

8.6.3.1　MiLCA 环境分析库存数据库（IDEA）

数据来源：日本环境管理协会（Japan Environmental Management Association for Industry）提供的最新数据库之一。

数据内容：包含 130 个库存输入 / 输出单位，涵盖 3 825 个过程数据，包括统计和基于过程的数据。

数据类型：包括能源消耗（如汽油、柴油、电力）、材料生产（如标准型钢、水泥、沥青）、资源消耗（如石油、煤炭、天然气）等。

8.6.3.2　计算逻辑

（1）输入数据

目标场地数据：输入基本数据，如污染土壤的体积、深度、污染物类型等。

修复方法选择：选择要评估的修复方法，软件支持 19 种不同的修复方法。

（2）活动量计算

基于 COCARA 模型，计算每个子步骤的活动量。例如，挖掘和运输污染土壤的活动量包括汽油消耗、标准型钢使用量等。

（3）库存输入 / 输出计算

通过活动量乘以每个活动量的基本库存输入 / 输出单位来计算库存输入 / 输出。

（4）环境影响评估

库存分析：计算每个修复方法的 130 个库存输入 / 输出，如 $CO_2$、$SO_x$、$NO_x$、$PM_{10}$ 等排放物和资源消耗。

特征化：将库存输入 / 输出分类到 9 个影响类别中，即全球变暖、城市空气污染、资源消耗、酸化、富营养化、人类毒性、生态毒性、土地占用、水体占用。

整合：将 9 个影响类别整合到 4 个综合终点（人类健康、社会资产、生物多样性、初级生产力）和 1 个单一指数中，以便更直观地比较不同修复方法的总体环境影响。

# 8.7 绿色修复指数工作手册

## 8.7.1 软件简介

### 8.7.1.1 国际背景

EPA 发布绿色修复指标工作手册（Greener Cleanup Metrics Workbook），旨在将其作为记录和报告绿色修复核心要素指标的工具，这些要素在 EPA 发布的绿《色修复原则》（*Principles for Greener Cleanups*）中进行了明确阐述[1]。

绿色修复原则适用于根据超级基金、资源保护和恢复法案（RCRA）纠正行动或棕地计划或通过自愿计划开展的修复项目。通过该工具获得的定量信息可以帮助修复利益相关者了解特定场地修复活动的环境足迹，随后确定最佳管理实践（BMP）以减少特定部分的环境足迹。有关已实施或计划的 BMP 的信息通常记录在随附的项目记录中。

该工具由 EPA 工程论坛的绿色修复小组开发，旨在提供一种统一的方法来收集美国各地区和 EPA 修复计划的足迹指标。在发布之前，该工作手册已由 EPA 研发办公室进行了试点测试。EPA 地区办事处可自行选择是否将该工作手册用于特定计划或地点。

### 8.7.1.2 软件概况

Greener Cleanup Metrics Workbook V1.0 于 2019 年 10 月发布，是一个用于记录绿色修复核心要素指标的工具。该工具记录了有关特定修复项目期间使用的材料、水和能源以及产生的废物的指标。这些指标侧重于与修复直接相关的活动，例如建造监测井或将材料和人员运送到现场和从现场运出。这些指标旨在帮助用户通过相对快速和简单的数据收集，大致了解修复所涉及的资源或废物的规模。

这套指标不考虑支持场外活动所需的材料、水和能源的生命周期。由于区域空气质量标准和目标存在很大差异且很复杂，这些指标不涉及温室气体和其他空气排放物的产生。涉及此类指标的详细足迹分析，EPA 鼓励使用环境足迹分析电子表格（SEFA），该工作簿专为修复项目或计划经理使用而设计。

---

① 资料来源：https://www.epa.gov/greenercleanups/epa-principles-greener-cleanups。

联邦、州或地方机构的其他决策者也可以通过使用该工作簿获得有用的信息。根据场地复杂性等因素，项目经理可能会要求相关修复服务承包商或责任方收集所需信息并使用工作簿报告指标。

该工作簿的输入基于现场文档中通常存在的信息，例如每月进度报告或常规材料（如公用事业发票和装运清单）。在某些情况下，输入可以基于现场人员提供的估算。可以收集输入以反映每月、每年或自定义间隔（如现场调查或修复施工的持续时间）。工作簿允许用户决定是否以“Resources Used”（资源使用量）或“Resources Conserved”（资源节约量）或两种术语来报告指标。此决定可能基于项目方面，例如，部署的修复技术类型或处理的场地污染类型。

8.7.1.3 软件相关资料梳理

与软件相关的资料梳理见表 8-10。

表 8-10 Greener Cleanup Metrics Workbook 相关资料梳理

| 时间 | 作者 | 资料名称 | 备注 |
|---|---|---|---|
| 2019 | EPA 绿色修复小组 | Greener_Cleanup_Metrics_Workbook_V1.0 | 基于 Excel 开发的工具 |

## 8.7.2 软件框架、界面与功能

8.7.2.1 框架拆解

软件框架拆解如下：

（1）收集更环保的修复指标

通过有效管理项目记录，如购买收据、运输清单和工作订单，有助于轻松收集有关运行中修复方案的信息，以用作工作簿输入。在没有这些记录或信息来源种类混杂的情况下，采用专业判断可以获得对所使用或节约资源的相对理解。在修复项目的早期阶段，例如评估修复措施替代方案或修复设计时，使用专业判断来估计资源可能会受益于应用 EPA“Methodology for Understanding and Reducing a Project’s Environmental Footprint”（了解和减少项目环境足迹的方法论）报告中概述的概念。为了将来参考，有关这些估计基础的信息应该记录在用户添加的“Notes & Calculations”（备注和计算）电子表格或补充电子表格中。

（2）记录场地信息

应在“Site Information”电子表格中输入有关站点的基本信息（如名称、位置和修复方案描述）。对于大型站点或复杂的修复方案，可能还需要包括指定一个不同的“单元”，如 CERCLA 可操作单元、RCRA 危险废物管理单元，或一个非正式但常用的名称或描述。在此电子表格中输入的信息将自动填充到“Resources Used”（使用资源）、“Recourses Conserved”（节约资源）和“Summary Table”（摘要表）电子表格的顶部。

（3）报告资源使用量或资源节约量

这些指标可以根据“Resources Used”（使用资源）、“Recourses Conserved”（节约资源）或两种方式进行编制和报告。工作簿包含两种报告方法的单独电子表格，以及旨在帮助用户准备相关输入的支持性“Calculations”（计算）电子表格：

“Resources Used”电子表格报告了用于现场活动或运输的材料、水和能源的使用情况，以及现场产生的废物。材料类别包括从再利用或回收来源获取的材料。能源类别包括来自可再生能源的电力。废物类别包括在现场或离场上重复使用或回收的废物。在某些情况下，资源可能被视为“使用的材料”和“生成的废物”：例如，由于必要的树木移除而产生的木质废物可能被用作有益于土地恢复的有机材料。关于再利用或回收材料和废物以及可再生能源使用的信息应记录在电子表格提供的“Notes on Inputs”（输入备注）部分。

“Recourses Conserved”电子表格报告了基于用户识别的最相关和特别感兴趣的基线条件而避免用于现场活动和运输的材料、水和能源使用以及废物生成。例如，可将用于修复建设或运营的实际资源使用与原始修复设计中描述的资源进行比较，或者可以将资源使用率从一年到下一年进行比较。用于确定某一资源已被节约的基线和标准应该记录在电子表格提供的“Notes on Inputs”（输入备注）部分。

（4）确定指标报告的时间框架

资源报告要求用户根据指标的预期使用来界定修复项目的边界。这些边界通常涉及时间参数，如季度或年度；特定修复阶段的持续时间，如现场表征、修复建设或长期修复运营和维护；或捕捉有关修复修改的“前”和“后”条件的时间范围。为了提供这种灵活性，工作簿提供了自定义输入频率的选项，否则默认为 12 个月的周期。

（5）使用“Calculations”（计算）电子表格

该工作簿包括三个“Calculations”电子表格，以帮助用户准备数据输入，并将其传输到“Resources Used”和“Recourses Conserved”电子表格中，在那里报告计数。

“Materials Calculations”（材料计算）提供了一个格式，用于汇总与现场活动相关的各种材料。

“Waste Calculations”（废物计算）提供了一个格式，用于汇总与现场活动相关的各种废物。

“Energy Calculations”（能源计算）提供了一个格式，用于根据常见的现场参数，如运行时间或行驶距离，计算用于现场机械设备操作或运输的燃料。

工作簿还包含一个“Multiple Metrics - Wells”（多指标 – 井）电子表格，旨在捕捉与安装井相关的混合资源和废物，这在大多数现场用于现场调查、修复实施或现场监测。该电子表格帮助用户根据诸如井直径和深度等输入汇总材料类型、废物类型和水量。

由于相对容易从公共水务公司等计量系统收集数据，工作簿不包含专门用于水相关指标的计算电子表格。用户可以使用“Additional Notes and Calculations”（附加备注和计算）电子表格汇总从多个来源获取的水量或通过多个工艺流程生成的废水。

8.7.2.2　界面分析

（1）工作表 1“Site Information (Input)”

用于输入修复场地相关的基本信息，包括场地名称、地点，或将大型复杂污染场地修复项目拆分为单元进行描述。

（2）工作表 2“Resources Used (Input)”

工作表 1 填写的场地基本信息会自动出现在工作表 2 的最上方。

基本信息下，对材料、废物、水和能源四类核心指标进行使用量的记录，默认时间尺度是一个月记录一次，时间总周期为一年。使用量会自动加和在最终的“Total Resources Used”单元格中。最下方为用户提供表格进行其他相关信息的备注。

该界面记录的指标见表 8-11。

**表 8-11 Greener Cleanup Metrics Workbook 中记录的基本指标**

| 核心元素 | 指标 | 计量单位 |
|---|---|---|
| 材料 | 使用的精炼材料 | 吨 |
| | 使用的未精炼材料 | 吨 |
| 废物 | 产生的有害废物 | 吨 |
| | 产生的无害废物 | 吨 |
| 水 | 使用的公共水 | 兆克 |
| | 使用的地下水 | 兆克 |
| | 产生的废水 | 兆克 |
| | 其他水 | 兆克 |
| 能源 | 使用的电网电力 | 兆瓦时 |
| | 设备使用的柴油 | 加仑 |
| | 运输使用的柴油 | 加仑 |
| | 设备使用的汽油 | 加仑 |
| | 运输使用的汽油 | 加仑 |
| | 其他能源 | （可变） |

（3）工作表 3“Resources Conserved（Input）”

工作表 3 结构与工作表 2 完全一致，计算内容由“消耗量”转变为“节约量”。

（4）工作表 4“Summary Table”

将相关指标的消耗量和节约量进行汇总，如图 8-22 所示。其他结构与工作表 2、工作表 3 一致。

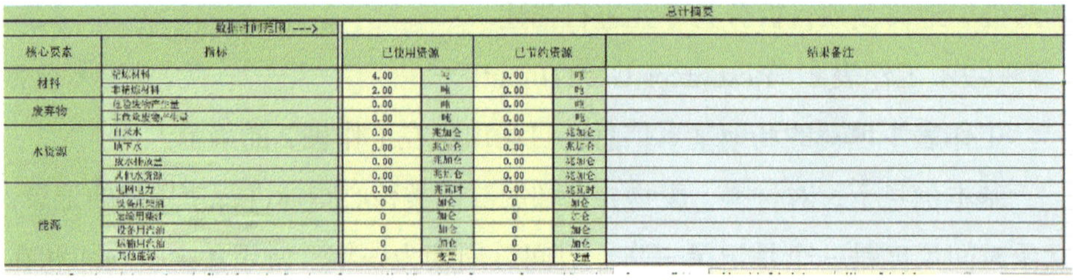


图 8-22 “Summary Table”部分界面

（5）工作表 5 “Materials Calculations”

可以使用该工作表计算使用和节约的材料数量。此表仅用作计算器，不与“Resource”（资源）工作表链接。用户必须手动将下表中的结果输入到相应的“Resource”工作表中。将第 24 行和第 43 行的总数转移到“Resources Used”（使用资源）工作表，将第 68 行和第 87 行的总数转移到“Resources Conserved”（节约资源）工作表。

该工作表共有 4 个表格，分别计算精炼材料使用、非精炼材料使用、精炼材料节约、非精炼材料节约，各表格结构一致，如图 8-24 所示。

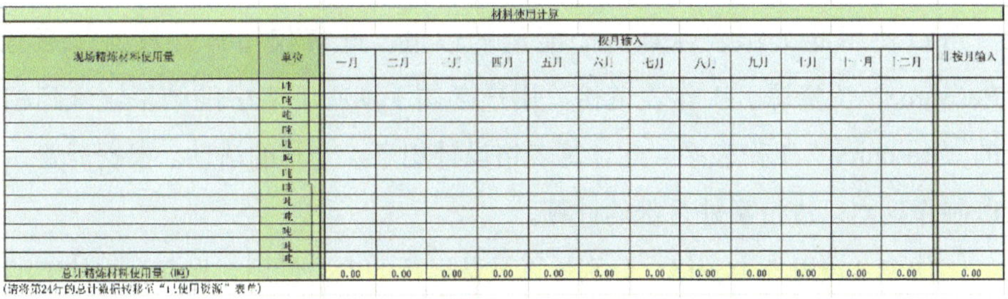


图 8-24　“Materials Calculations”界面（以计算精炼材料使用为例）

（6）工作表 6 “Waste Calculations”

可以使用该工作表计算生成和避免的废物量。此表仅用作计算器，不与“Resource”（资源）工作表链接。用户必须手动将下表中的结果输入到相应的“资源”工作表中。将第 24 行和第 43 行的总数转移到“Resources Used”工作表，将第 68 行和第 87 行的总数转移到“Resources Conserved”工作表。

该工作表同样设置四个表格，分别计算有害废物产生、无害废物产生、有害废物避免、无害废物避免，各表格结构一致，如图 8-25 所示。

| 废弃物产生计算 | | | | | | | | | | | | | | |
|---|---|---|---|---|---|---|---|---|---|---|---|---|---|---|
| 现场危险废物产生量 | 单位 | 按月输入 | | | | | | | | | | | | 非按月输入 |
| | | 一月 | 二月 | 三月 | 四月 | 五月 | 六月 | 七月 | 八月 | 九月 | 十月 | 十一月 | 十二月 | |
| | 吨 | | | | | | | | | | | | | |
| | 吨 | | | | | | | | | | | | | |
| | 吨 | | | | | | | | | | | | | |
| | 吨 | | | | | | | | | | | | | |
| | 吨 | | | | | | | | | | | | | |
| | 吨 | | | | | | | | | | | | | |
| | 吨 | | | | | | | | | | | | | |
| | 吨 | | | | | | | | | | | | | |
| | 吨 | | | | | | | | | | | | | |
| | 吨 | | | | | | | | | | | | | |
| | 吨 | | | | | | | | | | | | | |
| | 吨 | | | | | | | | | | | | | |
| | 吨 | | | | | | | | | | | | | |
| 总计危险废物产生量（吨） | | 0.00 | 0.00 | 0.00 | 0.00 | 0.00 | 0.00 | 0.00 | 0.00 | 0.00 | 0.00 | 0.00 | 0.00 | 0.00 |

（请将第24行的总计数据转移至"已使用资源"表单）

图 8-25 "Waste Calculations"界面（以计算有害废物产生为例）

（7）工作表 7 "Energy Calculations"

可以使用此工作表计算所需能量的数量。此表仅用作计算器，不与"Resource"（资源）工作表链接。用户必须手动将下表中的结果输入到相应的"Resource"工作表中。此计算表格设计用于 1 个月的活动。根据需要，可以制作副本以进行额外月份的计算。

工作表 7 设置 5 个表格，分别计算设备运行的电力使用、设备运行的柴油使用、运输的柴油使用、设备运行的汽油使用、运输的汽油使用，关于设备运行的三个表格结构一致，关于运输过程的两个表格结构一致，如图 8-26 所示。在设备运行的电力使用计算表中，特别提醒该表旨在详细列出单个设备或集成系统所用的电量，这些设备的用电量通常以 kW·h 为单位。在"Resource"工作表中输入电量时，需将计算出的总电量转换为 MW·h 为单位。

| 设备运行耗电量 | | | |
|---|---|---|---|
| 设备名称 | 设备功率（HP） | 运行时间（小时） | 耗电量（kWh） |
| | | | 0 |
| | | | 0 |
| | | | 0 |
| | | | 0 |
| | | | 0 |
| | | | 0 |
| | | | 0 |
| | | | 0 |
| | | | 0 |
| | | | 0 |
| 设备运行总耗电量 | | | 0 |

（本表用于详细记录单个设备或集成系统的电力消耗，通常以千瓦时（kWh）计算。计算总消耗用电量应换算为兆瓦时（MWh），然后输入"资源"选项卡中。）

| 交通运输柴油消耗量 | | | |
|---|---|---|---|
| 运输方式 | 燃油效率（mpg） | 总行驶距离（英里） | 柴油消耗量（加仑） |
| | | | 0 |
| | | | 0 |
| | | | 0 |
| | | | 0 |
| | | | 0 |
| | | | 0 |
| | | | 0 |
| | | | 0 |
| | | | 0 |
| | | | 0 |
| 总柴油消耗量 | | | 0 |

图 8-26 "Energy Calculations"界面
（以计算设备运行的电力使用和运输的柴油使用为例）

计算表格下提供了相关的数据参考（两个参考表），数据参考说明如下：

1）参考图 8-26 以获取设备类型和代表性马力。

2）计算使用设备负载系数 75% 和设备效率 75% 来代表运行效率较高的电机。

3）计算使用设备负载系数 75% 来代表运行效率较高的电机，以及制动比油耗（BSFC）值为 0.05 马力小时。

4）参考图 8-26 以获取空载车辆的典型燃油经济性。

5）计算使用设备负载系数 75% 来代表运行效率较高的电机，以及制动比油耗（BSFC）值为 0.056 马力小时。

参考表格的具体信息将在 8.7.3 软件数据库与计算逻辑部分列出。

（8）工作表 8“Multiple Metrics – Wells”

可以使用该工作表计算建造指定类型、深度和直径的井所涉及的材料、水和废物量。此表格不与“Resource”（资源）工作表链接。用户必须将在下方“Resources Required - 1”表格中计算的估算量与输入到适当“Resource”工作表相关部分的其他数据整合。该工作表初步提供两组井建造工作表，两组表格完全一致。每个井建造工作表分为三个表格，分别是“Well Details”（井细节）、“Resources Required”（所需资源）以及“Pounds per Foot of Well Length”（每英尺井长磅数）。界面如图 8-27 所示。在“Well Details”表中填写相关信息，即可在“Resources Required”表中得到相关的资料消耗量，“Pounds per Foot of Well Length”表提供数据参考，具体信息将在 8.7.3 软件数据库与计算逻辑中列出。

| 井详情-1 | |
|---|---|
| 井类型 | |
| 井套管材料 | |
| 井总深度（单位：英尺）（从地表到井底，包括滤水管） | |
| 过滤网长度 | |
| 井套管直径（单位：英寸） | |
| 井口露出高度（单位：英尺，若适用） | |
| 井的数量 | |

| 所需资源-1 | | |
|---|---|---|
| 套管材料 | | 磅 |
| 过滤网材料 | | 磅 |
| 环空注浆材料（水泥） | | 磅 |
| 环空注浆用水（用于水泥混合） | | 加仑 |
| 砂包材料（砾石/砂） | | 磅 |
| 需处理的土壤钻屑 | | 磅 |
| 废弃井注浆材料 | | 磅 |
| 废弃井注浆用水 | | 加仑 |

| | 井施工材料因子 | | | | | | | | |
|---|---|---|---|---|---|---|---|---|---|
| 井径 | SCH 40 PVC 套管 | SCH 80 PVC 套管 | SCH 40 钢套管 | SCH 80 钢套管 | 用户自定义套管 | 环空注浆材料 | 废弃井注浆材料 | 环空砂 | 需处理的钻屑 |
| 2英寸 | 0.69 | 0.94 | 3.65 | 5.02 | | 13 | 2 | 19 | 22 |
| 4英寸 | 2.03 | 2.82 | 10.79 | 14.98 | | 19 | 6 | 29 | 39 |
| 6英寸 | 3.58 | 5.38 | 18.97 | 28.57 | | 25 | 14 | 39 | 61 |
| 8英寸 | 5.39 | 8.18 | 28.55 | 43.39 | | 32 | 25 | 48 | 87 |
| 10英寸 | 7.64 | 12.1 | 40.48 | 64.43 | | 38 | 40 | 58 | 119 |
| 12英寸 | 10.1 | 16.7 | 53.52 | 88.63 | | 45 | 57 | 68 | 155 |

图 8-27 “Multiple Metrics - Wells”界面（以其中一组表格为例）

（9）标准化与格式化

1）计量单位。

请使用工作簿中各表格中指示的计量单位，包括“Resources Used”和“Resources Conserved”电子表格中的计量单位。例如，不要更改单位的比例[例如，将水量单位从百万加仑（MG）更改为加仑]或更改单位制度（例如，将燃料单位从加仑更改为升）。为了保持一致性，指示的单位与类似工具（如EPA的“Methodology for Understanding and Reducing a Project's Environmental Footprint，理解和减少项目环境足迹的方法论”）中使用的单位相匹配。

2）支持信息的保留。

为保持一致性，请注意“Calculations”电子表格中存储的公式和其他信息可能会在后续报告指标或必要时在项目环境足迹的详细分析中使用。“Additional Notes & Calculations”（附加备注和计算）电子表格提供了更多空间，用于记录用户计算或估算的额外或独特细节，或经常引用的信息。例如，该电子表格可以用于指定如何将精炼材料的数量从加仑单位转换为吨单位。鼓励用户根据需要添加电子表格，以记录工作簿输入。

3）格式化。

单元格颜色：蓝色底（未锁定）的单元格用于数据输入或在某些情况下用于调整默认设置。绿色底（已锁定）的单元格包含数据标签和补充描述或参考，需要保持数据报告的一致性。黄色底（已锁定）的单元格包含自动计算。

每个电子表格的Excel“视图”级别默认为标准的100%放大级别。可以根据查看需求进行调整。例如，如果出现被截断的文本，可以通过更高的“缩放”级别完全查看。

8.7.2.3　功能阐述

通过该工具统计修复活动过程中资源、废物、水和能源等指标的消耗量，这些指标的统计结果可以用来：

1）衡量任何特定场地在一段时间内减少材料、能源和水使用的进展。

2）制定并确定有助于减少特定场地材料、能源和水使用量的潜在BMP的优先顺序。

3）衡量该机构超级基金、RCRA纠正行动和棕地计划的某些目标的实现进展。

4）评估 EPA 关于绿色修复的区域政策的实施情况。

5）找出特定地点减少修复活动对环境影响的成功策略案例。

## 8.7.3　软件数据库与计算逻辑

8.7.3.1　数据库

（1）能源消耗计算部分

该工具在“Energy Calculations”工作表中提供了一定的数据，如设备类型及代表马力（表 8-12）和空载车辆的典型燃油经济性（表 8-13）。

表 8-12　设备类型及代表马力①

| | |
|---|---|
| 沥青摊铺机（150 ps） | 撒布机（20 ps） |
| 反铲装载机（100 ps） | 集成工具运输车（100 ps） |
| 混凝土铺路机（200 ps） | 装载机（200 ps） |
| 推土机 – 大型（200 ps） | 装载机 – 小型（75 ps） |
| 推土机 – 小型（100 ps） | 移动实验室（25 ps） |
| 钻探 – 直接推（60 ps） | 割草机（5 ps） |
| 钻探 – 大型钻机（500 ps） | 骑乘式沟槽机（55 ps） |
| 钻探 – 中型钻机（150 ps） | 压路机（100 ps） |
| 自卸卡车（400 ps） | 旋转螺杆式空气压缩机 – 250 立方英尺 / 分钟（60 ps） |
| 挖掘机 – 大型（250 ps） | 滑移装载机 – 小型（60 ps） |
| 挖掘机 – 中型（175 ps） | 伸缩臂叉装车（60 ps） |
| 挖掘机 / 锄 – 小型（75 ps） | 拖拉机割草机（25 ps） |
| 发电机 – 马力可变 | 水车（400 ps） |
| 平地机（175 ps） | 木材削片机 – 小型工业（75 ps） |
| 注浆泵（20 ps） | 木材削片机 – 大型工业（275 ps） |

注：设备类型有多种发动机尺寸可供选择。如果已知具体尺寸，应使用现场特定尺寸。在没有具体信息的情况下，上述“代表性马力”仅作为一般指导。

① 1 ps ≈ 735 W。

**表 8-13　空载车辆的典型燃油经济性**

| |
|---|
| 3 级中型柴油车：13 mi①/gal② |
| 4 级中型柴油车：10 mi/gal |
| 5 级和 6 级中型柴油车：8 mi/gal |
| 7 级重型和 8 级特种柴油车：6 mi/gal |
| 注：特定轻型卡车、货车、运动型多功能车和汽车的估计燃油经济性可在 https://www.fueleconomy.gov/ 查询。 |

（2）建造井计算部分

建造井计算部分提供建造井壁材料因子，见表 8-14。

**表 8-14　每英尺井长的井壁材料因子**

| 井径 | SCH 40 PVC 套管 | SCH 80 PVC 套管 | SCH 40 钢套管 | SCH 80 钢套管 | 用户自定义套管 | 注浆至弃井环空 | 注浆至环空顶部 | 环空砂 | 钻屑处理 |
|---|---|---|---|---|---|---|---|---|---|
| 2 in③ | 0.69 | 0.94 | 3.65 | 5.02 | | 13 | 2 | 19 | 22 |
| 4 in | 2.03 | 2.82 | 10.79 | 14.98 | | 19 | 6 | 29 | 39 |
| 6 in | 3.58 | 5.38 | 18.97 | 28.57 | | 25 | 14 | 39 | 61 |
| 8 in | 5.39 | 8.18 | 28.55 | 43.39 | | 32 | 25 | 48 | 87 |
| 10 in | 7.64 | 12.1 | 40.48 | 64.43 | | 38 | 40 | 58 | 119 |
| 12 in | 10.1 | 16.7 | 53.52 | 88.63 | | 45 | 57 | 68 | 155 |

资料来源：表中的大部分信息来自 EPA 的“Methodology for Understanding and Reducing a Project’s Environmental Footprint”（理解和减少项目环境足迹的方法论），2012 年 2 月。Schedule 80 PVC、Schedule 40 钢材和 Schedule 80 钢材的额外材料重量因素来自 Johnson Filtration Systems Inc.1986 年出版的《地下水和井》（第二版）（*Groundwater and Wells, Second Edition*）。

关于用户自定义套管的注释：本工作表中的“USER DEFINED Casing”（用户自定义套管）功能可用于计算除提供的四种选项之外，由材料或尺寸（规格）构建的井所需的材料量。要使用此功能，请在“Well Details”（井

① 1 mi ≈ 1.61 km。

② 1 gal ≈ 3.79 L。

③ 1 in = 2.54 cm。

详情）表中的""Well Casing Material"（井套管材料）下拉菜单中选择"USER DEFINED Casing"（用户自定义套管），然后在对应井径的"Well Construction Materials Factors"（井建设材料因素）表的"User Defined Casing"（用户自定义套管）列中添加适当的"pounds per foot of well length"（每英尺[①]井长磅数）因素。因此，要想使用该功能，用户必须找到或开发特定材料、规格和管径的独特的"每英尺井长磅数"因素。

计算注释：

1）筛管的计算假设筛管的重量等于套管的重量。

2）注浆材料、沙包材料和待处理钻屑的计算假设套管周围的环空直径比套管大 4 英寸。

3）注浆值是未混合水泥的重量，假设 6 gal 水与 94 lb[②] 纯水泥混合，混合密度为 15 lb/gal（通常符合工程规范）。

4）钻屑体积不包括泥浆和钻井液。

8.7.3.2　计算逻辑

本工具只涉及简单的数据加和。

### 8.7.4　软件相关政策法规与技术指南

1）有关指标以及工作簿的可下载形式的概述可在 https://clu-in.org/greenremediation/greencleanupmetrics 获取。任何对指标集或工作簿的改进或修订都将在此网络位置提供。

2）了解实施更清洁修复原则的信息，查看 EPA 网站 www.epa.gov/greenercleanups 上的信息。

3）获取有关绿色修复的技术信息和项目简介，访问 www.clu-in.org/greenremediation/。

4）了解最佳管理实践（BMPs），查看 EPA 的绿色修复最佳管理措施事实表系列；概述和每个事实表的链接可在 www.clu-in.org/greenremediation/docs/GR_BMP_factsheet_overview.pdf 获取。

---

① 1 ft = 30.48 cm。

② 1 lb = 0.454 kg。

5）使用基于共识的ASTM标准指南进行更清洁的修复以识别、优先排序、选择和实施最佳管理实践的信息可在 www.epa.gov/greenercleanups/greener-cleanup-consensus-standard-initiative 获取。

6）EPA 的 SEFA 工具和支持方法报告可在 www.clu-in.org/greenremediation/SEFA 获取。

## 8.8 SCORE 评估工具

### 8.8.1 软件简介

8.8.1.1 国际背景

随着对评估修复可持续性的兴趣日益浓厚，人们提出了许多方法和工具。多标准分析（MCA）越来越多地用于为环境决策和可持续性评估提供支持。MCA 的主要思想是评估项目满足一组绩效标准的程度。其基本特性是能够将不同类型的定性和定量信息整合到综合评估中。诸多学者开始建议将 MCA 用于修复方案的可持续性评估。然而，该方法的应用中经常观察到的缺点是缺乏不确定性分析、系统边界定义不明确、标准重叠导致效果的重复计算以及绩效量表的不明确。因此，L. Rosén 等指出，成功应用 MCA/MCDA 对修复替代方案的可持续性进行评估需要：① 一个包含评估主要组成部分和边界条件的清晰概念模型；② 对可持续性有明确的定义；③ 一套具有明确绩效尺度的关键标准（指标）；从中可以选择与特定研究相关的标准，而不会或尽可能少地重复计算影响；④ 清晰透明地处理不确定性；⑤ 利益相关者有条不紊地参与评估过程。

SCORE 的开发旨在避免 MCDA 方法的常见缺点，以便提供与参考替代方案相比修复替代方案的可持续性的相关且透明的评估，同时考虑经济、环境和社会可持续性领域的关键标准。

8.8.1.2 软件概况

SCORE（Sustainable Choice of Remediation）是一种多标准决策评估工具，由 Rosén 等开发，已应用于多个场地。SCORE 方法基于 MCDA 理论，使用线性加法函数，专门针对修复项目开发的，试图解决与通常的 MCA/MCDA 相关的所有困难。该方法中，可持续性通过评估修复方案在三个不同的可持续性领域（社会、环境和经济）方面的绩效来评估。此外，修复项目的每个替代方案都相对于参考替代方案（通常是无行动替代方案）进行评估，使用一组标准来评估每个领域的不同影响。通过这种方式，SCORE 方法能够确定哪种替代方案最可持续 / 最不可持续，从而帮助实现可持续发展。此外，在 SCORE 方法中，所有三个可持续性领域都同等重要：主导模型是一个重叠圆圈的维恩图，三个圆圈重叠的地方就是可持续的解决方案。

SCORE 的特点：① 将修复替代方案的社会和环境分析与完全定量的经济分析相结合；② 在可持续性领域和标准层面评估修复替代方案的“强可持续性和弱可持续性”；③ 允许对可持续性领域进行加权以反映可持续发展的不同观点；④ 提供一组不重叠的关键绩效标准；⑤ 将 MCDA 结果的完整不确定性分析融入一种方法中。

8.8.1.3　软件相关资料梳理

软件相关资料梳理见 8-15。

表 8-15　SCORE 相关资料梳理

| 时间 | 作者 | 资料名称 | 备注 |
|---|---|---|---|
| 2014 | Rosén L 等 | Evaluation of remediation of contaminated sites | 最早的相关文档，但数据库中未找到原文 |
| 2015 | Rosén L 等 | SCORE: a novel multi-criteria decision analysis approach to assessing the sustainability of contaminated land remediation | 基本逻辑和计算机理论阐述得非常清楚 |
| 2015 | Rosén L 等 | SCORE: Multi-Criteria Analysis (MCA) for Sustainability Appraisal of Remedial Alternatives | — |
| 2018 | LUCA FRANCESCHINI | Sustainability Assessment of In-Situ Remediation Techniques Using the SCORE Method | 国外硕士毕业论文（瑞典）；重点关注原位修复，纳入该方法体系 |

## 8.8.2　软件框架、界面与功能

8.8.2.1　框架拆解

SCORE 方法框架如图 8-28 所示，具体拆解如下：

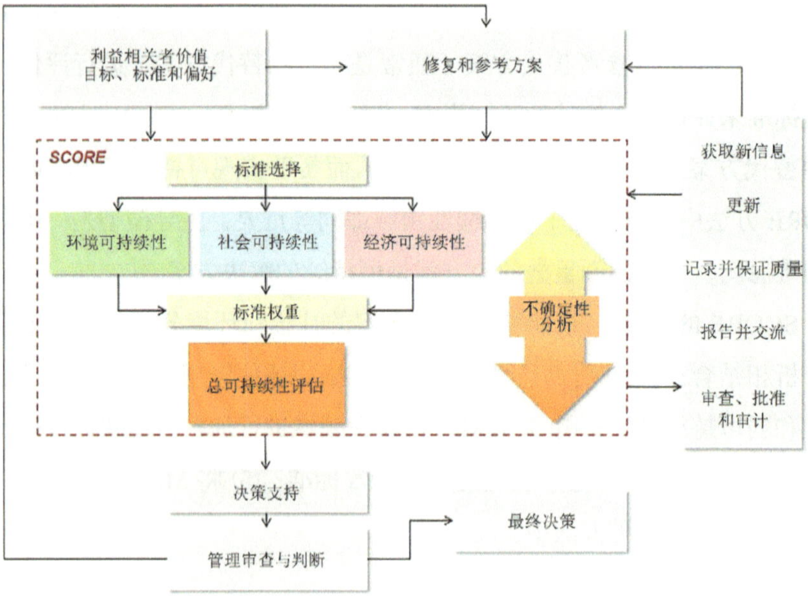


图 8-28　SCORE 方法框架

资料来源：SCORE: A novel multi-criteria decision analysis approach to assessing the sustainability of contaminated land remediation.

（1）明确定义 SCORE 方法框架下的可持续性

假设可以通过评估修复措施在经济、环境和社会领域的表现来评估其可持续性。通过评估预期的环境、经济和社会影响，使用每个领域的一组标准（指标），将每个替代方案与参考替代方案进行比较。因此，SCORE 方法以参考替代方案为出发点，提供了关于特定修复替代方案是否朝向可持续发展的信息。SCORE 方法可以根据所包含的可持续性标准，在一组研究过的修复替代方案中确定最具可持续性（或最不具可持续性）的方案；可能还有其他更具可持续性的替代方案未包括在评估中。

（2）建立概念模型

致力于为 MCDA 提供相关结构，并充分考虑可持续性概念，并为边界条件提供清晰定义的可能性，开发了一个概念模型。该概念模型是根据常用于风险评估的因果链概念而开发的。效应的原因是在特定现场进行的整治活动。主要压力源包括：① 源污染的变化，通常会在减少对人类和生态系统风险以及为新土地利用提供可能性方面产生积极效果；② 整治行动，在某些情况下（并非所有情况）会导致消耗非可再生能源、意外风险和空气排放等负面效应。与源污染的变化和整治行动相关的效应可能发生在不同位置，包括现场和现场外。效应的受体包括人类、生态系统和自然资源。主要的长期和短期效应类型包括环境、经济和社会效应。

（3）确定系统边界

进行相关的可持续性评估，必须定义四种类型的边界：系统边界、生命周期分析（LCA）边界、时间边界、空间边界。必须根据 MCDA 应该支持的决策类型来定义边界。

系统边界定义了修复项目的哪些部分/操作应纳入评估，例如设计、动员、施工、生产、维护和利用。LCA 边界定义了应跟踪特定影响轨迹的程度和详细程度。例如，应明确说明管道和设备等部件制造的影响是否应纳入环境领域，或者是否应将其视为边界之外。时间边界定义了应用的时间视角，如长期影响、短期影响、修复期间的影响和/或修复完成后的影响。空间边界定义了评估中应包括的位置和区域，例如仅限现场影响还是也包括场外影响。

SCORE 方法当前的系统边界将评估限制在转变为固定未来土地使用情景的情况。因此，该方法不能用于土地使用规划，例如比较工业区开发为住宅区与同一区域开发为休闲区的情况。这将需要更广泛的社会评估，考虑种族隔离、性别和安全（犯罪）问题等。给定一个固定的未来土地使用情景，用户必须详细定义特定评估的系统、LCA、时间和空间边界。边界定义会影响 SCORE 中所有可持续性领域的影响评估。

（4）确定关键绩效标准（Key performance criteria）

整体的“可持续性”无法用绝对值来量化。在给定定义的边界条件的情况下，为 MCDA 的每个可持续性领域选择关键绩效标准，这些标准相对详尽，基于广泛的文献综述、专家组研讨会等，因此能够代表所有关键的可持续性方面，同时避免重复计算影响。SCORE 中确定的关键绩效标准见表 8-16。

表 8-16　SCORE 中每个可持续性领域的关键绩效标准

| 环境领域 | 社会领域 | 经济领域 |
| --- | --- | --- |
| 土壤 | 当地环境质量和便利设施 | 社会营利性 |
| 植物和动物 | 文化遗产 | — |
| 地下水 | 公平 | — |
| 地表水 | 健康和安全 | — |

| 环境领域 | 社会领域 | 经济领域 |
| --- | --- | --- |
| 沉积物 | 当地参与 | — |
| 空气 | 当地接受 | — |
| 非可再生自然资源 | — | — |
| 不可回收废物 | — | — |

1）环境标准。土壤的子标准是根据以下假设确定的：暴露于受污染土壤的生态毒理学风险和土壤功能是独立的，因此土壤功能可能仅受修复的影响。土壤中的生态毒理学风险被认为可能受到污染源变化的影响，但也可能受到修复活动本身的影响。并进一步假设场外的生态毒理学风险和土壤功能不受修复活动的影响。在其他方面，假设只有现场的动植物群可能受到修复措施的影响。假设地下水、地表水和沉积物既可能受到污染源变化的影响，也可能受到原位和异位修复的影响。假设对空气、不可再生自然资源和不可回收废物的影响仅与修复活动有关，并且未在空间上进行划分。环境领域中关键标准的空间位置如图 8-29 所示。

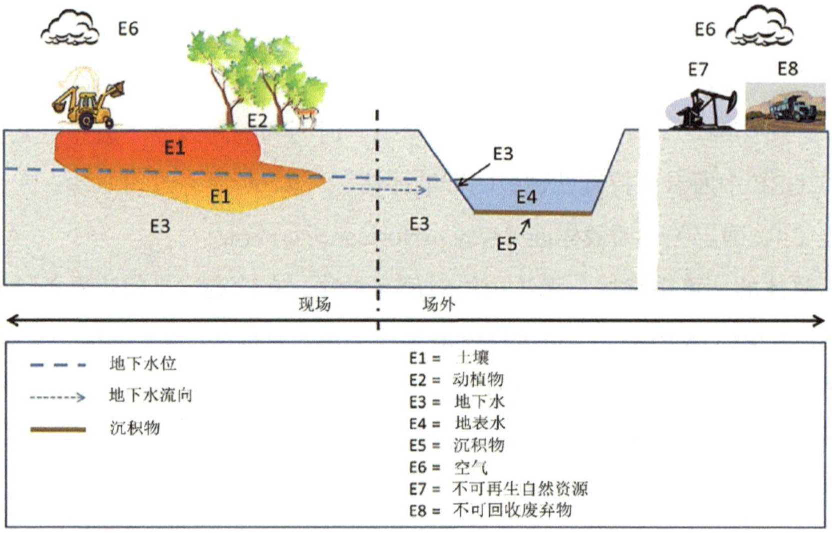


图 8-29　SCORE 中环境关键标准及其空间位置

资料来源：SCORE: A novel multi-criteria decision analysis approach to assessing the sustainability of contaminated land remediation.

环境领域子标准具体描述见表 8-17。在选择表中所示的子标准时，我们假设处置和/或处理设施的设计和运行方式使得特定的修复措施不会对处置/处理现场的土壤、动植物群、地下水、地表水或沉积物产生任何其他影响。表中建议的环境关键标准和子标准清单在完整性和实用性之间取得了合理的平衡。但是，对于进一步添加子标准没有任何限制。

表 8-17 环境领域的标准

| 关键标准 | 描述 | 子标准 |
|---|---|---|
| E1. 土壤 | 土壤标准分为因土壤污染导致的生态毒理风险和土壤功能部分。生态毒理风险反映了由于污染源变化和/或修复行动的影响对土壤生态系统的影响。土壤功能评估旨在评估修复行动对土壤为生物提供良好前提条件的能力的影响，考虑因素包括土壤质地、pH、有机质含量、氮和碳的可用性以及水分保持能力 | 现场生态毒理风险 RA<br>现场生态毒理风险 SC<br>现场土壤功能 RA |
| E2. 植物和动物 | 修复行动对树木、鸟类和哺乳动物栖息地的物理影响 | 现场植物和动物 RA |
| E3. 地下水 | 修复行动对排放区（如湿地区域）的地下水质量和生态毒理风险的影响，这些区域可能受到污染源和/或修复行动的影响 | 现场地下水 RA<br>非现场地下水 RA<br>现场地下水 SC<br>非现场地下水 SC |
| E4. 地表水 | 修复行动对地表水体和溪流的水质和生态毒理风险的影响，这些水体可能受到污染源和/或修复行动的影响 | 现场地表水 RA<br>非现场地表水 RA<br>现场地表水 SC<br>非现场地表水 SC |
| E5. 沉积物 | 修复行动对沉积物中生物的生态毒理风险的影响，这些生物可能受到污染源和/或修复行动的影响 | 现场沉积物 RA<br>非现场沉积物 RA<br>现场沉积物 SC<br>非现场沉积物 SC |
| E6. 空气 | 由于修复行动导致的总排放量，包括温室气体、酸性物质和颗粒物 | 空气 RA |
| E7. 非可再生自然资源 | 修复行动导致的非可再生自然资源的总使用量，如用于回填的化石燃料、原生土壤和岩石材料，以及由于修复行动而占用的新土地用于处置 | 非可再生自然资源 RA |
| E8. 不可回收废物 | 修复行动导致的不可回收废物的总产生量 | 不可回收废物 RA |

注：RA=修复措施；SC=源污染。

2）社会标准。与环境标准一样，社会标准也分为修复措施本身的影响（RA）和污染源变化的影响（SC）有关的子标准。表 8-18 给出了社会领域关键标准的简要描述。

表 8-18　社会领域的标准

| 标准 | 描述 | 子标准 |
|---|---|---|
| S1. 当地环境质量（LEQ）和便利设施，包括物理干扰 | 对休闲价值、噪声和 / 或区域可达性的影响 | 现场 LEQ RA<br>非现场 LEQ RA<br>现场 LEQ SC<br>非现场 LEQ SC |
| S2. 文化遗产 | 由于破坏、保护或修复对文化遗产的影响，但不包括由于 SC 变化和随后的土地使用变化而预期增加的对这些项目的访问（该项在 S1 中评分） | 现场文化遗产 RA<br>非现场文化遗产 RA |
| S3. 健康和安全 | 由于土壤、灰尘、空气、水中污染物的暴露和传播以及意外风险（如交通）对人类健康和安全的影响 | 现场健康和安全 RA<br>非现场健康和安全 RA<br>现场健康和安全 SC<br>非现场健康和安全 SC |
| S4. 公平 | 对社会中弱势群体的影响 | 现场公平 RA<br>非现场公平 RA<br>现场公平 SC<br>非现场公平 SC |
| S5. 当地参与 | 对当地社区在本地就业机会或其他本地活动方面的影响。此标准与当地社区参与修复决策过程无关 | 现场当地参与 RA<br>非现场当地参与 RA<br>现场当地参与 SC<br>非现场当地参与 SC |
| S6. 当地接受 | 关于当地社区对修复方案的接受度的影响。应注意，通过适当的开放信息、对话和 / 或参与过程，可以提高对活动的地方接受度 | 现场当地接受 RA<br>非现场当地接受 RA<br>现场当地接受 SC<br>非现场当地接受 SC |

注：RA= 修复措施；SC= 源污染。

3）经济标准。经济领域的关键标准是通过成本效益分析（CBA）评估的社会盈利能力。社会盈利能力以货币形式计算，即修复项目时间范围内的净现值（NPV）。具体标准见表 8-19。

表 8-19 SCORE 经济评估中的收益（B）和成本（C）

| 主要收益和成本项 | 收益和成本的子项 |
| --- | --- |
| B1. 现场物业价值提升 | — |
| B2. 健康状况改善 | B2a. 降低急性健康风险 |
| | B2b. 降低非急性健康风险 |
| | B2c. 其他类型的健康状况改善，例如减少焦虑 |
| B3. 生态系统服务的增加 | B3a. 现场娱乐机会增加 |
| | B3b. 周边地区娱乐机会增加 |
| | B3c. 其他生态系统服务的增加 |
| B4. 除 B2 和 B3 外的其他正面外部性 | — |
| C1. 修复成本 | C1a. 修复行动的设计 |
| | C1b. 项目管理 |
| | C1c. 资本成本 |
| | C1d. 修复行动 |
| | C1e. 监测 |
| | C1f. 项目风险 |
| C2. 修复行动导致的健康损害 | C2a. 现场健康风险增加 |
| | C2b. 运输活动导致的健康风险增加 |
| | C2c. 处置场所的健康风险增加 |
| | C2d. 其他类型的健康损害，例如增加焦虑 |
| C3. 修复行动导致的生态系统服务减少 | C3a. 现场生态系统服务减少 |
| | C3b. 周边地区生态系统服务减少 |
| | C3c. 处置场所的生态系统服务减少 |
| C4. 除 C2 和 C3 外的其他负面外部性 | — |

（5）建立绩效量表

SCORE 方法使用以表 8-20 为标准对环境和社会领域的影响（标准）进行评分：非常积极的影响：+6 到 +10；积极影响：+1 ~ +5；无影响：0；负面影响：−1 ~ −5；非常负面的影响：−6 ~ −10。

评分采用现有数据、专家判断、问卷和 / 或个人或小组访谈进行。评分程序由每项标准的指导矩阵支持，并附有示例作为评估基础。环境领域和社会领域指导矩阵示例见表 8-20、表 8-21。

表 8-20 SCORE 方法中对沉积物影响的评分指导矩阵示例

| 非常负面的影响：−6 ~ −10 | 负面影响：−1 ~ −5 | 无影响：0 | 积极影响：+1 ~ +5 | 非常积极的影响：+6 ~ +10 |
|---|---|---|---|---|
| 对沉积物条件有严重影响，对生态系统功能有强烈负面影响 | 对沉积物条件有强烈负面影响，对生态系统功能有负面影响 | 对沉积物条件和生态系统功能无或可忽略的影响 | 对沉积物条件的影响导致生态系统功能的改善 | 对沉积物条件的影响导致生态系统功能的广泛改善 |
| 如修复行动：受污染土壤堆存处的淋溶导致沉积物污染，对生态系统功能产生强烈负面影响 | 如修复行动：受污染土壤堆存处的淋溶导致沉积物污染，对生态系统功能产生负面影响 | 如修复行动：修复措施对沉积物中的污染物浓度影响可忽略 | 如源头污染：去除最受污染的沉积物后，对生态系统功能产生积极影响 | 如源头污染：去除最受污染的沉积物后，对生态系统功能产生强烈积极影响 |
| 如修复行动：挖掘受污染的土壤/沉积物进入水中，导致沉积物污染，对生态系统功能产生强烈负面影响 | 如修复行动：挖掘受污染的土壤/沉积物进入水中，导致沉积物污染，对生态系统功能产生负面影响 | — | 如源头污染：地表水中污染物浓度降低，导致沉积物中植物和动物的长期生活条件改善 | 如源头污染：地表水中污染物浓度降低，导致沉积物中植物和动物的长期生活条件显著改善 |
| 如修复行动：沉积池中污染物的释放，导致沉积物长期污染，对生态系统功能产生强烈负面影响 | 如修复行动：沉积池中污染物的释放，导致沉积物长期污染，对生态系统功能产生负面影响 | — | — | — |

### 表 8-21 SCORE 方法中对当地环境质量和便利设施影响的评分指导矩阵示例

| 非常负面的影响：-6 ~ -10 | 负面影响：-1 ~ -5 | 无影响：0 | 积极影响：+1 ~ +5 | 非常积极的影响：+6 ~ +10 |
|---|---|---|---|---|
| 与参考方案相比，修复替代方案将对当地环境质量和便利设施产生非常负面的影响 | 与参考方案相比，修复替代方案将对当地环境质量和便利设施产生负面影响 | 与参考方案相比，修复替代方案不会对当地环境质量和便利设施产生影响 | 与参考方案相比，修复替代方案将对当地环境质量和便利设施产生积极影响 | 与参考方案相比，修复替代方案将对当地环境质量和便利设施产生非常积极的影响 |
| 如由于修复行动引起的物理干扰，如重型运输将减少周边地区的便利设施的可达性或产生非常大的噪声，当地场外环境质量将受到非常负面的影响 | 如由于修复行动引起的物理干扰，如重型运输将减少周边地区的便利设施的可达性或产生噪声，当地场外环境质量将受到负面的影响 | 如由于参考方案已经与周边地区（场外）的广泛物理干扰相关，修复行动与参考方案相比不会产生任何显著影响 | 如由于土地使用的变化，当地现场环境质量将受到积极影响，这将是源头污染变化的结果 | 如由于土地使用的变化，当地现场环境质量将受到非常积极的影响，这将是源头污染变化的结果 |
| 如该地点具有一些娱乐价值（例如观鸟或其他），由于修复行动，修复替代方案将导致娱乐价值的下降 | 如该地点具有一些娱乐价值（例如观鸟或其他），并且由于修复行动，修复替代方案将导致娱乐价值的增加 | 如该地点具有一些娱乐价值，并且修复替代方案将导致与参考方案相比增加对该地点的访问，这是源头污染变化的结果 | 如该地点具有很高的娱乐价值，并且修复替代方案将导致与参考方案相比大幅增加对该地点的访问，这是源头污染变化的结果 | 如该地点具有很高的娱乐价值（例如观鸟或其他），并且由于修复行动，修复替代方案将导致娱乐价值的大幅增加 |
| 如修复替代方案将导致娱乐价值的大幅下降 | 如修复替代方案将导致娱乐价值的改善，例如通过使附近的游泳区域可以被使用，这是源头污染变化的结果 | — | 如修复替代方案将导致场外娱乐质量的大幅改善，例如通过使附近的游泳区域可以被大量人使用，这是源头污染变化的结果 | — |

CBA 的成本和收益项目尽可能地货币化，应用外部性评估方法，包括价值转移方法。所有被确定为相关但无法货币化的项目都被评估为相当重要或

非常重要，以便对这些项目和 CBA 的结果进行定性评估。

（6）开展可持续评估

确定修复方案和参考替代方案。SCORE 方法评估的修复方案必须在执行 MCDA 之前指定，所有影响都相对于参考方案进行评估。评估小组负责定义参考方案，但通常与不采取行动方案相同，不采取行动来降低对人类和环境的风险。确定的修复方案必须满足许多约束条件，主要是满足修复目标、时间、预算、技术可行性、法律方面和公众接受度等。参考方案不必是可接受的方案（例如，不采取行动方案通常是不可能的，因为需要采取一些行动来改善情况），但可以作为评估可接受方案的依据。但是参考替代方案不能包括修复措施，因为这会导致某些标准的评估无效，最明显的是 E6 ~ E8。之后通过确定标准、开展环境评价、开展社会评价、开展经济评价、确定标准权重、得到可持续指数、开展不确定性分析等步骤完成完整的可持续评估。具体计算步骤与逻辑见 8.8.3 节 软件数据库与计算逻辑。

8.8.2.2 功能阐述

1）建立完整且不重叠的修复活动环境、社会、经济可持续评估关键绩效标准；

2）基于 MCDA 方法，开展修复方案的综合可持续性对比；

3）开展完整的不确定性分析。

## 8.8.3 软件数据库与计算逻辑

8.8.3.1 环境和社会影响评价计算逻辑

环境影响通常基于现有信息进行评分，生态风险评估、取样和实验室分析、土壤功能评估、修复活动的风险分析，例如，用于收集受污染地下水的水坝向附近溪流泄漏的风险。对空气、不可再生自然资源和不可回收废物生产的影响的评分基于环境足迹分析或生命周期评估（LCA），例如，空气排放、不可再生燃料的使用和不可回收废物的生产的量化。对于标准 E1 ~ E5，评分基于对非常负面、负面、无、正面或非常正面影响的定性指导。对于标准 E6 ~ E8，评分基于与修复活动相关的定量值。

关于社会标准，S1 ~ S5 的制定方式是让专家进行评分，而标准 S6（当地接受度）则应反映当地社区对不同修复策略的实际看法。S1 ~ S5 的评分基于现有信息，例如人类健康风险评估、环境影响评估、现有的文化遗产文献，也基于CBA中的分布分析和利益相关者分析。专家的意见至关重要，具有当地知识的人应该参与社会标准的评分。例如，（当地）文化遗产和保护专家应该为S2的评分提供建议。另外，S6的评分应直接咨询当地社区。所有评分同样根据非常负面、负面、无、正面或非常正面影响的定性指导进行。

8.8.3.2　经济影响评价计算逻辑

修复方案 $i$ 的净现值（NPV）计算如下：

$$\mathrm{NPV}_i = \sum_{t=0}^{T} \frac{1}{(1+r_t)^t} \left(B_{i,t} - C_{i,t}\right)$$

式中，$B_{i,t}=B_{1t}+B_{2t}+B_{3t}+B_{4t}$，$C_{i,t}==C_{1t}+C_{2t}+C_{3t}+C_{4t}$，即时间 $t$（通常为几年）的收益与成本之和，$rt$ 是 $t$ 时的社会折现率，$T$ 是与项目相关的时间范围。鉴于所有成本和效益都已货币化，并因此包含在NPV计算中，与最高NPV相关的修复方案是对社会最有利的方案。在许多情况下，所有成本和收益都无法货币化，因此，对非货币化项目进行定性讨论也很重要。在SCORE方法中，如果替代方案的收益相似，也可以选择用仅关注成本的方式。

8.8.3.3　标准权重计算逻辑

环境和社会领域的每项关键标准和子标准都根据其相对重要性进行加权。领域D中每项关键标准 $k$（$k$=1…$K$）的重要性 $I$ 按照以下尺度赋予数值：比较重要 =1；重要 =2；非常重要 =3。关键标准的权重计算如下：

$$w_{k,D} = \frac{I_{k,D}}{\sum_{k=1}^{K} I_{k,D}}$$

关键标准 $k$（$k$=1…$K$）所包含的每个子标准 $j$（$j$=1…$J$）的重要性 $I$ 按照以下等级赋予数值：有点重要 =1；重要 =2；非常重要 =3。每个子标准的权重计算如下：

$$w_{j,k} = \frac{I_{j,k}}{\sum_{j=1}^{J} I_{j,k}}$$

因此，子标准和关键标准的权重值为[0,1]，所有标准（分别为子标准和关键标准）的总权重之和为1。

对于每个修复方案 $i$（$i$ = 1…$N$），使用线性加权方法计算每个领域D的

可持续性指数 $H$，作为评分的加权总和：

$$H_{D,i}=\sum_{k=1}^{K}w_{k,D}\sum_{j=1}^{J}w_{j,k,D}Z_{j,k,D}$$

式中，$w_j$ 为子标准 $j$ 的权重，$Z_j$ 为子标准 $j$ 的得分。权重由评估小组根据专家和利益相关者的判断和意见进行确定。SCORE 方法制定了每项标准和子标准重要性的三级评分量表，以方便相关专家和利益相关者以简单实用的方式表达对所选标准相对重要性的意见。

在经济领域，收益和成本的权重是通过净现值计算中的货币化来实现的。

8.8.3.4 可持续性指数计算逻辑

针对每个替代方案 $i$ 计算标准化可持续性得分 $H$，如下所示：

$$H_i=100\left[W_E\frac{H_{E,i}}{\mathrm{Max}\left[\mathrm{Max}\left(H_{E,1.N}\right);\left|\mathrm{Min}\left(H_{H,1.N}\right)\right|\right]}+W_{SC}\frac{H_{S,i}}{\mathrm{Max}\left[\mathrm{Max}\left(H_{S,1.N}\right);\left|\mathrm{Min}\left(H_{S,1.N}\right)\right|\right]}+W_{NPV}\frac{NPV_i}{\mathrm{Max}\left[\mathrm{Max}\left(\mathrm{NPV}_{1..N}\right);\left|\mathrm{Min}\left(\mathrm{NPV}_{1...N}\right)\right|\right]}\right]$$

式中，$H_{E,i}$ 为环境领域的得分，$H_{S,i}$ 为社会领域的得分，NPV 为净现值，$W$ 为各领域的权重。各领域的权重按照与标准相同的尺度分配。标准化得分值介于 −100 ~ 100，正分表示该替代方案可实现可持续发展，即积极影响大于消极影响。应当注意，标准化得分提供了所分析替代方案的相对排名。特定替代方案标准化得分的绝对值取决于评估中包括的其他替代方案的得分。因此，不同场地之间不能比较。

8.8.3.5 不确定性分析计算逻辑

SCORE 方法对不确定性的处理采用蒙特卡罗模拟方法，其中统计分布表示评分和成本效益项目的不确定性。评分的不确定性用 $\beta$ 分布表示，成本和收益项目的不确定性用对数正态分布表示（表 8-22）。

评分不确定性分布（$\beta$ 分布）的分配分三步进行：① 为特定的子标准选择可能的评分范围；如果整个评分范围都可能，则评分区间为 −10 ~ 10；如果不可能产生积极影响，则评分区间为 −10 ~ 0；如果不可能产生消极影响，则评分区间为 0 ~ 10。② 使用上面介绍的绩效量表估计最可能的分数。③ 为评分估计分配低、中、高不确定性类别水平。三步程序产生一个缩放 $\beta$

概率分布，表示子标准评分的不确定性。根据开发团队内部的讨论，评分的不确定性类别由表 8-23 所示的标准偏差值表示。基本思想是，表示高不确定性的不确定性区间应该是表示低不确定性的不确定性区间的 2 倍，表示中等不确定性的不确定性区间介于高不确定性和低不确定性之间。

**表 8-23　评分的不确定性表示**

| 不确定性类别 | 范围 | 标准差 |
|---|---|---|
| 低 | −10 ~ +10 | 0.91 |
| | −10 ~ 0；0 ~ +10 | 0.46 |
| 中 | −10 ~ +10 | 1.37 |
| | −10 ~ 0；0 ~ +10 | 0.68 |
| 高 | −10 ~ +10 | 1.82 |
| | −10 ~ 0；0 ~ +10 | 0.91 |

$\beta$ 分布的参数 $\alpha$、$\beta$ 是根据众数（评估得出的最可能得分，用 $s$ 表示）和标准差 $\sigma$ 计算得出的，公式如下：

$$s = \frac{\alpha - 1}{\alpha + \beta - 2}$$

$$\sigma = \sqrt{\frac{\alpha\beta}{(\alpha+\beta)^2(\alpha+\beta+1)}}$$

当分数处于可能得分范围的边界时，相应的参数设置为 1，另一个参数则根据标准差 $\sigma$ 的公式计算得出。

成本和收益的不确定性分布的分配分两步进行。SCORE 的用户应该提供每个成本和收益项目的现值（*PV*）的最可能值（MLV），以及通过选择三个标准不确定性级别来分配 MLV 估计的不确定性级别：高、中、低。该过程会产生对数正态分布表示特定成本或收益项目的不确定性（表 8-24）。

**表 8-24　成本和收益项目的三个标准不确定性水平的 90% 可信区间的相对大小（例如，中等不确定性的可信区间范围为 0.60 ~ 2.39 MLV）**

| 不确定性类别 | LCL/MLV | UCL/MLV |
|---|---|---|
| 低 | 0.52 | 5.16 |
| 中 | 0.60 | 2.39 |
| 高 | 0.81 | 1.27 |

由于在 SCORE 中指定的现值（PV）被视为最有可能的值，因此它是不确定性密度的众数。我们选择让三个标准不确定性水平高、中、低分别对应于误差因子$\sqrt{10} \approx 3.16$、2 和 1.25。上可信限（UCL，即最大合理现值）等于 $m \times \epsilon$，其中 $m$ 表示中位数，$\epsilon$ 表示误差因子，下可信限（LCL，即最小合理现值）等于 $m/\epsilon$。因此，对于这三个不确定性水平，UCL 与 LCL 的比率等于 $\epsilon^2$ 分别为 10、4 和 1.5625。如果在对数尺度上净现值不确定性分布的平均值和标准差分别用 $\mu$ 和 $\sigma$ 表示，那么：

$$\sigma = \frac{\log e}{z_\alpha}$$

$$\mu = \log MLV + \sigma^2$$

式中，$Z_\alpha$ 表示与 $\alpha$ 风险对应的标准正态分位数。

$$m = e^\mu$$

这些事实很容易从对数正态分布的众所周知的性质中得出。我们的最终选择是让 $\alpha = 0.05$。因此，LCL（下可信限）和 UCL（上可信限）之间的区间的可信度（或确定性）为 90%。表 8-23 展示了高、中、低不确定性类别下该区间的相对大小。

### 8.8.4 软件相关政策法规与技术指南

（1）SuRF U.K., 2010. A framework for assessing the sustainability of soil and groundwater remediation. Contaminated Land: Applications In Real Environments (CLAIRE).

（2）SuRF-UK, 2011. Annex 1: the SuRF-UK indicator set for sustainable remediation assessment, final November 2011. Contaminated Land: Applications In Real Environments. (CLAIRE).

（3）NICOLE, 2012. How to implement sustainable remediation in a contaminated land project? NICOLE Sustainable remediation work group report. NICOLE – Network for Industrially Contaminated Land in Europe.

## 8.9 小结

基于上述各工具分析，从评估对象、适用范围、评估指标、工具形式以及特点特色和局限性方面对相关软件工具进行总结，具体见表 8-25。

**表 8-24 绿色低碳修复环境足迹测算与决策支持工具特点分析**

| 序号 | 工具名称 | 发布时间 | 国别 | 评估对象 | 适用范围 | 评估指标 | 工具形式 | 通用 / 专门针对土壤修复 | 特点特色 | 局限性 |
|---|---|---|---|---|---|---|---|---|---|---|
| 1 | SRT | 2011 | 美国 | 污染场地修复项目 | 土壤和地下水修复 | 碳排放、资源消耗、社会影响 | Excel/ 在线工具 | 通用（含土壤修复） | 可进行两个层级的评估，旨在为决策者提供一个科学、简便的评估框架，推动修复过程中环境效益、经济效益和社会效益可持续性地实现 | 依赖用户输入数据，需专业知识操作 |
| 2 | SEFA | 2012 | 美国 | 污染场地修复活动 | 修复过程的环境足迹 | 能源消耗、温室气体排放、废物生成 | Excel/ 计算工具 | 专门针对土壤修复 | 旨在评估修复项目关键阶段的足迹，例如修复技术筛选、设计和优化，但也可应用于其他阶段 | 数据输入复杂，需本地化调整 |
| 3 | SiteWise™ | 2000 | 美国 | 场地修复技术 | 修复技术筛选与优化 | 成本、效率、环境影响 | 商业化软件 | 通用（含土壤修复） | 帮助决策者在修复过程中更好地平衡环境、社会和经济利益 | 商业授权费用高，适用性依赖数据库更新 |

| 序号 | 工具名称 | 发布时间 | 国别 | 评估对象 | 适用范围 | 评估指标 | 工具形式 | 通用 / 专门针对土壤修复 | 特点特色 | 局限性 |
|---|---|---|---|---|---|---|---|---|---|---|
| 4 | CARBONAS | 2010 | 欧洲 | 碳足迹管理 | 修复项目碳排放 | 全生命周期碳核算（材料、运输、能源） | 在线平台 / 软件 | 通用（含土壤修复） | 用于组织内部计算土壤和地下水以及其他土壤工程的碳足迹（$CO_2$） | 需要详细的活动数据，对非碳指标覆盖有限 |
| 5 | $CO_2$PL | 2009 | 荷兰 | 企业 / 项目碳排放 | 基础设施与修复项目 | 碳排放管理、减排措施、组织透明度 | 认证体系 / 标准 | 通用 | 一个碳排放管理和碳减排实施水平评估的认证系统，本身不提供软件功能，也不提供数据管理或自动化工具，可用作 $CO_2$ 管理系统或采购工具 | 侧重管理流程，非具体技术工具 |
| 6 | GRATJ | 2016 | 日本 | 土壤修复技术 | 日本本土修复项目 | 能源消耗、碳排放、资源效率 | Excel/ 本土化工具 | 专门针对土壤修复 | 基于生命周期评估（LCA）的模型，评估比较日本污染土壤各种对策的环境影响，帮助决策者和从业者选择最合适的修复方法 | 仅限日语界面，国际扩展性差 |

| 序号 | 工具名称 | 发布时间 | 国别 | 评估对象 | 适用范围 | 评估指标 | 工具形式 | 通用 / 专门针对土壤修复 | 特点特色 | 局限性 |
|---|---|---|---|---|---|---|---|---|---|---|
| 7 | Greener Cleanup Metrics Workbook | 2019 | 美国 | 修复项目可持续性 | 土壤和地下水修复 | 能源、水、材料使用、废弃物管理 | Excel 模板 | 专门针对土壤修复 | 提供一种统一的方法来收集美国各地区和 EPA 修复计划的足迹指标 | 需手动输入数据，无自动化分析 |
| 8 | SCORE | 2015 | — | 修复技术可持续性 | 多介质污染场地 | 技术效率、成本、环境风险、社会接受度 | 软件 / 决策支持系统 | 专门针对土壤修复 | 一种多标准决策评估工具，能够确定哪种替代方案最可持续 / 最不可持续，从而帮助实现可持续发展 | 依赖模型假设，需高精度数据支持 |

## 专栏 4　绿色低碳修复评估指标国际进展

国际上从 2000 年前后逐步进入土壤污染绿色可持续风险管控和修复时期 (Green and Sustainable Remediation, GSR)，从传统基于质量标准修复和基于风险评估的修复管控策略，向综合考虑修复管控全过程环境、社会和经济影响的可持续策略转变；至 2020 年 GSR 相关评估体系和实践应用基本成熟，2020 年以后随着全球应对气候变化需求日益迫切，土壤污染治理逐步进入可持续韧性修复（Sustainable and Resilient Remediation, SRR）时期，将碳排放和适应气候变化能力纳入了评价体系。

国际上现有的风险管控和修复绿色低碳评价方法以层次化评价为主，根据不同评价目标、决策需求、应用场景、数据可获得情况等，分层次开展定性、半定量或定量评价。相应指标体系的设计根据评价目标和评价方法的不同有所区别，但遵循可持续性、气候适应性、成本有效性、可行性等基本原则，总体上仍涵盖在环境、社会、经济和气候变化几大要素指标之下。不同的国家和研究机构，结合各自的管理决策需求，其指标体系各有侧重。EPA、美国材料与试验协会（ASTM）等标准化机构以推动绿色修复为主要目标，采用环境足迹和碳足迹评估的方法为主，重点关注风险管控和修复工程的环境影响，主要指标为环境空气、能源、材料和固体废物、水环境、土地和生态系统等五大核心要素，发布了相应的战略框架和技术导则。美国、英国、澳大利亚的可持续修复论坛（SuRF）等机构以可持续修复为主要目标，综合考虑环境、社会和经济三大可持续要素（Trible Bottom Lines, TBL），各要素下设二级或三级评价指标因子，采用多目标决策、生命周期评估等方法开展层次化评估，并发布了相应白皮书和工具手册。美国州际环境技术和规则委员会（ITRC）提出了绿色可持续修复的概念，其指标分为温室气体排放、能源消耗、资源消耗等客观指标，以及再利用效益、新增工作机会等主观指标。欧洲多个研究机构基于风险的土地管理理念提出可持续修复路线图，其中荷兰最早将风险管理与费用效益分析方法相结合，开发了污染场地修复风险削减 – 环境效益 – 成本（REC）评估方法及软件工具，因此其评价指标体系置于费用效益分析的框架体系下，即包括风险项、成本项和效益项。

近年来，由于气候变化引起的极端气象条件对污染场地或修复管控工程造成的负面影响日益凸显。进入 SRR 时期后，在 TBL 的基础上又将应对气候变化适应能力相应要素纳入，美国 EPA 建立了修复系统气候适应性和脆弱性评价方法及指标体系，相关学者也围绕场地修复弹性评估和可持续性评估探索建立相关框架体系。考虑气候适应性的指标要素主要包括修复系统脆弱性、修复管控工程应对极端气候条件的能力、减缓温室气体排放能力等。

在土壤绿色可持续修复领域，国际上已形成多种评估指标、方法和工具，以支持污染场地修复过程中的环境、社会和经济综合效益评价。以下对较为典型的“绿色修复”“可持续修复”“绿色可持续修复”进行梳理和对比。

（1）EPA 绿色修复指标框架

EPA 将绿色修复定义为实施修复措施的所有环境影响，并结合各种选择以尽量减少修复活动环境足迹的做法。EPA 绿色修复评价指标体系，作为鼓励决策者和参与现场修复工作的日常工作人员采取环境友好行为的一种手段。它旨在识别对项目的环境足迹最重要的贡献者，并利用相关的参数 / 指标集成到项目的概念设计、施工和具体操作中。EPA 不要求对修复活动进行环境足迹分析，但支持在进行分析时使用该方法。在修复的任何阶段，不同程度地使用该方法可能会改善项目的环境结果。

EPA 绿色修复框架定义了五大核心要素——土地 / 生态系统、材料与废弃物、能源、空气 / 大气和水，这五方面的主要意义为：①减少总能源使用量，增加可再生能源的百分比；②减少空气污染物和温室气体（GHG）的排放；③减少用水量和对水资源的负面影响；④改善材料管理和减少浪费的工作；⑤保护生态系统服务，并根据这五个核心要素提出了更为详细的 21 个环境评价指标。

根据评价指标，按照方法进行足迹分析的过程包括 7 个一般步骤：

①确定分析的目标和范围，不同修复阶段和现场的特定因素；②收集有关现场现有或预期修复方案的设计、施工和实施过程资料；③量化现场材料和废物指标，使用的材料占比、材料的回收量、产生的各种废物，以及回收或重复利用的部分废物；④量化现场用水指标，考虑到现场的水源和用水量，以及用水后的去向；⑤使用综合信息量化能源指标和空气指标，共同考虑所使用的能源总量（包括可再生资源的部分）和空气排放相关的能源使用及现场活动；⑥定性地描述在修复实施过程中受到影响的生态系统服务；⑦展示前面每个步骤的结果和分析的总体结果。

该评价方法并不作为一个详细的生命周期评估（LCA），也不鼓励修复从业者使用 LCA。与 LCA 不同的是，该方法不试图详细说明所有自然资源投入和所有环境产出，也不包括“影响评估”，将排放和指标转化为环境影响，如酸化、呼吸道疾病发病率增加、人类毒性或生态毒性。该方法限制了绿色修复度量的数量，来简化足迹分析过程。因此 EPA 认识到，这些指标可能无法捕捉到与修复项目相关的一些环境影响或足迹。它打算以符合该机构的绿色清理原则和超级基金绿色修复战略的方式进行应用。

在使用该评价指标体系时，EPA 举例使用 SRT 作为评价工具，确认是否被用于帮助确定修复地块的环境足迹，以及是否可用于帮助记录或量化减少足迹。

（2）SuRF 可持续修复框架

英国于 2007 年成立了可持续修复论坛（SuRF-UK），2010 年，该论坛制定发布了土壤和地下水修复可持续性评估框架，帮助评估人员将可持续发展考虑纳入土地修复决策。SuRF-UK 框架为可持续性的三个要素（环境、经济和社会）分别定义了五大类指标。环境指标包括大气排放、土壤和地面条件、地下水和地表水、生态、自然资源和废弃物，社会指标包含人体健康和安全、社会道德和公平、社区和位置、社群和社群参与、不确定性和证明，经济指标包含直接经济成本和效益、间接经济成本和效益、就业和就业资本、触发的经济成本和效益、项目的有效时间和灵活性。每一类指标给出一系列二级指标清单供评估者参考。其中涉及气候变化的指标为“大气排放”指标中的温室气体排放，包括 $CO_2$、$CH_4$、$N_2O$ 等排放，及“项目的有效时间和灵活性”指标中的“应对气候变化影响的稳定性”。SuRF-UK 框架采用层次化的可持续性评估，分为三个层次，第一层次为定性评估，第二层次为半定量评估，第三层次为定量评估。第一层次定性评估主要使用打分法进行评估，可以用简单的数字或分类排名，例如，1，2，3，…，$n$ 或“最佳”“中等”“最差”，以对不同修复方案进行相对的可持续性评估。2021 年，SuRF-UK 为第一层次定性可持续修复评估开发并更新了基于 Excel 软件的评估工具，由 AECOM 与 SuRF UK 指导小组合作开发，根据最新的 SuRF UK 指南（2020）为定性可持续修复评估提供了标准化评估工具。在第一层次定性评估未形成明确决策结果时，则需要进行半定量或定量评估，主要使用多准则分析（MCA），对各指标进行打分与权重分配，根据最终得分比较各修复方案。第三层次定量分析主要是成本效益评估（CBA）或成本效果评估（CEA），参考英国环境署发布的《关于在修复项目中使用成本效益评估的广泛指导意见》进行评估，有些评估者也会采用 MCA-CBA 耦合法进行评估。对于实现可持续性是主要驱动因素的复杂污染场地，需要包含两个或两个以上的定量评估，例如，社会影响评估、自然资本评估、生命周期分析、成本效益评估。

（3）ITRC 绿色修复指标框架

ITRC 强调，对于确定的每个 GSR 目标，必须选择适当的量度来评估、跟踪或评估这些目标。在选择度量标准的同时，还应考虑在 GSR 评估期间进行的详细程度。详细程度将指导评估选择过程以及应该用于加速 GSR 评估的工具和资源类型。最后，还必须考虑应用于 GSR 评价的边界。

在应用指标方面，可持续性的一个具有挑战性的因素是缺乏评估社会影响的可用指标。在 ITRC 的绿色修复框架体系中，社会指标只能定性地进行评估，这对确定社会影响有一定的困难。需要更多的研究将社会指标应用于 GSR，以更好地了解场地清理的社会影响，并使用这些指标来确定其准确性和影响程度。可能有助于评估选择的一些常见考虑因素包括评估方法、边界条件、合同期望、可用资金、修复进度、技术经验和 GSR 评估的详细程度。量度可以适用于 GSR 的一个或多个组成部分（环境、社会和经济）。

ITRC 的修复评价指标体系中，环境指标主要考虑温室气体和污染物排放标准、性能效率－消除每磅 COC 的排放量、能源消耗、固体废物消耗量、职业和运输风险等方面。而社会影响指标，仅将社区外展 / 参与作为评价指标。经济影响指标考虑了修复生命周期成本以及提高可持续性的投资回报（直接和间接）。ITRC 制定了开展 GSR 评估的三级方法。这些级别提供了不同级别的细节 GSR 评估，并接受 GSR 评估可扩展到任何类型的概念项目或场地。三级方法如下：

一级：BMP。一级评估的目标是采用基于常识的 BMP，以促进资源节约和流程效率。对环境、社区或经济的净影响没有用这种方法进行评估。此外，BMP 不比较或量化环境权衡（如使用较少水但产生更多废物的过程）。

二级： BMP + 简单评估。二级评估结合了选择和实施 BMP，并进行某种程度的定性和 / 或半定量评估。定性评估可能反映与不同补救策略相关的权衡，或对不同 GSR 目标使用价值判断来确定最佳的进行方式。半定量评价是那些可以通过使用简单的数学计算或直观的工具来完成的评价。

三级： BMP + 高级评估。三级评估将 BMP 的选择和实施与严格的定量评估相结合。评估通常依赖于生命周期评估（LCA）或足迹分析方法。因此，三级评估比二级评估需要更多的时间和费用来完成。

使用该评价指标体系时，ITRC 使用绿色修复评估矩阵（GREM）/ SRT ™ / SiteWise ™等评价工具进行举例说明，较为适用。

# 参考文献

[1] HELLAWELL E E, HUGHES S J, HAJIALIZADEH D, et al. Carbon reduction design tool for excavation-and-clean-cover remediation. Environ. Geotech.-J. 2024, 11 (6)：407-417.

[2] HUANG W, HUNG W, VU C T, et al. Green and sustainable remediation (gsr) evaluation: framework, standards, and tool. A case study in taiwan. Environ. Sci. Pollut. Res. 2016, 23 (21)：21712-21725.

[3] LIM H, K WON I, LEE H, et al. Environmental impact assessment using a gsr tool for a landfarming case in south korea. Environ. Monit. Assess. 2016, 188 (4).

[4] YASUTAKA T, ZHANG H, MURAYAMA K, et al. Development of a green remediation tool in japan. Sci. Total Environ. 2016, 563-564: 813-821.

[5] NEWELL C, BECVAR E, RUPPEL D, et al. Sustainable remediation tool (SRT). GSI Environmental Inc. Retrieved from. 2009.

[6] RANDALL P, MEYER D, INGWERSEN W, et al. Sustainable remediation tool v. 2.2 user guide. Air force center for engineering and the environment. 2011.

[7] RANDALL P, MEYER D, INGWERSEN W, et al. Life cycle inventory (LCI) data-treatment chemicals, Construction materials, Transportation, On-site Equipment, and Other processes for use in spreadsheets for environmental footprint analysis (SEFA). U.S. Environmental protection agency, Office of research and development, National risk management research laboratory. EPA Report #EPA/600/R-16/176. 2016.

[8] MOORE S, SIRABIAN R. SiteWise™ version 3.2 user guide. Naval facilities engineering command, Engineering and expeditionary warfare center. retrieved. 2018.

[9] J-CAT® Japan carbon assessment tool for building lifecycle 建築物ホールライフカーボン算定ツール 操作マニュアル (Version 2.0). 一般財団法人住宅・建築 SDGs 推進センター .

# 9 棕地开发模式综合效益评估与政策创新

## 9.1 棕地开发综合效益评估进展

棕地开发不仅可以清理受污染土地，减少环境影响，改善公共健康，也可以刺激当地经济，创造就业机会，促进经济增长，同时可以提高社区自豪感和安全感，改善居住环境，增强社区凝聚力。通过棕地开发，提升城市形象，促进城市功能的优化和转型。国际上棕地开发综合效益评估已从单一环境修复向多维度整合方向深化，形成了涵盖环境、经济、社会和政策协同的评估框架。

### 9.1.1 美国

9.1.1.1 美国棕地开发演变历程

美国棕地开发政策及效益评估体系的演变经历了多个阶段，从单一的环境治理向经济导向的可持续发展转变，逐步形成了一个多元化、多层次的治理体系。这一过程不仅促进了受污染土地的再利用，还带动了地方经济的发展和社会的公平。

行政理性阶段：20 世纪 80 年代，美国开始关注受污染土地的治理，1980 年颁布了《超级基金法》，标志着棕地治理的开始。这一阶段的主要目标是清理污染，恢复土地的环境质量。

经济理性阶段：20 世纪 90 年，随着工业化和去工业化的影响，大量工商业废弃地成为棕地。1995 年，EPA 推出了“棕地经济再开发行动”，提供资金和技术支持，鼓励私营部门参与棕地的再开发。

环境公正阶段：2000 年以后，政策逐渐关注环境公正和社会公平，强调棕地治理不仅要考虑环境保护，还要促进社区发展和就业机会。例如，2002 年布什总统签署了《小企业责任免除和污染土地复兴法》，进一步扩大了棕地定义，增加了对低收入地区的支持。

全局规划阶段：近年来，美国政府逐渐从单一的污染治理转向综合规划，强调棕地治理与城市整体发展相结合。联邦、州和地方政府共同参与，通过立法、财政支持和公众参与等多种手段，推动棕地的可持续发展。

9.1.1.2　美国棕地开发经验

美国注重从法规、监管、社会、支撑、福祉等方面全方位推动棕地再开发，通过法规保障、技术支撑、社会参与和经济激励，棕地再开发可以成为推动城市可持续发展和社区复兴的重要手段。

（1）立法推动棕地再生

自 1980 年《超级基金法》（*Comprehensive Environmental Response, Compensation and Liability Act*, CERCLA）生效以来，美国逐步构建了完善的棕地管理法律框架。该法案确立了“污染者付费”原则，要求污染责任方承担清理费用，同时设立了超级基金用于垫付治理费用，事后向责任方追讨。1986 年，《超级基金修订与再授权法》的出台进一步强化了州政府的作用，扩大了公众参与，并将信托基金规模扩大到 85 亿美元。2002 年，《小企业责任减免与棕地复兴法》通过，对《超级基金法》进行了重要修订，明确了棕地再开发的用途、奖励机制以及风险评估等问题。此外，美国还通过设立专项资金，如棕地评估补助和循环贷款基金，为棕地清理和再开发提供财政支持。这些法律和政策的实施，不仅促进了棕地的清理和再开发，还带动了经济增长、创造了就业机会，并提升了周边土地价值。

（2）规范管理机制程序

通过完善的法律框架、多渠道的资金支持、科学的技术规范和广泛的公众参与，建立了规范的管理机制程序，推动了棕地的有效治理与再开发利用。在技术规范方面，美国建立了风险管控、优先修复、技术筛选体系等规范，为棕地治理提供了科学指导。例如，纽约市的棕地项目通过简化清理过程、增加财政自主性、明确责任和提供社区参与机会等措施，推动了棕地的再开发。在资金支持方面，美国设立了多种基金和财政激励措施，如国家行动议程基金、棕地评估试点项目基金、就业培训基金和棕地清理贷款等。这些资金来源为棕地治理提供了有力保障，降低了私人投资的风险，鼓励了私营企业参与。在管理程序上，美国强调多部门合作和公众参与，通过建立棕地机会区（BOA）等规划工具，推动社区复兴和经济增长。例如，纽约的戈瓦努斯社区通过河道整治、棕地治理与区域再开发，逐步将棕地转变为社区繁荣的资产。

（3）激励相关机构参与

美国通过多层次的激励机制，成功推动了相关机构和利益相关者积极参与棕地再开发。首先，美国政府通过立法明确责任与激励措施，如《超级基金法》和《小企业责任减免与棕地复兴法》，为棕地治理提供了法律框架和资金支持。这些法律不仅明确了污染责任方的义务，还通过设立超级基金和棕地清理基金，为修复工作提供资金保障。其次，美国政府通过财政和税收激励措施，鼓励私营企业参与棕地再开发。例如，提供税收减免、信贷优惠和环境保险等政策，减轻企业负担，提高其参与棕地再开发的积极性。此外，政府还通过棕地评估补助金、循环贷款基金和清理补助金等公共金融工具，为棕地治理提供资金支持。此外，美国还通过公众“全过程参与”机制，确保社区成员在棕地治理的各个阶段都能充分表达意见并参与决策。这种参与机制不仅提高了项目的透明度和公众满意度，还增强了社区对再开发项目的接受度。

（4）强化科研转化支撑

美国在棕地再开发中通过多种政策支持科研转化，推动污染场地治理与再开发的高效实施。首先，美国政府通过《拜杜法案》等立法，允许大学和研究机构保留联邦资助研发成果的专利权，并鼓励其与企业进行商业化合作。这一政策不仅促进了科研成果的转化，还为企业提供了激励，推动了棕地治理技术的研发与应用。同时，美国政府设立了多种专项资金，如棕地评估补助金、循环贷款基金和清理补助金等，为科研转化和项目实施提供资金保障。例如，纽约市政府的 BIG 计划为棕地的环境调查和清理提供基金奖励，支持科研成果在实际项目中的应用。同时，美国重视技术标准的应用，建立了现场调研和清理路线标准，推动了棕地治理技术的研发与应用。此外，通过设立奖项如“凤凰奖”和“棕地重建奖”，对在棕地治理中作出突出贡献的项目和机构进行表彰和奖励，进一步激励了科研成果的转化和应用。

（5）实现综合效益最大

美国在棕地治理开发过程中，不仅有效治理了棕地，保障了居民健康，维护了环境安全，还推动了城市的可持续发展。根据 EPA 公布的数据，自 1995 年设立棕地基金以来，已累计实施 2.8 万个棕地治理项目，释放可供开发利用的土地近 3.24 万 $hm^2$（8 万英亩），累计创造近 14 万个就业岗位。治理后的棕地能够提升周边土地价值 5.1% ~ 12.8%，为地方政府带来额外税收。纽约市的棕地“自愿清理计划”（VCP）已覆盖 230 多个开发项目，创造了

6 400 个就业岗位和 19 500 个建造业岗位。

9.1.1.3　美国棕地开发效益评估

美国从国家层面到专业机构及各州都会进行棕地开发效益评估，这些评估不仅关注经济收益，还强调环境和经济社会效益的统一，为未来棕地开发提供科学依据和实践指导。

（1）国家层面效益评估报告

EPA 是推动棕地开发和评估的主要机构之一，发布的关于棕地项目的年度报告，涉及棕地清理、修复和再开发等方面的进展、成果、资金使用情况等内容。例如，EPA 发布的报告 *Brownfields Program Accomplishments and Benefits* 详细总结了棕地开发项目的经济效益、社会效益和环境效益，棕地开发通过清理污染场地，显著提升了土地价值、增加了就业机会，并为社区带来了新的经济活力。*EPA Brownfields Program Annual Report* 中详细介绍了本年度内棕地项目在全国范围内的实施情况、各个地区的项目分布、治理技术应用以及对社区经济和环境的影响等。EPA 棕地和土地振兴办公室发布的 *Environmental Benefits of Brownfields Redevelopment A Nationwide Assessment*，从全国范围评估了棕地再开发的环境效益，通过情景分析等方法，对棕地再开发和趋势增长两种情景下的环境影响进行对比，包括不透水表面增长、交通和车辆行驶里程等方面，得出了棕地再开发在环境效益方面的一些关键结论，如棕地再开发比趋势增长更具区位效率，能在一定程度上减轻环境影响等。*Superfund: Transforming Communities*，*Accomplishments Report | FY2018* 展示了 2015—2018 财年美国国家优先目录名单项目的相关数据等内容，涉及棕地治理在社区改造等方面的成果，从侧面反映了棕地再生项目在环境修复、社区发展等方面的综合效益。

（2）专业机构和组织的效益评估报告

美国有毒物质和疾病登记署（ATSDR）发布了 *Land Reuse and Redevelopment: Creating Healthy Communities* 等报告，从土地再利用与社区健康角度，分析棕地再生对社区健康的影响及相关实践案例等。一些行业协会如美国国家环境健康协会（NEHA）会发布棕地相关报告，如 *An Overview of Brownfields Redevelopment in the United States Through Regulatory, Public Health, and Sustainability Lenses*，从监管、公共卫生和可持续性等角度综述美

国棕地再开发情况。还有一些研究机构如高校的相关研究中心也会发布关于特定地区或特定类型棕地再生的年度研究报告。

（3）各州

佛罗里达州环境保护部发布 *Florida Brownfields Redevelopment Program Annual Reports*，按年度总结该州棕地再开发项目的情况，涵盖布劳沃德县、希尔斯伯勒县、迈阿密－戴德县等地区的项目进展、成效等。纽约州有关于棕地机会区计划（Brownfield Opportunity Areas Program）和棕地清理计划（Brownfield Cleanup Program）的年度报告，如戈瓦努斯运河治理过程中就有相关阶段性报告和年度总结，包含污染调查、清理工作进展、社区参与情况等内容。宾夕法尼亚州政府发布的棕地项目年度报告 *Pennsylvania Brownfields Program Annual Report*，介绍了该州棕地再生项目在法律政策执行、资金分配、技术应用等方面的年度情况，如某一年度内该州通过公私合作模式开展的棕地再生项目数量及分布。

（4）景观绩效系列 (LPS)

景观绩效系列（Landscape Performance Series，LPS）由美国风景园林基金会（Landscape Architecture Foundation，LAF）于 2010 年发起，是指对于“已建成的景观解决方案在实现预期目标和促进可持续发展方面进行有效性度量”。不同于已被广泛认可的绿色评估体系——社区开发项目绿色能源与环境设计先锋认证（Leadership in Energy and Environmental Design for Neighborhood Development，LEED-ND）和可持续场所倡议（Sustainable SitesInitiative，SITES），LPS 是一套基于项目建成、使用后的量化绩效的回溯评估体系，针对环境、经济与社会三个方面进行综合评估。案例研究调查计划（Case Study Investigation，CSI）是 LPS 绩效评估的基础，棕地景观项目在其中有着突出表现。截至 2024 年 12 月，LPS 网站公布的案例共 202 个，其中棕地类有 51 个，包括唐山南湖生态湿地公园、上海后滩公园、澳大利亚悉尼千禧公园、美国查塔努加复兴公园等知名项目，占全部案例的 25.25%。

自 2010 年以来，美国风景园林基金会（LAF）与科研机构、大学院所等进行深度合作，对多个景观项目的环境、社会和经济效益进行了详细记录与分析，从中提炼并归纳各类关键指标，建立科学严谨的量化分析方法，最终于 2018 年正式发布 *Landscape Performance: A Guidebook for Metrics and*

*Methods Selection*。该指南围绕环境、经济和社会三大维度，系统性提出 33 项核心指标，为景观项目可持续性评估提供了清晰、可操作的框架和方法论，具体指标框架如表 9-1 所示。

**表 9-1　景观绩效系列评估指标框架**

| 维度 | 指标 | |
|---|---|---|
| 环境 | 土地 | 土地效率与保护 |
| | | 土壤创建、保护与修复 |
| | | 雨水管理 |
| | 水 | 水资源保护 |
| | | 水质 |
| | | 防洪 |
| | | 水体 / 地下水补给 |
| | 栖息地 | 栖息地创建、保护与修复 |
| | | 栖息地质量 |
| | | 种群与物种丰富度 |
| | 碳、能源与空气质量 | 能源使用 |
| | | 空气质量 |
| | | 温度与城市热岛效应 |
| | | 碳封存与碳减排 |
| | 材料与废弃物 | 再利用与回收材料 |
| | | 废弃物减少 |
| 社会 | 休闲与社会价值 | |
| | 文化保护 | |
| | 健康与福祉 | |
| | 安全性 | |
| | 教育价值 | |
| | 噪音缓解 | |
| | 食品生产 | |
| | 景观质量与视野 | |
| | 交通 | |
| | 可达性与公平性 | |

| 维度 | 指标 |
|---|---|
| 经济 | 物业价值 |
| | 运营与维护成本节约 |
| | 建设成本节约 |
| | 就业创造 |
| | 游客消费与收入 |
| | 税收收入 |
| | 经济发展 |

此外，LPS 还提供了一系列在线工具，如 Integrated Valuation of Ecosystem Services and Tradeoffs (InVest)、Waste Reduction Model (WARM)、Universal Floristic Quality Assessment Calculator 和 COMET-Farm 等。这些工具能够帮助用户量化各项指标，从而实现更科学、精准的分析，为绩效评估提供有力技术支持。

Yang 认为，LPS 主要贡献体现在两个方面：一是促进利益相关者之间建立健康的伙伴关系，构建共同学习与知识交流的创新框架；二是量化景观项目在可持续发展三大维度上的效益，为风景园林师提供循证设计的基础。戴代新指出，环境效益、社会效益与经济效益三者之间存在不同程度的冲突，尽管 LPS 基于可持续三角框架，但深入分析了其中的矛盾，并综合考量各维度指标之间的协同与权衡关系，以寻求更平衡的可持续发展路径。然而现阶段，LPS 量化计算方法仍存在一些不完善之处，特别是在精准量化和动态评估方面仍有较大优化空间。具体而言，在经济与社会维度上，可持续特征的度量体系尚待加强，静态绩效评估方法难以全面反映景观动态变化的整体过程等，未来仍应继续完善。

虽然 LPS 目前尚未专门针对棕地景观项目建立具体的指标评估体系，但在棕地再生综合效益评估方面已积累了一定的案例研究与理论基础。未来可结合我国棕地修复与治理的实际进程，构建更符合本土国情的绩效评估框架。该体系的建立将有助于提升棕地治理的科学性与精细化水平，为可持续棕地再生提供更具针对性的量化评估工具。

## 9.1.2 欧盟

9.1.2.1 欧盟棕地开发经验

欧盟在推动棕地开发方面，通过制定政策框架、提供资金支持、开发评估工具等多方面措施，形成了较为完善的政策体系和效益评估标准，旨在实现可持续的土地管理和利用。

欧盟 2030 年可持续发展议程和环境行动计划强调了可持续城市和棕地再开发的重要性，提出了减少城市活动对环境的负面影响、促进废物减少和回收、提高用水和能源效率等目标。欧盟环境指令，如废物、水和空气质量立法，为棕地再开发提供了法律基础。

根据联合国可持续发展目标第 12 项确保可持续消费和生产模式，棕地再开发的效益评估标准包括对潜在污染和污染调查的评估，以及对任何棕地再开发的评分。最低要求是确保项目符合欧盟分类要求，涉及受保护的栖息地和生态走廊。评估标准分为两个等级：一级为新住宅位于可能受污染的土地上，已进行了潜在污染物调查；二级为所有污染由注册废物提供商处理，符合无害化第 5 类重大危害（预防与控制）。

近年来积极推动土壤健康立法，以应对土壤退化问题。2021 年 5 月，《零污染行动计划》中提出 2050 年零污染愿景：人人享有健康的地球。即空气、水和土壤污染被降低到不再被认为对健康和自然生态系统有害的水平，尊重我们的星球可以承受的界限，从而创造一个无毒的环境。同年 11 月，欧盟委员会发布了《2030 年欧盟土壤战略》，主张到 2030 年，欧盟 75% 的土壤将保持健康或得到改善；到 2050 年，土壤污染应降到不再构成风险的水平。

2022 年 3 月，ClientEarth 发布了一份名为《欧盟土壤健康法，支撑框架的法律原则》的文件，强调了制定一项欧盟范围内的土壤立法框架的必要性。2023 年 1 月，德国环境署发布了一份名为《即将出台的欧盟土壤健康法——有效土壤保护的机遇和挑战》的文件，对土壤健康法提出了 7 条关于实现 2050 年土壤健康目标的建议。2023 年 7 月 5 日，欧盟委员会提议出台《土壤监测法》，以确保土壤的可持续利用，保护和恢复土壤，并应对欧盟土壤面临的主要威胁。2024 年 4 月，《土壤监测法》通过提案，为到 2050 年实现健康土壤提供了法律框架。其建立了一个全面的土壤监测框架，以持续改善欧盟所有成员国领土内的土壤健康，并确保到 2050 年实现全域土壤健康的目标。该法要求成员国在其领土内建立土壤区划，将每个区划作为土壤管理的单元，建立基于土壤区划的监测框架，以定期监测土壤健康。该法列出了土壤健康指标和健康土壤的条件，规定了土壤测量的方法和频率，要求建立自愿的土壤健康认证机制。此外，强调以风险为基础的管理方法，要求成员国对潜在受污染场地和受污染场地进行识别、调查、风险评估和管理，以将其风险降低到可接受水平。

9.1.2.2　欧盟棕地开发效益评估框架

欧盟在推动棕地再生方面实施了多个重大科技专项，旨在通过技术创新和综合管理框架，解决棕地开发中的复杂问题，评估棕地开发效益，促进可持续城市发展。

（1）棕地再生的整体管理

棕地再生的整体管理（Holisitic Management of Brownfield Regeneration, HOMBRE）项目是欧盟第七框架计划资助的项目，旨在通过跨学科合作和创新技术促进欧洲棕地的可持续再开发，强调从污染治理到土地利用的全过程管理。该项目提出了“零棕地”（Zero Brownfields）的概念，即将棕地视为提供社会服务的机遇，而不仅仅是废弃土地。此外，该项目还开发了一系列工具和指南，用于分析污染场地的风险、修复潜力及经济可行性，帮助决策者评估棕地潜力、优化修复策略并促进社区参与；开发了“技术列车”（Technology Trains），结合修复与新服务（如能源生产、空间创造或材料回收）的综合解决方案；开发了“棕地导航器”（Brownfield Navigator），帮助用户通过生命周期管理，加速棕地的再利用。HOMBRE 的创新之处在于将生态修复、社会需求和经济可行性相结合，推动棕地再生成为可持续城市发展的重要组成部分。

（2）平衡城市棕地再生决策

平衡城市棕地再生决策——人、地球、利润和流程（Balancing decisions for urban brownfield regeneration-people, planet, profit and processes, BALANCE 4P）项目的目标是通过重新开发受污染的土地和未充分利用的土地（棕地）来支持可持续城市更新的整体方法。在重建过程的早期阶段，城市开发商和地下专家之间更好的合作可以加速棕地重建，并有可能确定更可持续的重建策略。通过整合技术、经济和社会方面来支持棕地的再开发，并为地下工作的挑战和机遇沟通提供方式。

（3）欧洲棕地再生的定制化改进

欧洲棕地再生的定制化改进（Tailored Improvement of Brownfield Regeneration in Europe, TIMBRE）项目（2011年1月—2014年6月，项目活动的欧盟资助拨款为344万欧元），也属于欧盟第七框架计划项目，旨在通过开发和提供定制的面向问题和目标的技术、方法和管理工具包，支持最终用户克服棕地和大型场地再利用的现有障碍，以实现大型场地的高效和可持续的再利用规划和修复。Timbre通过提供最先进技术和工具的最新信息，支持量身定制的巨型场地再生。作为一项独特的资产，Timbre将刻意纳入文化和行政特征及其地区特色。该项目将加强对特定场地再生方案的综合评估，并通过设定正确的优先事项来促进污染场地组合管理。此外，通过有针对性的培训和传播课程提供用户需求是该项目的基石。

（4）棕地和经济再生协调行动网络

棕地和经济再生协调行动网络（The Concerted Action on Brownfield and Economic Regeneration Network, CABERNET）是一个多学科网络，由多个专家利益相关小组组成（包括金融家、技术供应商、学者和其他研究人员、土地所有者、开发商、监管机构和政策制定者、地方当局、社区互动小组和专业顾问），旨在为城市棕地提供新的实用解决方案。CABERNET应根据欧洲城市可持续发展的背景，通过提供协调研究和开发工具的知识框架，加强棕地的修复。

9.1.2.3　欧洲其他国家棕地开发经验

欧洲国家如英国、荷兰、德国和乌克兰在污染土地整治、土壤保护和风险评估方面制定了相关立法，并通过现代计算机技术和景观修复技术对棕地进行再利用。欧洲各国都没有棕地重建的专门法规，但是相关法律中都涉及棕地，多数已经建立了一套法律法规体系。荷兰的棕地再生以“多功能土地利用”为核心，强调修复后的土地能够满足经济、生态和社会需求，通过《土壤保护法》（*Soil Protection Act*）和《土壤修复暂行法案》（*Interim Soil Remediation Act*）建立了完善的土壤修复法律体系。荷兰政府还推出了“土壤修复基金”，为无法确定污染责任主体的场地提供资金支持。德国涉及棕地的法律有1999年生效的《联邦土壤保持法》、《区域规划法》和《建筑法》

等法规，前者制定了全国通用的风险评估和清理标准对污染土地进行治理的法律规定，并为清理计划和治理合同提出了一些指导原则，后两者涉及地表开挖和限制新地开发等方面的规定，并对土壤处理问题提供了基本指南。丹麦2000年生效的《土壤污染法》为被污染用地的利用建立了法律基础，该法强调了市政当局对投资和修复被污染土地的作用，并期望能够进一步增加棕地修复的可能性。

### 9.1.3 日韩

#### 9.1.3.1 棕地开发经验

日本于2002年颁布了《土壤污染对策法》，成为该国棕地治理的重要法律依据。该法律明确了土地所有者的责任，要求其对污染场地进行检测、治理，并公布治理结果。此外，日本政府还通过财政手段支持棕地开发，如减免清污企业的税负。日本的棕地开发注重结合城市更新和交通导向开发（TOD）模式。例如，东京大崎站周边的棕地开发通过TOD模式，将交通枢纽与高密度建筑空间相结合，实现了功能置换和土地价值提升。这种模式不仅改善了交通条件，还通过步行友好设计和公共空间建设提升了社区的环境质量和居民生活质量。

韩国制定了《城市再生促进法》，为该国的棕地开发提供法律框架和资金支持。韩国的棕地开发注重生态修复和景观设计，强调通过绿色空间和生态基础设施提升土地价值。例如，韩国的一些城市通过建设生态公园和绿色走廊，将废弃工业用地转变为具有生态和休闲功能的公共空间。韩国的仁川松岛国际城是一个典型的棕地开发案例。该项目通过生态设计和智能城市技术，将废弃工业用地转变为现代化的生态城市，成为亚洲地区的典范。

#### 9.1.3.2 棕地开发综合效益评估

日本开发了一种基于电子表格的软件包的绿色修复评估工具：GRATJ，旨在方便比较日本针对污染土壤的各种对策所产生的环境影响。该工具采用基于生命周期评估的模型，计算修复活动整个生命周期中的投入产出清单。工具内置了针对重金属污染的14种修复方法和针对挥发性有机化合物污染的12种修复方法。此工具能够评估130项投入产出清单，并轻松将这些投入产出整合到9个影响类别、综合终点和1个指数中。通过输入与目标场地相关的基本数据，即可比较研究不同修复技术条件下棕地修复开发的效益。

### 9.1.4 棕地开发综合效益评估指标对比

美国、欧盟、日韩在棕地开发评估指标方面各有侧重，但都强调了社会经济效益、环境效益、政策支持和技术方法的重要性。

（1）社会经济效益

美国的棕地再开发项目通常注重创造就业机会和改善社区生活质量。例如，通过 BENEFRICHES 工具，可以评估棕地再开发的社会经济效益，包括增加社区吸引力、改善居民生活环境等。此外，美国的棕地再开发项目还强调绿色基础设施的结合，以实现经济、环境和社会协同效益。欧盟的棕地再开发项目同样重视社会经济效益，特别是在促进就业和改善居民生活质量方面。欧盟 RESCUE 计划和英国 CIRIA 的研究都强调了棕地再开发在社会经济方面的综合效益。韩国的棕地再开发项目注重社区参与和居民利益，通过政策支持和资金投入，提升社区的整体福祉。例如，韩国的绿色屋顶政策不仅增加了城市绿地面积，还提高了居民的生活质量。日本的棕地再开发项目注重环境保护和可持续发展，通过严格的环境标准和政策支持，确保项目的环境和社会效益。例如，日本的森林碳足迹标签认证指南和绿色屋顶政策都是成功案例。

（2）环境效益

美国的棕地再开发项目强调环境保护和生态修复，通过绿色基础设施和生态恢复技术，减少污染并提升生态系统功能。例如，EPA 的棕地再开发项目包括土壤修复和生态恢复措施。欧盟的棕地再开发项目同样注重环境保护，通过严格的环境标准和政策支持，确保项目的环境可持续性。例如，欧盟 RESCUE 计划和英国 CIRIA 的研究都强调了棕地再开发在环境保护方面的综合效益。韩国的棕地再开发项目注重生态恢复和环境保护，通过绿色屋顶和墙面绿化等措施，提升城市绿地面积和生态环境质量。日本的棕地再开发项目注重环境保护和可持续发展，通过严格的环境标准和政策支持，确保项目的环境可持续性。例如，日本的森林碳足迹标签认证指南和绿色屋顶政策都是其成功案例。

（3）政策支持

美国的棕地再开发项目得到了联邦政府和州政府的支持，通过政策法规体系完善和资金支持体系健全，有效推进了棕地的治理和再开发。例如，EPA 的棕地再开发项目包括土壤修复和生态恢复措施。欧盟的棕地再开发项目同样得到了政策支持，通过法律体系完善和资金支持体系健全，确保项目的顺利实施。例如，欧盟 RESCUE 计划和英国 CIRIA 的研究都强调了棕地再开发在政策支持方面的综合效益。韩国的棕地再开发项目得到了政府的支持，通过政策法规体系完善和资金支持体系健全，确保项目的顺利实施。例如，韩国的绿色屋顶政策和森林碳足迹标签认证指南都是其成功案例。日本的棕地再开发项目得到了政府的支持，通过政策法规体系完善和资金支持体系健全，确保项目的顺利实施。例如，日本的森林碳足迹标签认证指南和绿色屋顶政策都是其成功案例。

（4）技术方法

美国的棕地再开发项目采用了多种技术方法，包括土壤修复技术、生态恢复技术和绿色基础设施技术。例如，EPA 的棕地再开发项目包括土壤修复和生态恢复措施。欧盟的棕地再开发项目同样采用了多种技术方法，包括土壤修复技术、生态恢复技术和绿色基础设施技术。例如，欧盟 RESCUE 计划和英国 CIRIA 的研究都强调了棕地再开发在技术方法方面的综合效益。韩国的棕地再开发项目采用了绿色屋顶和墙面绿化等技术方法，提升了城市绿地面积和生态环境质量。日本的棕地再开发项目采用了严格的环境标准和技术方法，确保项目的环境可持续性。例如，日本的森林碳足迹标签认证指南和绿色屋顶政策都是成功案例。

## 9.2 棕地开发三次影响测算进展

随着土壤修复行业的日渐成熟与修复技术研究的逐渐深入，在全球环境变化的背景下，土壤修复各阶段所产生的环境影响受到重视。土壤修复产生的环境影响包括一次影响、二次影响和三次影响。其中一次影响主要指污染场地和污染物状态的影响，包括污染土地排放的温室气体、土壤污染对人体健康的影响、生态景观退化。二次影响是指修复活动相关的影响，通常来自能源消耗（如燃料和电力）和材料生产运输，包括修复活动产生的二次污染排放、二氧化碳排放等。在某些情况下，二次影响负面效应远大于修复治理产生的正面效应。以英国 Corby 市为例，20 世纪八九十年代，Corby 市政部门在一些搬迁的工厂旧址上进行房地产开发，再开发的过程造成了严重的二次污染，导致 Corby 居民出现了很多健康问题，包括畸形儿出生率提升等。三次影响是指与修复后场地使用相关的影响，通常涉及土地再开发。例如，在市区进行重建作为在郊区开发绿地的替代方案，将减少对新的基础设施（如道路和公用事业）的需求，其通勤距离更短，公共交通利用率更高，从而降低能源消耗，减少三次影响。

## 9.2.1 测算基础理论模型

### 9.2.1.1 生命周期评估工具

生命周期评估（Life Cycle Analysis, LCA）是土壤修复碳足迹的重要评估方法之一，可以通过 Simapro、GaBi、EIO-LCA 等商业软件对场地修复整个生命周期输入、输出及潜在环境影响进行评估，对各类污染场地治理修复技术的碳排放进行量化分析和比较，在一定范围内为污染场地修复技术的选择提供科学依据。LCA 方法从系统视角出发，从原料获取、运输、使用到处置等一系列过程，对修复行为的环境影响开展定量评估，并通过归一化的计算方式，实现对不同修复技术处理单位质量污染土壤碳排放的比较分析。该方法于 1997 年首次应用于修复技术环境影响评估，目前已获得广泛应用。

SimaPro 由荷兰 Product Ecology Consultants 公司开发，可用于计算碳足迹和其他环境影响并确定需要改进的关键环节，SimaPro 使用多个基础排放清单数据库，包括 Ecoinvent、US LIC、ELCD、US Input Output 等，并提供 17 种不同的影响评估方法，其中包括 ReCiPe、Eco-indicator 99、IPCC 2007、USEtox、 Impact 2002+、CML-IA、温室气体议定书等。GaBi 软件由德国斯图加特大学 LBP 研究所和德国 PE 公司共同开发的生命周期评价软件，具有温室气体排放、碳足迹计算等功能。GaBi5 拥有 4 700 个 LCI（生命周期清单）数据集，并更新了 LCA 评价输入（如改良的碳足迹和碳平衡模型）。EIO-LCA 是由卡内基梅隆大学绿色设计研究所设计的一款在线工具，EIO-LCA 评估了项目所需的材料、能源、资源消耗及污染排放，可用于快速评估场地修复过程产生的环境影响，该软件已广泛应用于产品开发，但其在评估场地修复可持续性及碳足迹方面的应用近几年才受到关注。

除 LCA 评估软件外，发达国家先后开发了若干可用于碳排放评估 / 核算软件工具，如 BATNEEC、REC、$CO_2$ 计算器、SRT、SiteWiseTM、OSRTI 等，用于对本国修复行业环境足迹开展评估。

9.2.1.2　成本效益评估工具

1984 年，欧盟（比利时）推出 BATNEEC（Best Available Technology Not Entailing Excessive Costs）工具，使用多标准分析用于土壤修复技术的选择，考虑环境、技术和财务 3 个方面，但环境影响方面的考虑比较有限，主要针对一次和二次环境影响进行评估，对于碳排放要素关注较少。

2004 年，欧盟开发 REC（Risk reduction，Environmental merit and Cost）决策支持系统，从风险削减、环境影响和成本 3 个方面，分别给出相应的评价指数，用于分析、评估和选择最有效、最高效的污染场地土壤修复策略，为污染土壤修复环境、社会和经济综合效益量化评估提供依据。其中，碳排放作为环境影响的一部分，包括在环境模块计算当中。

9.2.1.3　环境足迹评估工具

美国空军工程与环境中心（AFCEE）开发推出的土壤修复核算工具 SRT 以 Microsoft Excel 为平台，主要用于预测不同规划和修复策略下的修复技术可持续性，比较不同修复方法，或用于评估已实施修复技术的优化可能性。该工具包括 8 种常用修复技术，包括开挖、土壤气相抽提、地下水抽出处理、原位生物降解、热处理、原位化学氧化、渗透性反应墙、长期监测。SRT 采用层次性核算的方式，量化了一系列可持续指标，包括温室气体排放量和能源消耗等。

EPA 基于足迹评价的方法理论发布了基于 Microsoft Excel 的“SEFA”分析工具，并提供工作手册来帮助决策者分析场地修复项目的环境足迹，确定产生足迹的主要修复活动，并通过评估结果优化项目参数，从而在减少修复活动环境影响的同时，推进绿色修复原则应用，鼓励对修复工作开展量化评估。SEFA 定量评价指标包括能源消耗、温室气体排放、空气污染物排放、材料使用、废弃物排放等，并对其他环境影响进行定性分析。

美国海军设施与工程司令部、美国陆军工程兵团和美国巴特尔纪念研究所联合开发的独立工具 SiteWise™，其评价指标包括温室气体排放量、空气污染物排放量、能源消耗等。SiteWise™ 以 Microsoft Excel 为基础，采用模块核算方式，对场地调查、修复工程实施、后期监测等环节进行单独计算，有助于识别产生最大环境足迹的修复阶段。

### 9.2.2 国际主流测算工具

#### 9.2.2.1 EPA 的“RE-Powering 工具”

美国土地可再生能源计划工具（RE-Powering America’s Lands Initiative）。核心目标是推动废弃或受污染土地（如棕地、垃圾填埋场、矿区）的可再生能源再利用。减少土地开发对自然生态和农业用地的压力，促进清洁能源转型。为社区提供经济振兴机会，创造绿色就业岗位。开发机构为 EPA 联合美国能源部（DOE）、国家可再生能源实验室（NREL）。“RE-Powering 工具”通过数据驱动与多模型集成，为废弃土地的可再生能源开发提供了从筛选到落地的全链条支持。其成功不仅在于技术先进性，更在于推动环境治理与绿色经济的深度融合，成为全球棕地可持续再开发的典范。未来，随着技术进步与政策完善，该工具有望进一步降低清洁能源转型门槛，加速碳中和目标的实现。

（1）适用场地类型

棕地（Brownfields）：工业废弃地、受污染土地。

超级基金场地（Superfund Sites）：严重污染需长期治理的区域。

垃圾填埋场：封闭或活跃的垃圾填埋场。

废弃矿区：露天矿、尾矿库等。

其他限制用地：机场缓冲区、高速公路路权区等。

（2）核心功能模块

1）场地筛选与评估。

GIS 地图数据库：整合全美超过 66 万个潜在场地的地理数据，包括污染等级、土地面积、坡度、所有权等。

2）可再生能源潜力分析。

太阳能：基于 NREL 的太阳能辐射模型（NSRDB），计算年日照时长和发电潜力。

风能：利用风能资源地图（WIND Toolkit），评估平均风速与涡轮机布局。

生物质能：分析周边生物质资源（农业废弃物、林业残余物）的可利用量。

3）基础设施接入评估：电网距离、变电站容量、输电成本估算。

经济与可行性分析：成本 - 效益模型：计算项目投资回收期（Payback Period）、净现值（NPV）、内部收益率（IRR）。

4）政策激励匹配：自动关联联邦与州级补贴（如投资税收抵免 ITC、生产税抵免 PTC）、可再生能源证书（RECs）收益。

风险分析：污染治理成本、土地租赁协议、社区接受度评估。

5）环境效益量化。

碳减排计算：基于 AVERT 模型，估算替代化石能源的 $CO_2$ 减排量。

土地利用优化：避免开发未受污染土地（如农田、森林）的生态保护价值。

污染协同治理：如太阳能板覆盖垃圾填埋场可减少雨水渗透，降低污染物迁移风险。

6）社区参与支持。

利益相关方地图：识别地方政府、土地所有者、环保组织等关键参与者。

公众沟通模板：提供社区会议材料、可视化效果图（如虚拟现实展示）。

就业影响预测：根据 NREL 的 JEDI 模型，估算项目建设与运维期的岗位需求。

（3）应用案例与成效

1）印第安纳州印第安纳波利斯垃圾填埋场太阳能项目。

场地：160 英亩封闭垃圾填埋场，甲烷排放风险高。

工具应用：通过 RE-Powering 筛选，确认适合建设 13.5 MW 太阳能电站。计算年发电量 18 GW·h，满足 2 000 户家庭用电。

成果：减排 $CO_2$ 14 000 t/a，相当于种植 23 万棵树。创造 45 个建筑岗位和 5 个长期运维岗位。土地租金收入为市政府提供年均 50 万美元财政收入。

2）科罗拉多州落基山兵工厂超级基金场地。

挑战：土壤受化学武器污染，治理成本高昂。

解决方案：利用 RE-Powering 工具设计“修复 + 光伏”同步方案：覆盖污染区以减少雨水渗透，同时安装 10 MW 光伏阵列。

工具匹配州级税收抵免，降低项目成本 15%。

效益：年发电收入 120 万美元用于补贴污染治理。减少土壤修复周期 10 年。

9.2.2.2　欧盟“CLEAR 工具”耦合 InVEST 模型应用

CLEAR 工具（CLimate, Environmental and socio-economic Assessment and Response tool）是欧盟资助开发的综合性环境决策支持系统，旨在评估土地利用变化对气候、生态和社会经济的影响。其核心功能是通过集成多学科模型（如生态系统服务模型、经济模型、空间规划工具），为棕地修复和土地再利用提供量化分析框架。

InVEST（Integrated Valuation of Ecosystem Services and Tradeoffs）模型由美国斯坦福大学自然资本项目开发，专门用于量化生态系统服务（如碳封存、水源涵养、生物多样性）的空间分布与价值。其生物多样性模块（Habitat Quality 和 Species Richness）通过生境质量指数评估土地利用变化对物种多样性的影响。

CLEAR 工具通过嵌入 InVEST 的生物多样性模块，将棕地修复后的土地利用变化与生物多样性提升直接关联，弥补传统经济评估忽视生态价值的缺陷，为欧盟“绿色新政”和“2030 生物多样性战略”提供科学依据。

（1）应用案例与成效

鲁尔区（Ruhrgebiet）曾是欧洲最大的工业聚集区，以煤炭开采、钢铁生产和化工为主导产业。20 世纪 70 年代后，产业衰退导致约 3 000 处工业棕地（总面积超 10 万 $hm^2$）被废弃。会面临以下问题。生态破坏：土壤重金属污染（铅、镉超标 10 ~ 50 倍）、地下水污染（苯系物浓度超标准 200 倍）、植被退化（80% 区域无原生植被）；经济衰退：失业率高达 15%（20 世纪 80 年代），GDP 增速长期低于德国平均水平；社会矛盾：人口流失（1960—1990 年减少 12%）、社区凝聚力下降、工业遗产保护与文化认同危机。

通过棕地修复与再利用，实现“生态修复 - 经济转型 - 文化再生”三位一体的区域振兴，打造欧洲后工业转型标杆。

（2）CLEAR-InVEST 分析三次影响

数据建模：修复前土地利用：工业用地（60%）、废弃建筑（30%）、污染裸地（10%）。修复后规划：混交林（40%）、湿地（30%）、社区绿地（30%）。威胁因子：历史重金属污染（权重 0.9）、交通噪声（权重 0.4）。

生境质量计算：修复前平均 $Q$ 值：0.25（重度退化）；修复后 $Q$ 值提升至 0.68。生境退化热点从核心工业区转移至边缘交通带。

物种丰富度预测：目标物种：欧洲林蛙（*Rana temporaria*）、红背伯劳（*Lanius collurio*）、稀有蕨类（*Dryopteris carthusiana*）。修复后支持物种数从 12 种增至 35 种，濒危物种占比从 5% 提升至 22%。

综合效益评估：生物多样性价值：按欧盟生态补偿标准（5 000 欧元 / 物种 · $hm^2$），年效益约 420 万欧元。协同效应：碳汇增加 2.3 万 t/a，结合欧盟碳交易价格（80 欧元 /t），附加收益 184 万欧元。

9.2.2.3　美国芝加哥“The 606”线性公园 TIF 模式案例

“The 606”线性公园是芝加哥市一项标志性城市更新项目，前身为废弃的布卢明代尔高架铁路（Bloomingdale Trail），全长 4.3 km，横跨芝加哥西北部的四个社区（洛根广场、洪堡公园、西镇、巴克敦）。布卢明代尔高架铁路自 20 世纪 90 年代停运后逐渐荒废，周边社区因工业衰退面临经济停滞、犯罪率上升和人口流失等问题。通过改造废弃铁路为多功能线性公园，激活区域经济，提升环境质量，促进社区融合，并避免“绅士化”（Gentrification）导致的低收入群体被迫迁离。

税收增量融资（Tax Increment Financing, TIF）是美国地方政府用于推动经济衰退或欠发达地区再开发的工具，其运作逻辑如下：

划定 TIF 区：政府将目标区域划为 TIF 区，设定基准年份的房产税基。

冻结税基：TIF 区内未来一定年限（通常 20 ~ 30 年）内因开发带来的房产税增长部分（“税收增量”）不纳入普通财政，而是专项用于偿还开发债务或再投资。

融资开发：政府发行债券或贷款，利用未来税收增量作为还款来源，支持基础设施建设、污染治理等前期投入。

退出机制：TIF 到期后，税基恢复正常分配，新增税收回归政府一般财政。

（1）TIF 区设置与资金规模

TIF 区范围：覆盖公园沿线 0.5 英里（约 800 m）半径区域，总面积约 320 英亩，涉及住宅、商业和工业用地。

基准税基年份：2013 年（项目启动前），区域内房产税总额约 1 200 万美元 /a。

融资规模：总开发成本约 9 500 万美元，其中 TIF 资金占比约 4 000 万美元（42%），用于公园建设、土地征用和社区配套。

联邦与私人资金：剩余部分来自联邦交通补助（约 2 500 万美元）和私人捐赠（如信托基金、企业赞助）。

（2）TIF 资金分配

直接开发支出（约 3 200 万美元）：高架铁路改造（铺装、绿化、照明）及地面步道建设。污染土壤修复（原铁路沿线工业用地存在重金属污染）。地下管网升级（雨水管理系统，减少城市内涝）。社区配套投入（约 800 万美元）：可负担住房补贴：预留 1 500 万美元（部分来自 TIF 增量）用于保障低收入家庭住房。小微商业扶持：向本地企业提供低息贷款，鼓励社区商业复苏。

（3）税收增量预测与回收

预计税收增量：根据规划，TIF 区未来 20 年（2015—2035 年）内房产税增量总额约 1.8 亿美元，年均增长约 900 万美元。

还款优先级：税收增量首先偿还 TIF 债券本息，剩余部分用于社区福利基金（如教育、公共安全）。

（4）三次影响

经济效益：

土地价值提升：截至 2020 年，TIF 区内住宅均价上涨 62%，商业租金上涨 40%，远超过芝加哥全市平均水平（同期涨幅约 25%）。

企业投资拉动：吸引超过 50 家科技公司、艺术工作室入驻，创造 2 000 余个就业岗位，区域失业率从 12% 降至 6%。

税收增量兑现：2015—2022 年实际税收增量累计达 9 200 万美元，提前完成初期债务偿还目标。

社会与环境效益：

社区融合：公园年均接待游客 300 万人次，促进不同种族、收入群体间的互动（原社区拉美裔、非裔占比超 60%）。

环境改善：绿地覆盖率提高 35%，结合雨水花园设计，减少 70% 的合流制污水溢流（CSO）污染。

可负担住房保护：通过 TIF 资金建成 800 套可负担住房，将绅士化导致的低收入家庭迁离率控制在 5% 以下（同期旧金山同类项目迁离率约为 20%）。

## 专栏 5 潘安湖生态恢复典型案例

我国东部高潜水位矿区因多年采煤导致大面积地表沉陷、积水，近年来采煤沉陷区综合整治和生态修复构建了一大批采煤沉陷湿地等生态产品，为区域生态改良、人居环境提升和区域综合效益的协调发展发挥了重要作用。其中，“潘安湖采煤塌陷区生态修复及价值实现案例”列入自然资源部第一批全国生态产品价值实现典型案例。

（一）案例背景

江苏省徐州市贾汪区因煤而立，但由于长期高强度的开采，土地资源和生态环境都遭受了严重破坏，最严重的潘安湖地区塌陷面积达到 11.6 $km^2$，涉及潘安、权台、马庄等 6 个村庄的约 3 000 户村民。塌陷区内土地平均塌陷深度 4 m，耕地常年积水面积达 2.4 $km^2$，地上房屋损毁严重，生态环境十分恶劣，土地所有者权益严重受损。2010 年以来，徐州市以“矿地融合”的理念推进潘安湖采煤塌陷区生态修复，将千疮百孔的塌陷区建设成湖阔景美的国家湿地公园，并带动了区域产业转型升级与乡村振兴，维护了土地所有者权益，推动了生态产品供给增加和价值的充分实现。2017 年，习近平总书记在潘安湖采煤塌陷区视察时指出：“贾汪转型实践做得好，现在是‘真旺’了。塌陷区要坚持走符合国情的转型发展之路，打造绿水青山，并把绿水青山变成金山银山。”

（二）具体做法

一是充分发挥规划引领作用。按照“多规合一”的要求，统筹考虑区域内矿产、土地、水等资源管理和接续产业发展、新农村建设等，科学规划潘安湖塌陷区生态修复和后续产业发展，按照“宜农则农、宜水则水、宜游则游、宜生态则生态”的原则，创新“基本农田整理、采煤塌陷地复垦、生态环境修复、湿地恢复再造”四位一体的修复模式，规划建设“中国最美乡村湿地”。

二是以增加生态产品为核心推进国土综合整治。通过水土污染控制、地灾防治、生物多样性保护、生态旅游建设等一系列措施，系统治理塌陷区受损的自然生态系统。对塌陷积水较浅区域，利用湖泥等再造土源，结合挖深垫浅和农田基础设施建设，恢复农田生态系统功能和耕作能力；塌陷积水较深区域，重新规划布局水系，建设湿地公园，提高区域水体自净能力，恢复湿地生态功能和景观服务功能；综合运用分层剥离、交错回填、土壤重构、泥浆泵、煤矸石充填等土壤重构技术，建设塌陷区内的沟、路、渠、桥、涵、闸、站等水利设施，推进山、水、林、田、路和城乡居民点、工矿用地等国土空间的生态修复和综合整治。

三是切实维护土地所有者权益。对塌陷区内 139 $hm^2$ 的集体建设用地及规划挖低土地实施征收，对 155 $hm^2$ 徐矿集团闲置土地进行收购储备，盘活用于新产业发展用地。运用城乡建设用地增减挂钩、土地复垦等政策，异地建设安置房约 35 万 $m^2$，保障塌陷区内居民的搬迁安置；将塌陷区内未利用地、建设用地以及损毁或低产的耕地复垦为高质量耕地后，将土地承包经营权进行再分配。通过塌陷地征收、土地收购储备、居民点异地安置、土地承包经营权再分配等一系列产权流转，切实维护塌陷区土地所有者权益，为生态修复项目建设和产业转型腾出了发展空间。

四是大力发展生态型产业。按照“生态优先、绿色发展”的理念，结合塌陷地修复和综合治理成果，推动潘安湖地区由“黑色经济”向“绿色经济”转型发展。以潘安湖国家 4A 级湿地公园建设为核心，融合马庄香包文化、潘安文化等地区传统文化，引入专业化管理和市场化经营团队，打造了潘安湖湿地公园、潘安古镇、马庄香包非物质文化等旅游品牌；利用潘安湖及周边优美的生态环境，建设潘安湖科教创新区，建设集旅游、养老、科教、居住于一体的新型城镇化生态居住区；改造权台煤矿工业遗址，对权台煤矿主矿井等具有遗存价值的建筑物予以保护，开发建设煤矿遗址文化创意园，实现了生态、经济、文化和社会等多重效益。

（三）主要成效

一是大幅提高了生态产品的供给能力。通过综合整治，潘安湖地区1 160.87 hm$^2$的塌陷土地得到了系统修复，其中形成湖面266.67 hm$^2$、恢复湿地133.33 hm$^2$，地表水水质达到Ⅲ类以上，建成了主岛、醉花岛、鸟岛等9个生态岛屿，为100余种动植物物种提供了栖息地，成为徐州地区一个重要的候鸟栖息地，生态环境和人居环境大为改善。潘安湖地区从昔日满目疮痍、稼穑不生的采煤塌陷区，转变为湖阔景美的湿地景观区，为徐州市及周边区域源源不断地提供清新空气、清洁水源和良好的生物多样性，优质生态产品的供给能力得到了大幅提升。

二是生态产品价值逐步显化。通过产业转型发展，潘安湖地区从过去的煤炭开采、水泥粉磨等资源密集型产业转型升级为生态旅游、创意文化、教育科技等现代新兴产业，区域住宅地价经历了治理前的30万元/亩左右，到治理后的100万元/亩，再到现在300万元/亩的持续增长，实现了生态产品价值的外溢。潘安湖地区年接待游客达到了380万人次，形成了多个精品旅游线路和区域旅游品牌，促进了生态产品的价值显化。

三是带动乡村产业发展和村民增收。随着生态环境的改善，潘安湖周边村庄从原来大多以煤业为生，转变为依靠生态旅游开展多种经营，逐步形成了旅游、文化、餐饮、民宿、景区服务、绿化等产业，带动了“生态+旅游”“生态+文化”等多种产业形态共同发展。如毗邻潘安湖的马庄村，集中发展潘安湖景区四大板块之一的“民俗文化”体验板块，村内香包手工制作被确定为国家级非物质文化遗产，年销售额2 000余万元，带动村民创业就业、增收致富。

图1　潘安湖鸟瞰

资料来源：中国江苏网。

# 参考文献

[1] 肖龙，侯景新，刘晓霞，等．国外棕地研究进展 [J]. 地域研究与开发，2015(2).

[2] 何丹，江红．欧美棕地的治理与再开发 [J]. 城市问题，2012(8).

[3] 薛春璐，周伟，郑新奇．国外棕地治理与再开发政策对我国棕地利用的启示 [J]. 资源与产业，2012，14 (03): 141-146.

[4] 王慧，江海燕，肖荣波，等. 城市棕地环境修复与再开发规划的国际经验 [J]. 规划师，2017，33(3) : 19-24.

[5] 张琳琳，郑晓笛，张心怡，等．从顶层设计到实践路径：英美污染场地风险管理与再利用体系研究与启示 [J]. 环境污染与防治，2024，46(5):741-749.

[6] 蔡云楠，何志文，梁锐．棕地概念及国内外开发利用实践 [J]. 广东工业大学学报，2022，39(1):8.

[7] 赵菲菲，许月卿，李艳华．棕地再开发国内外比较研究 [J]. 国土与自然资源研究，2014(3):5.

[8] 王玲，姚南．国外棕地修复与再开发经验对成都的启示 [J]. 四川建筑，2019(6):3.

[9] 刘锴，宋易南，侯德义．污染地块修复的社会可持续性与公众知情研究 [J]. 环境保护，2018，46(9): 37-42.

[10] 侯德义，李广贺．污染土壤绿色可持续修复的内涵与发展方向分析 [J]. 环境保护，2016，44(20): 16-19.

[11] 陈卫平，谢天，李笑诺，等．欧美发达国家场地土壤污染防治技术体系概述 [J]. 土壤学报，2018，55(3): 527-542.

[12] 董璟琦，张红振，雷秋霜，等．污染场地修复生命周期评估程序与模型的研究进展 [J]. 环境污染与防治，2016，38(12): 89-95.

[13] 胡清，王宏，童立志．绿色可持续场地修复 [M]. 北京：中国建筑工业出版社，2018.

[14] BERMAN L, MORAR C, UNKART S, et al. An overview of brownfields

redevelopment in the United States through regulatory, public health, and sustainability lenses[j]. journal of environmental health, 2022, 84(9).

[15] AMELLER J, RINAUDO, JEAN - DANIEL, et al.The contribution of economic science to brownfield redevelopment: a review[j]. integrated environmental assessment & management, 2020, 16(2).

[16] Sustainable brownfield regeneration: liveable places from problem spaces [M]. Oxford: Blackwell Science Publish, 2007.

[17] CHARLSON J .Regeneration of brownfield land: the environmental law challenges[J].Journal of property planning and environmental law, 2018, 10(3).

[18] DUGGAN E M , LAURINO M , LEIGHTON B T .From superfund to super-neighborhood: reworking walkability for brownfield redevelopment in Southcentral Pennsylvania[J]. 2015.

[19] EPA.Brownfields program accomplishments and benefits—leveraging resources to revitalize communities[EB/OL].[2025-3-5].

[20] EPA.Brownfields Program Environmental and Economic Benefits[EB/ OL]. [2025-3-5].

[21] Brownfields: A Look at Designations, funding, and usage[EB/OL]. [2025-3-5].

[22] About the U.S. epa brownfields program[EB/OL]. [2025-3-5].

[23] The superfund program: protecting healthy communities, advancing environmental protection[EB/OL]. [2025-3-5].

[24] Superfund accomplishments and benefits annual accomplishments[EB/OL]. [2025-3-5].

[25] Superfund accomplishments report - fiscal year 2022[EB/OL]. [2025-3-5].

[26] HOU D, AL-TABBAA A, GUTHRIE P, ET al. Using a hybrid LCA method to evaluate the sustainability of sediment remediation at the London Olympic Park[J]. Journal of cleaner production, 2014, 83: 87-95.

[27] Gill R T, THORNTON S F, HARBOTTLE M J, et al. Sustainability assessment of electrokinetic bioremediation compared with alternative remediation options for a petroleum release site[J]. Journal of environmental

management, 2016, 184: 120-131.

[28] LEE R. Old iron: birth defects litigation and the Corby Steelworks' reclamation[J]. Journal of professional negligence, 2009, 24(4): 174-186.

[29] FAVARA P J, KRIEGER T M, BOUGHTON B, et al. Guidance for performing footprint analyses and life - cycle assessments for the remediation industry[J]. Remediation journal, 2011, 21(3): 39-79.

[30] HOU D, DING Z, LI G, et al. A sustainability assessment framework for agricultural land remediation in China[J]. Land degradation & development, 2018, 29(4), 1005-1018.

[31] AMPONSAH N Y, WANG J, ZHAO L. A review of life cycle greenhouse gas (GHG) emissions of commonly used ex-situ soil treatment technologies[J]. Journal of cleaner production, 2018, 186: 514-525.

[32] HOU D, AL-TABBAA A. Sustainability: a new imperative in contaminated land remediation[J]. Environmental science & policy, 2014, 39: 25-34.

[33] LIM, H., KWON, I. S., LEE, H., et al. Environmental impact assessment using a GSR tool for a landfarming case in South Korea[J]. Environmental monitoring and assessment, 2016. 188, 1-9.

[34] BEAMES A, BROEKX S, HEIJUNGS R, et al. Accounting for land-use efficiency and temporal variations between brownfield remediation alternatives in life-cycle assessment[J]. Journal of cleaner production, 2015, 101: 109-117.

[35] VISENTIN C, DA SILVA TRENTIN A W, BRAUN A B, et al. Application of life cycle assessment as a tool for evaluating the sustainability of contaminated sites remediation: A systematic and bibliographic analysis[J]. Science of the total environment, 2019, 672: 893-905.

[36] HOU D, SONG Y, ZHANG J, et al. Climate change mitigation potential of contaminated land redevelopment: a city-level assessment method[J]. Journal of cleaner production, 2018, 171: 1396-1406.

# 第三部分

# 结论与展望

THE THIRD PART

CONCLUSION AND PROSPECT

## 主要结论

综观2024年中国绿色低碳环境修复发展现状，从政策法规、标准规范、技术创新、工程实践等方面都取得了阶段性进展。各地积极探索大型场地环境修复与开发规划、“环境修复＋开发建设”模式，垃圾填埋场（大宗固体废物）综合治理、矿区生态恢复等大尺度治理修复与生态景观融合的案例不断涌现，在产企业和化工园区持续探索边生产边管控的绿色化改造模式，相关科技成果转化障碍壁垒逐渐打通，设备技术集成整体示范得到有效推进，土壤环境修复向绿色低碳转型具备基础条件。具体表现在以下几个方面。

一是政策引导力度加大，管理模式体现新思路、新理念、新路径。生态环境部、国家发展改革委、工业和信息化部、财政部、自然资源部、住房城乡建设部、农业农村部联合印发《土壤污染源头防控行动计划》，提出征集一批土壤污染风险管控和绿色低碳修复典型案例；沿江1 km腾退地块土壤污染治理专项行动要求体现绿色低碳理念。自然资源部持续发布“山水工程”、矿山生态修复、生态产品价值实现等系列典型案例；国家发展改革委、工信部积极发布绿色低碳指导目录或先进技术名录。这些政策充分体现前端引导、预防为主、突出重点、典型引领的管理思路。各地结合土地开发需求，积极探索大型污染场地修复管控、“环境修复＋开发建设”、矿山生态恢复与生态产品价值实现等典型模式，我国绿色低碳环境修复不断孕育新模式、蹚出新路子。

二是“双碳”引领驱动显著，多部门协同发力推进绿色低碳环境修复。环境修复减污降碳的关键领域包括工程技术、资源材料、节能降耗、碳汇负碳、三次影响等方面，涉及多个行业和部门。为深入贯彻落实党中央、国务院关于碳达峰碳中和的重大战略决策，发展改革、工信、自然资源、科技、生态环境等多个部委协同发力，从能源替代、资源节约、产业结构、技术进步、科技保障、生态价值、减污降碳等多个领域大力推动碳减排工作，为环境修复领域绿色低碳发展提供了重大机遇和全面支撑。

三是科技牵引持续发力，绿色低碳技术储备和材料研发逐年增强。2024年京津冀环境综合治理国家科技重大专项、大气与土壤、地下水污染综合治理国家重点研发计划等科技专项继续关注绿色低碳技术和材料的研发，推动土壤与地下水协同治理，强调绿色低碳技术的应用、低碳材料的开发和智能监测体系的构建。围绕矿山生态恢复和农用地复垦、黑土地保护等方面则侧重于典型脆弱土壤生态系统恢复技术、农业土壤重金属污染绿色防控技术的研发，推动黑土地可持续利用绿色模式。

四是棕地再生需求凸显，替代地产驱动的土地复合开发成为主流。随着城镇建设用地指标和房地产政策日趋收严，在城市更新等系列政策驱动下，城镇棕地的再开发利用需求日益凸显，越来越多的低效用地盘活后不再作为住宅开发，土地利用方式日趋多样化，更加注重景观、绿地、文化、美学等城市可持续综合要素的带动和提升，城镇工业污染场地修复后再开发利用的典型案例更加丰富，例如合肥东部新中心、大运河杭钢公园都是这类案例的典型代表。

五是地方积极寻求破题，探索推进“环境修复 + 开发建设”等新模式。各地结合土地安全利用实际需求，从污染地块风险管控 + 景观设计、地下桩基 + 阻隔管控、分阶段效果评估和移出名录、在产企业边生产边管控等角度探索开展建设用地安全利用新模式，通过用地规划前置开展精细化调查评估和管控修复，减少修复全过程环境足迹和碳足迹，减少修复后再开发利用三次影响，进一步推动绿色低碳环境修复的推广实践。

## 存在的问题

尽管在政策机制、部门协同、科技创新、市场模式等方面取得了阶段性进展，但环境修复领域整体仍以传统高能耗、高投入的修复模式为主，修复和管控模式选择不绿色、不低碳，地产开发驱动向政策驱动、责任驱动和绿色低碳意识驱动还处于转型期，环境修复绿色低碳发展仍面临不容忽视的诸多挑战，具体表现在以下几个方面。

一是环境修复领域减污降碳基线不明，协同增效路径不清。在“双碳”目标大背景下，环境治理领域以减污降碳为重要抓手。目前，污水处理、垃圾（固体废物）处置等环境治理领域均提出了行业减污降碳助力碳中和目标的路线图和行动计划，环境修复领域涉及各部门较为复杂，目前尚未提出获得广泛认同的产业碳排放核算方法和基线水平，行业减污降碳协同增效的基线不明、路径不清。

二是绿色低碳量化评估指标方法缺失，成效评估缺少抓手。国际上推行绿色修复和可持续评估都发布了相应的技术导则、指标方法和评估工具，以切实指导工程实践。我国绿色低碳环境修复尚未制定明确的评估指标体系，已开展的案例评估以国外参数和工具为主，迫切需要研发和制定符合我国国情的本土化绿色低碳修复环境足迹和碳足迹评估指标体系、参数因子和方法工具，在方案比选阶段和修复工程绿色低碳实践成效评估阶段提供切实可行的手段，为推进绿色低碳环境修复落地实施提供抓手。

三是绿色低碳环境修复内驱动力不足，价值实现机制不明。当前绿色低碳环境修复仍以政策驱动为主导，采取绿色低碳的技术措施带来的成本节约、可持续的综合效益和价值提升的驱动力不足，效益反哺的对象与修复承担主体之间的利益平衡机制缺失，利益相关方主动采取绿色低碳修复的动力不够，也是限制环境修复采取绿色低碳化措施推广应用的重要原因之一。迫切需要建立修复后土地再开发所带来的生态产品价值实现机制，不断提升绿色低碳环境修复内驱动力。

四是环境修复工程绿色低碳实践缺乏，示范带动效应较弱。现阶段环境修复工程仍以污染治理和风险防控为主要目标，现行法规要求和标准规范基本没有对修复过程的绿色化和低碳化提出明确的量化要求，方案制定过程中缺乏对环境影响和碳排放的定量评估和比选，考虑的成本、时间、资源等约束条件，修复工程仍以高能耗、高投入的异位修复、水泥窑协同处置、工程阻隔等为主。尽管现阶段开展了一些典型修复技术和工程环境足迹与碳足迹评估，尝试开展修复工艺绿色化和低碳化优化改进技术调研工作，但工程中实际采取低碳、环保技术和具体措施较少，难以形成典型示范带动效应。有必要通过宣传推广典型案例，带动一批有条件的修复工程积极采取绿色低碳措施。

五是相关科技创新成果储备转化不够，技术应用推广滞后。近年来各类科研项目积累了大量技术装备和材料等研发成果，但是实际应用效果不佳。绿色修复材料、协同治理技术装备等，大多停留在示范层面，实际工程应用较少，综合环境效益和降碳成效不显著。实际工程大多受开发需求、修复周期、场地条件等因素限制，倾向于选择异位、传统、快捷的修复模式，对新技术、新材料、新模式的接受度和推广度较差，产业绿色低碳转型的技术应用渠道迫切需要打通。

## 行动展望

2025年是“十四五”的收官之年，也是衔接“十五五”承上启下重要的一年。随着“一计划一方案”的发布实施，土壤污染防治和美丽乡村建设有了新的重要抓手，土壤环境管理支撑美丽中国建设形成了系统的发力点。整县推进美丽乡村建设、沿江1 km化工腾退地块土壤污染专项行动、“环境修复+开发建设”试点示范、绿色低碳修复典型案例征集等一系列激励政策的发布，将为今后一段时期环境修复行业迎来红利期提供坚实的政策导向。应当充分借助有利的政策窗口期，紧扣大型场地治理修复与再开发、绿色低碳修复、“环境修复+开发建设”、美丽乡村棕地景观等新生方向，全面推进环境修复绿色低碳转型各项工作，为修复行业不断提升自身绿色低碳能力夯实根基。

进一步完善绿色低碳修复标准规范，做到抓牢底线和支撑发展两手抓。尽快推进绿色低碳环境修复管理框架、绿色低碳评估技术指南、绿色修复工程措施清单标准、绿色低碳修复工程实施规范等系列材料的研究和编制，形成标准化、规范化的绿色低碳修复要求，在守牢土地安全利用、防范土壤健康和环境风险底线不松懈的基础上，坚持以高水平保护支撑高质量发展。政策层面充分借助绿色低碳这个牵引力，统筹土壤污染治理、生态环境修复、土地开发利用、区域绿色发展不同维度的管理要求和发展方向，不断推进土壤环境治理体系现代化。

加快研究绿色低碳修复指标和量化评估方法工具，提供有力管理抓手。为切实推进绿色低碳环境修复，需要结合管理需求，统筹研究、加快提出相应指标体系、量化评估方法和技术工具等，研究适用于我国国情的本土化评估参数和因子库；政策层面在专项行动或财政资金支持项目中要求落实绿色低碳修复措施，为修复工程加强绿色低碳转型提供切入点，为绿色低碳修复成效评估提供方法依据，为推动环境修复绿色低碳化管理提供有力抓手。

开展修复产业减污降碳协同路径研究，为“双碳”目标实现贡献行业力量。研判我国土壤修复产业发展现状和趋势，核算修复产业碳排放现状，确定基数、构建碳排放清单；开展修复产业未来碳排放趋势模拟预测，提出修复产业碳达峰碳中和目标，形成产业碳中和路线图、实施路径和技术框架，提出修复产业相关领域减污降碳对策建议，制定行动路线。将环境修复产业减污降碳协同路径研究纳入“十五五”专项规划任务中，为我国环境修复实现碳达峰、碳中和，推动土壤污染防治领域协同治理水平显著提升，支撑美丽中国建设贡献力量。

重视绿色低碳技术材料成果转化和推广应用，不断强化产业自身储备。持续加强环境修复领域绿色低碳先进技术、材料、工艺、设备等的科技研发和成果转化，加强实际修复工程中相关技术措施的推广应用，不断强化行业自身技术革新和能力储备。政策层面扩大宣传，发挥示范带动效应，征集典型案例；对于采用绿色低碳工艺和材料的修复工程，从政策、资金、效益反哺等方面给予倾斜。鼓励修复行业大力发展自主研发和科技成果转化应用，推动行业整体实力提升。

加快探索“环境修复＋开发建设”新模式、新场景，有力支撑高质量发展。不断探索环境修复领域现代化环境治理体系完善路径，结合城市绿色发展和高质量发展需求，鼓励各地加快探索“环境修复＋开发建设”等新模式、新场景，在坚持守住建设用地安全利用的底线基础上，探索前端土壤污染治理、风险管控、生态恢复、景观公园、智能监控、功能规划等多要素融合，统筹环境修复、开发建设、土地功能、生态产品等多领域管理要求和价值实现需求，不断打造高水平保护支撑高质量发展的环境修复领域精品工程和经典范式。

# Executive Summary

In the past decade of the new era, under the guidance of Xi Jinping Thought on Ecological Civilization, remarkable achievements have been made in China's ecological civilization construction. The year 2024 was a crucial year for achieving the goals and tasks of the 14th Five - Year Plan, and it was also an important year for implementing the spirit of the National Conference on Ecological and Environmental Protection and comprehensively promoting the construction of a Beautiful China. In this year, China's ecological restoration work was continuously deepened, the prevention and control of the sources of soil pollution were continuously strengthened, remarkable progress was made in advancing the carbon peaking and carbon neutrality goals, and green and low - carbon restoration witnessed rapid development. As an important means to support high - quality development with high - level protection, the field of environmental restoration is becoming more green and low - carbon.

At the same time, the situation of China's ecological and environmental protection remains severe. The weak foundation of soil pollution prevention and control work has not been completely reversed. The scale of funds for soil pollution prevention and control has shown zero growth for many years. Mine ecological restoration and farmland soil pollution treatment still mainly rely on government - driven efforts. The growth of the construction land soil restoration market originally driven by real estate has been weak. The paths for enhancing the value of ecological products and realizing comprehensive benefits after land restoration remain unclear. Technological innovation and industrial transformation in the restoration field struggle to meet the increasingly complex requirements of pollution treatment. The leading - enterprise effect in the restoration field is prominent, and the pressure of industry integration is intensifying. In 2024, the market scale of industrial pollution site restoration projects alone decreased by approximately 35% compared to 2023. Squeezed by technological limitations, capital shortages, and a sluggish market, the environmental restoration industry is moving forward with a heavy load during the painstaking period of industry transformation.

At the beginning of 2025, the "National Ecological and Environmental Protection Work Conference" identified eight key tasks. The top priority is to implement important measures for deepening the reform of the ecological civilization system, and promote the improvement of the basic ecological civilization system, the ecological environment governance system, and the green and low - carbon development mechanism. In the coming period, ecological and environmental protection work will be planned and advanced in the overall situation of economic and social development. In 2024, the Ministry of Ecology and Environment, jointly with multiple ministries and commissions, issued the "Soil Pollution Source Prevention and Control Action Plan" (hereinafter referred to as the "Action Plan") and the "Implementation Plan for the Construction of Beautiful Villages" (hereinafter referred to as the "Implementation Plan"), which have become important means for soil environmental management and the construction of beautiful villages in the coming period. In the new era, the continuous and in - depth promotion of the "Blue Sky, Clear Water, and Clean Soil" campaigns has entered a new stage. Under the guidance of the "Plan" and the "Plan", the environmental restoration industry is about to enter a new dividend period. It should closely focus on emerging directions such as the governance, restoration, and redevelopment of large - scale sites, green and low - carbon restoration, "environmental restoration + development and construction", and the landscape of brownfields in beautiful villages. It should find its position, boost confidence, take green and low - carbon development as the overall guide and key means, continuously strengthen its innovation and reserve of technologies for collaborative pollution reduction and carbon emission reduction, keenly respond to the positive signals released by policies, supervision, and the market, fully leverage the enabling power of technologies such as big data and artificial intelligence, overcome various unfavorable factors, and make concerted efforts in technological innovation, business model innovation, and policy coordination to break through difficulties. It should promote the transformation of the industry from "government - supported" to "market - driven", and continuously promote the stable, healthy, and upward green and low - carbon transformation and development of the industry.

**Steadily moving forward, China's green and low - carbon environmental restoration achieved rapid development in multiple fields in 2024.**

Under the guidance of macro - policies such as "Opinions of the Central Committee of the Communist Party of China and the State Council on Comprehensively Promoting the Construction of a Beautiful China" and "Opinions of the Central Committee of the Communist Party of China and the State Council on Accelerating the Comprehensive Green Transformation of Economic and Social Development", the demand for pollution reduction and carbon emission reduction in the field of environmental restoration has become increasingly urgent. The whole industry has a stronger ability to promote green and low - carbon restoration, and the concepts, assessments, and practices of green and low - carbon restoration have gained more social recognition and wide consensus. Systemic and in - depth explorations of green and low - carbon governance directions have been carried out in aspects such as industrial site restoration, agricultural land restoration, landfill sites (solid waste landfills), mine governance, source control, and regional governance and development.

**In terms of macro - regulations and policies,** the concept of green and low - carbon is emerging more frequently and with more detailed requirements. The Ministry of Ecology and Environment issued the "Soil Pollution Source Prevention and Control Action Plan", clearly stating the need to "promote the risk control of soil pollution and green and low - carbon restoration, and collect a batch of typical cases." Seven departments, including the Ministry of Natural Resources, jointly issued the "Notice on Further Strengthening the Construction of Green Mines" and released the "National Ecological Protection and Restoration Bulletin 2024" for the first time. The National Development and Reform Commission issued a guidance catalog for the green and low - carbon transformation of the industrial structure, covering the field of ecological protection and restoration. The Ministry of Industry and Information Technology introduced policies to strengthen the research and development of core technologies in the environmental protection equipment field. At the local level, various regions have successively issued green and low - carbon transformation action plans or advanced technology catalogs, with the ecological environment restoration field playing an important role. Under the overall deployment of the "Action Plan", the Ministry of Ecology and Environment, jointly with the National Development and Reform Commission, carried out a special soil pollution treatment action for the land vacated by chemical industries within 1 km along the Yangtze River, incorporating green and low - carbon concepts and requirements, and encouraging the adoption of clean energy substitution plans. This provided financial support, policy guarantees, and a platform for practical promotion for the exploration and implementation of green and low - carbon restoration projects.

**In terms of standards, specifications, and guidelines,** green and low - carbon indicators have received more attention and clearer requirements. At the national level, under the guidance of the "Guiding Opinions on Promoting the Risk Control of Soil Pollution and Green and Low - Carbon Restoration", an assessment index system for green and low - carbon soil restoration is being developed, and corresponding environmental footprint assessment software tools are being developed. The "2024 National Standard Establishment Guidelines" clearly listed the development of standards in the green and low - carbon field as a key task, including carbon emission accounting and carbon footprint management, indirectly promoting the update and upgrading of standards in the environmental restoration field. In the practice of restoration projects in various regions, more attention is paid to combining the dual goals of pollution treatment and low - carbon development. In line with the national dual - control policy for carbon emissions, many regions have explored the establishment of a carbon emission statistical accounting system to provide data support for the carbon footprint management of restoration projects.

**In terms of engineering practices and demonstrations,** green and low - carbon technical measures and restoration materials have been more widely applied. In April 2024, the National Development and Reform Commission released the first batch of green and low - carbon advanced technology demonstration projects, covering fields such as energy conservation and carbon reduction, ecological protection and restoration, and resource recycling, strengthening the transformation of technical achievements and industrial promotion. Resource - recycling materials have been applied in more environmental restoration project scenarios. For example, recycled industrial solid waste materials (such as slag and construction waste) have been applied on a large scale in soil improvement and ecological restoration, and bio - based materials have achieved results in the treatment of heavy metal pollution in farmland. More and more restoration projects pay attention to reducing the environmental footprint of restoration by minimizing secondary pollution during the implementation process.

**In terms of mechanism and policy innovation,** more explorations have been made in the integrated model of land governance and restoration (risk control) and development. The Ministry of Ecology and Environment encourages the exploration of the "environmental restoration + development and construction" model, and cities such as Shanghai, Chongqing, Guangzhou, and Jiangsu Province have actively carried out management and practical innovation. In 2024, the Ministry of Natural Resources continued to release typical cases of "landscape projects", mine ecological restoration, and the realization of the value of ecological products. The integration of mine ecological restoration, environmental improvement, and ecological industrialization has become deeper. In the governance, restoration, and development of industrial pollution sites, various regions have continuously explored practical cases of integrating risk control with ecological landscapes, promoting the development and utilization of restored sites, and enhancing the sustainable comprehensive benefits of the region. For example, the pesticide factory in Xinyang, Henan Province implemented risk control to create an "ecological oxygen bar", which not only solved the prominent problem of odor disturbing residents but also enhanced the ecological environment value of the region. The Liangxi Science and Technology City in Wuxi, Jiangsu Province explored the early intervention of the overall development plan of the park during the governance and restoration stage, prepared a risk control and green and low - carbon restoration plan, and organically combined the pollution situation, restoration and control plan, and development plan to promote the soil governance and restoration and land development and construction in an integrated manner.

**Figure 1 Comparison of the Taopu smart innovation city central green space park before and after redevelopment**

Source: Shanghai Taopu Smart City Development and Construction Co., Ltd.

**We can learn from others' strengths. Domestic and international experiences provide references for promoting green and low - carbon environmental restoration in China.**

From an international perspective, environmental restoration has evolved from large - scale governance and restoration during the policy - constraint period to a stage of green, sustainable, and resilient restoration oriented towards incentive - based development and sustainable comprehensive benefits. Since 2010, the flexible restoration plan (GRO) that has gradually received attention in developed countries can provide a reference for China's environmental restoration field in handling the relationship between natural restoration and artificial restoration. The green and low - carbon assessment indicators and software tools for soil restoration applicable to different national policy frameworks offer ideas for the development of localized green and low - carbon assessment software in China. Since 2000, countries such as the United States, Europe, Japan, and South Korea have developed a series of policy frameworks and technical assessment management toolkits for brownfield development and comprehensive benefit assessment, providing references for China's exploration of promoting "environmental restoration + development and construction" and ensuring the safe use of construction land. A correct understanding of the historical stage, current situation, and development trend of environmental restoration, and full reference to international experiences in green and low - carbon environmental restoration are of great significance for supporting the sustainable and healthy development of China's green and low - carbon restoration industry.

| UGS Element | Image | Description | UGS Element | Image | Description | UGS Element | Image | Description |
|---|---|---|---|---|---|---|---|---|
| Building greenspaces |  | Plants on balcony/roof/façade or any place within a building. | Institutional greenspace |  | Green spaces surrounding public and private institutions and corporate buildings. | Biofuel production/agroforestry |  | Land devoted to dedicated biofuel production, like short rotation coppice or poplar, etc. |
| Bioswale |  | Vegetated and gently sloped pit for filtering surface runoff. | Allotment |  | Small garden parcels cultivated by different people for non-commercial food production and recreation. | Horticulture |  | Land devoted to growing vegetables, flowers, berries, etc. |
| Riverbank green/ riparian vegetation |  | Greenspace along rivers, streams and canals, usually with foot or bike paths. | Community garden |  | Areas collectively gardened by a community for food and recreation. | Shrubland |  | Natural or secondary shrubland, e.g., heath, macchia, etc. |
| Historical park/ garden |  | Similar to large urban parks, but with distinct management due to heritage status. | Grassland |  | Pastures or meadows with grass cover. | Spontaneous vegetation on abandoned, ruderal, and derelict areas |  | Recently abandoned areas with spontaneously occurring pioneer or ruderal vegetation. |
| Neighbourhood greenspace |  | Semi-public greenspaces, vegetated by grass, trees, and shrubs in multi-story residential areas. | Tree meadow/meadow orchard |  | Fruit and nut trees, mixed agricultural use. | | | |

**Figure 2　Fourteen Potential Future Green Space Uses for Urban Brownfields**

Source: Chowdhury, 2020.

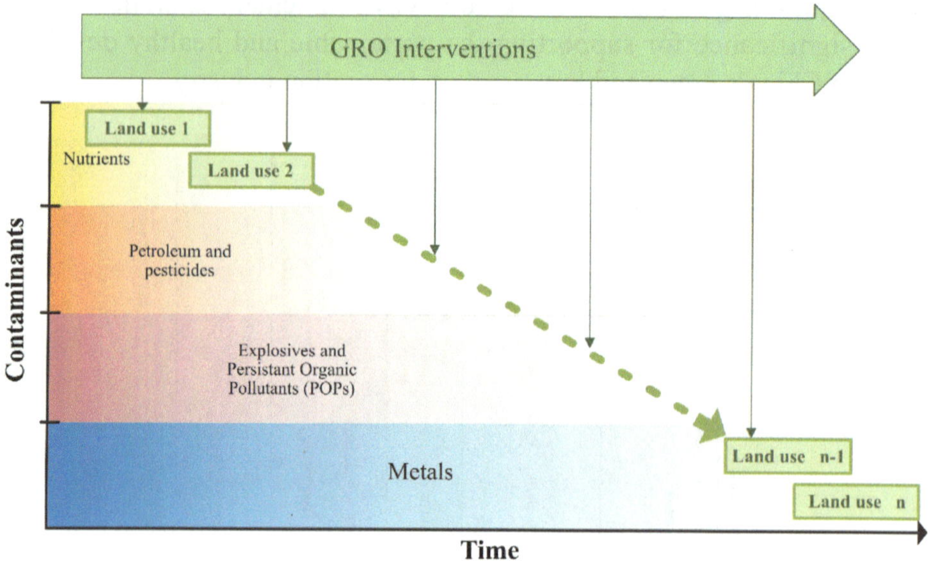


**Figure 3 The Connection between Different Types of Flexible Restoration Plans (GROs) and Future UGS Land Uses**

Source: Chowdhury, 2020.

In recent years, the international frontiers of green and low - carbon environmental restoration have mainly focused on areas such as responses to new pollutants, the coupling and optimization of engineering technologies, and intelligent monitoring and control. Continuous progress has been made in opening up new fields in terms of regulations and policies, technology research and development, standards and specifications, and engineering practices. In terms of responses to new pollutants, countries and regions such as the United States and the European Union have issued specific laws and regulations, and in recent years, environmental restoration has placed more emphasis on the treatment of new pollutants. In terms of engineering practice, green and low - carbon environmental restoration is evolving towards quantitative footprint assessment, enhancing the resilience of restoration projects, and more comprehensive and integrated solutions. The "EU Soil Strategy 2030" clearly proposes the goal of ensuring that all EU soil ecosystems are in a healthy state and are more resilient by 2050, aiming to achieve zero land occupation in the EU and reduce soil pollution to a level where it is no longer considered harmful to human health and natural ecosystems. Belgium requires all soil restoration projects to conduct greenhouse gas emission assessments. Many countries, including the United States and the European Union, have released guidelines, software, and cases for the environmental footprint and carbon footprint assessment of restoration projects. In terms of intelligent monitoring and management, a more intelligent, systematic, and comprehensive environmental monitoring and data management system based on big data models is gradually being established to provide comprehensive support for comprehensive environmental health solutions. The "Soil Monitoring Law" proposed by the European Commission and passed in 2024 provides a legal framework for achieving healthy soil by 2050. In the Asian region, green and low - carbon environmental restoration presents more emphasis, more flexibility, and more rapid management approaches. Japan requires the reduction of carbon emissions during the pollution restoration process and promotes renewable energy, and has developed a green restoration assessment toolkit based on spreadsheets.

**The "Green and Low - Carbon Environmental Remediation Development Report in China (2024)" Facilitates the Healthy Development of the Industry.**

To better support the healthy and stable development of the environmental restoration field and promote the green and low - carbon development of the industry, the Chinese Academy for Environmental Planning of the Ministry of Ecology and Environment took the lead in compiling the "Green and Low - Carbon Environmental Remediation Development Report in China (2024)" (hereinafter referred to as the "Report"). The report consists of two major parts: domestic and international progress. **The domestic progress part includes six chapters, namely, the progress of regulations, policies, and standards for green and low - carbon environmental restoration; the progress of engineering practices and technology research and development for green and low - carbon environmental restoration;** the typical models and progress of "environmental restoration + development and construction"; the public opinion analysis of green and low - carbon restoration based on big data technology; the ideas for the collaborative reduction of pollution and carbon emissions in China's environmental restoration; and the experience and progress of green and low - carbon restoration in Taiwan, China. It systematically reviews the progress of policies, regulations, standards, engineering practices, technology research and development, and typical models related to green and low - carbon environmental restoration in China in 2024. From the perspective of public opinion attention, it conducts big - data - based monitoring and analysis of soil restoration and green and low - carbon restoration in China. It puts forward preliminary ideas for the collaborative reduction of pollution and carbon emissions in China's environmental restoration around the "dual - carbon" goals and summarizes the green and low - carbon restoration experience of Taiwan, China, with the aim of providing references for the in - depth promotion of green and low - carbon environmental restoration in China during the 15th Five - Year Plan period.

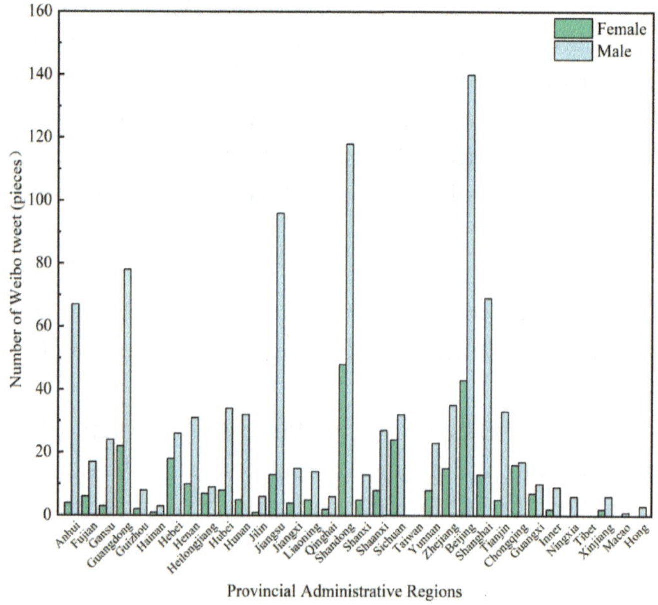


**Figure 4 Geographical Distribution of the Number of Push Articles on Green and Low-carbon Remediation of Contaminated Sites in China from 2012 to 2024**

**The section on international progress in the report includes three chapters: a new flexible restoration model integrating risk control and ecological landscape, a software for measuring and decision support of green and low-carbon restoration environmental footprint, and comprehensive benefit evaluation and policy innovation of brownfield development models.** The first chapter elaborates on the types, methods, advantages, challenges, and application scenarios of flexible restoration internationally. The second chapter sorts out the environmental footprint assessment software for green and low-carbon restoration released by countries such as the United States, the European Union, and Japan. The third chapter provides a detailed introduction to typical brownfield governance and development models, policies, benefit evaluation methods, and tools for measuring tertiary impacts internationally. The above international experiences have practical reference value for China's current practical needs in the field of soil pollution environmental restoration, such as promoting nature-based solutions, advancing risk control and green and low-carbon restoration, and exploring the "environmental restoration + development and construction" model.

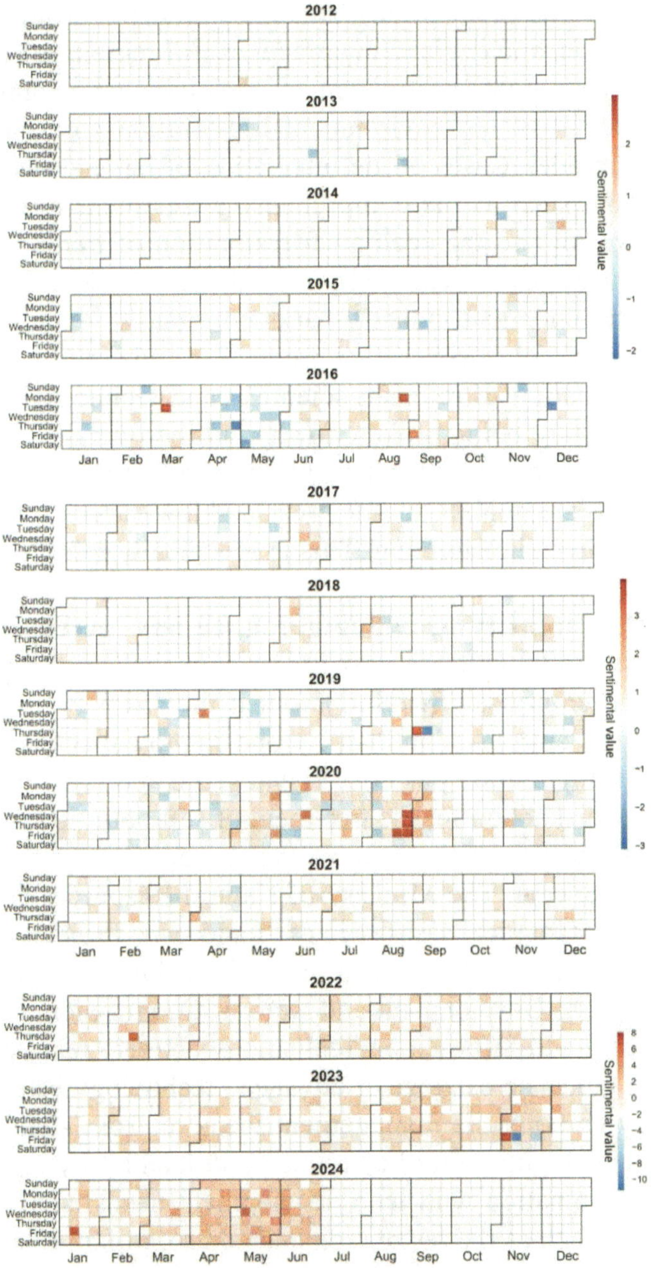


**Figure 5 Daily Public Sentiment on Green and Low-carbon Remediation of Contaminated Sites from 2022 to 2024**

# Main conclusions

Looking at the development status of China's green and low-carbon environmental restoration in 2024, phased progress has been made in terms of policies and regulations, standards and specifications, technological innovation, and engineering practices. All regions are actively exploring the environmental restoration and development planning of large-scale sites, as well as the "environmental restoration + development and construction" model. Cases of the integration of large-scale governance and restoration, such as the comprehensive treatment of landfill sites (bulk solid waste) and the ecological restoration of mining areas, with ecological landscapes are emerging in an endless stream. Enterprises in production and chemical industry parks continue to explore the green transformation model of concurrent production and control. The barriers to the transformation of relevant scientific and technological achievements are gradually being broken down, and the overall demonstration of equipment technology integration has been effectively promoted. The basic conditions are in place for the green and low-carbon transformation of soil environmental restoration. This is specifically reflected in the following aspects.

**First, the intensity of policy guidance has increased, and the management model reflects new ideas, concepts, and paths.** Seven ministries and commissions jointly issued the "Soil Pollution Source Prevention and Control Action Plan", proposing to collect a batch of typical cases of soil pollution risk control and green and low - carbon restoration. The special action for the treatment of soil pollution in the 1 - km vacated plots along the river requires the embodiment of the green and low - carbon concept. The Ministry of Natural Resources continuously releases a series of typical cases such as "Landscape Projects", mine ecological restoration, and the realization of the value of ecological products. The National Development and Reform Commission and the Ministry of Industry and Information Technology actively release green and low - carbon guidance catalogs or advanced technology catalogs. These policies fully embody the management ideas of front - end guidance, prevention first, highlighting key points, and leading by examples. All regions, in combination with land development needs, actively explore typical models such as the restoration and control of large - scale polluted sites, "environmental restoration + development and construction", and the ecological restoration of mines and the realization of the value of ecological products. New models are constantly emerging in China's green and low - carbon environmental restoration, opening up new paths.

**Second, the "dual-carbon" goal plays a significant leading and driving role, and multiple departments are working together to promote green and low-carbon environmental restoration.** The key areas for pollution reduction and carbon emission reduction in environmental restoration include engineering technology, resource materials, energy conservation and consumption reduction, carbon sinks and negative carbon, and tertiary impacts, involving multiple industries and departments. To thoroughly implement the major strategic decisions of the Central Committee of the Communist Party of China and the State Council on carbon peaking and carbon neutrality, multiple departments such as the National Development and Reform Commission, the Ministry of Industry and Information Technology, the Ministry of Natural Resources, the Ministry of Science and Technology, and the Ministry of Ecology and Environment are collaborating. They are vigorously promoting carbon emission reduction work in multiple fields, including energy substitution, resource conservation, industrial structure adjustment, technological progress, scientific and technological support, ecological value realization, and pollution and carbon reduction, providing significant opportunities and comprehensive support for the green and low-carbon development of the environmental restoration field.

**Third, the driving force of science and technology continues to be strong, and the reserves of green and low-carbon technologies and the research and development of materials are increasing year by year.** In 2024, national science and technology major projects such as the Environmental Comprehensive Governance Project in the Beijing-Tianjin-Hebei Region, and national key research and development programs such as the Comprehensive Treatment of Air, Soil, and Groundwater Pollution, continued to focus on the research and development of green and low-carbon technologies and materials. These efforts promoted the collaborative treatment of soil and groundwater, emphasized the application of green and low-carbon technologies, the development of low-carbon materials, and the construction of intelligent monitoring systems. Regarding mine ecological restoration, agricultural land reclamation, and black soil protection, the focus was on the research and development of restoration technologies for typical fragile soil ecosystems and green prevention and control technologies for heavy metal pollution in agricultural soil, promoting the green model for the sustainable use of black soil.

**Fourth, the demand for brownfield regeneration has become prominent, and land mixed - use development replacing real - estate - driven development has become the mainstream.** With the increasingly stringent urban construction land indicators and real - estate policies, driven by a series of policies such as urban renewal, the demand for the redevelopment and utilization of urban brownfields has become more and more prominent. More and more inefficiently - used lands, after being revitalized, are no longer developed for residential purposes. The land use methods are becoming more diversified, with greater emphasis on the promotion and enhancement of urban sustainable comprehensive elements such as landscapes, green spaces, culture, and aesthetics. There are an increasing number of typical cases of the redevelopment and utilization of urban industrial polluted sites after restoration. For example, the East New Center in Hefei and the Hangang Park along the Grand Canal are typical representatives of such cases.

**Fifth, local governments are actively seeking solutions and exploring new models such as "environmental restoration + development and construction".** All regions, in line with the actual needs of safe land use, are exploring new models for the safe use of construction land from perspectives such as risk control of polluted plots + landscape design, underground pile foundation + barrier control, phased effect assessment and removal from the list, and concurrent production and control of enterprises in production. By conducting fine - grained investigation, assessment, control, and restoration with land use planning in advance, they aim to reduce the environmental footprint and carbon footprint throughout the restoration process, minimize the tertiary impacts of post - restoration redevelopment, and further promote the practical application and popularization of green and low - carbon environmental restoration.

Although phased progress has been made in policy mechanisms, inter - departmental coordination, scientific and technological innovation, and market models, the environmental restoration field as a whole still mainly relies on traditional restoration models featuring high energy consumption and high investment. The selected restoration and control models are not green or low - carbon. The transformation from real - estate - development - driven to policy - driven, responsibility - driven, and green - and - low - carbon - awareness - driven development is still in progress. The green and low - carbon development of environmental restoration still faces many challenges that cannot be ignored, which are specifically manifested in the following aspects.

**First, the baselines for pollution reduction and carbon emission reduction in the environmental restoration field are unclear, and the paths for synergistic efficiency improvement are ambiguous.** Against the backdrop of the "dual-carbon" goals, pollution reduction and carbon emission reduction serve as crucial approaches in the environmental governance field. Currently, in environmental governance areas such as sewage treatment and waste (solid waste) disposal, roadmaps and action plans have been put forward to help achieve the carbon neutrality goal through industry - wide pollution and carbon reduction. However, the environmental restoration field involves complex cooperation among various departments. So far, there is no widely - recognized method for calculating industry carbon emissions and baseline levels. As a result, the baselines for synergistic pollution and carbon reduction in this industry remain unclear, and the paths for enhancing efficiency are undefined.

**Second, there is a lack of green and low-carbon quantitative assessment index methods, and there are no effective means for effectiveness evaluation.** Internationally, corresponding technical guidelines, index methods, and assessment tools have been released for promoting green restoration and sustainable assessment to effectively guide engineering practices. In China, a clear assessment index system for green and low-carbon environmental restoration has not been developed yet. The evaluation of existing cases mainly relies on foreign parameters and tools. There is an urgent need to develop and establish a localized assessment index system, parameter factors, and method tools for the environmental footprint and carbon footprint of green and low-carbon restoration that suit China's national conditions. These can provide practical means during the project selection stage and when evaluating the effectiveness of green and low-carbon practices in restoration projects, thus facilitating the implementation of green and low-carbon environmental restoration.

**Third, the internal driving force for green and low-carbon environmental restoration is insufficient, and the value realization mechanism is unclear.** Currently, green and low-carbon environmental restoration is mainly driven by policies. The cost savings, sustainable comprehensive benefits, and value enhancement brought about by green and low-carbon technical measures are not strong enough. There is a lack of a benefit - feedback and interest - balance mechanism between the beneficiaries and the main restoration entities. Stakeholders lack the motivation to actively adopt green and low-carbon restoration measures, which is one of the main reasons restricting the popularization and application of green and low-carbon measures in environmental restoration. It is urgent to clarify the value realization mechanism of ecological products generated from the redevelopment of restored land to continuously enhance the internal driving force for green and low-carbon environmental restoration.

**Fourth, there is a lack of green and low-carbon practices in environmental restoration projects, and the demonstration - leading effect is weak.** At present, environmental restoration projects mainly aim at pollution treatment and risk prevention. Current regulations and standards rarely put forward clear and quantitative requirements for the greening and low-carbonization of the restoration process. During the project planning stage, there is a lack of quantitative assessment and comparison of environmental impacts and carbon emissions. Considering constraints such as cost, time, and resources, restoration projects mainly rely on high - energy - consuming and high - investment off - site restoration, co - disposal in cement kilns, and engineering barriers. Although some assessments of the environmental and carbon footprints of typical restoration technologies and projects have been carried out, and research on optimizing and improving green and low-carbon restoration processes has been attempted, few low - carbon and environmental protection technologies and specific measures are actually adopted in projects. Therefore, it is difficult to form a strong demonstration - leading effect. It is necessary to publicize and promote typical cases to encourage a number of eligible restoration projects to actively adopt green and low-carbon measures.

**Fifth, the reserve and transformation of relevant scientific and technological innovation achievements are insufficient, and the promotion of technology application lags behind.** In recent years, various scientific research projects have accumulated a large number of research and development achievements in technical equipment and materials. However, their actual application effects are not satisfactory. Green restoration materials, collaborative treatment technical equipment, etc., mostly remain at the demonstration stage, with few applications in actual projects. Their comprehensive environmental benefits and carbon reduction effects are not significant. Most actual projects are restricted by factors such as development needs, restoration cycles, and site conditions, and tend to choose off - site, traditional, and quick restoration models. The acceptance and promotion of new technologies, new materials, and new models are poor. There is an urgent need to open up channels for the application of technologies in the green and low-carbon transformation of the industry.

## Action prospect

2025 is the final year of the 14th Five-Year Plan and a crucial year for connecting the 14th and 15th Five-Year Plans. With the release and implementation of the "Soil Pollution Source Prevention and Control Action Plan" and the "Implementation Plan for the Construction of Beautiful Villages", there are new and important means for soil pollution prevention and control and the construction of beautiful villages. Soil environmental management has formed a systematic focal point to support the construction of a Beautiful China. The release of a series of incentive policies, such as the promotion of beautiful village construction at the county - wide level, the special action for the treatment of soil pollution in the 1-km vacated plots by chemical industries along the river, the pilot demonstration of "environmental restoration + development and construction", and the solicitation of typical cases of green and low-carbon restoration, will provide a solid policy orientation for the environmental restoration industry to enter a dividend period in the coming period. We should fully take advantage of the favorable policy window, closely follow the emerging directions such as the governance, restoration, and redevelopment of large-scale sites, green and low-carbon restoration, "environmental restoration + development and construction", and the landscape of brownfields in beautiful villages, and comprehensively promote all aspects of the green and low-carbon transformation of the environmental restoration industry, laying a solid foundation for the continuous improvement of the industry's green and low-carbon capabilities.

**Further improve the standards and specifications for green and low-carbon restoration, paying equal attention to holding the bottom line and supporting development.** We need to speed up the research and compilation of a series of materials, including the management framework for green and low-carbon environmental restoration, technical guidelines for green and low-carbon assessment, standards for the list of green restoration engineering measures, and implementation specifications for green and low-carbon restoration projects, so as to form standardized and normalized requirements for green and low-carbon restoration. On the basis of firmly ensuring the safe use of land and preventing risks to soil health and the environment, we should adhere to supporting high-quality development with high-level protection. At the policy level, we should fully leverage the driving force of green and low-carbon development, coordinate the management requirements and development directions of different dimensions such as soil pollution treatment, ecological environment restoration, land development and utilization, and regional green development, and continuously promote the modernization of the soil environmental governance system.

**Accelerate the research on green and low-carbon restoration indicators and quantitative assessment methods and tools to provide powerful management means.** To effectively promote green and low-carbon environmental restoration, we need to conduct overall research in line with management requirements and quickly put forward corresponding indicator systems, quantitative assessment methods, and technical tools. We should also study and develop a library of localized assessment parameters and factors suitable for China's national conditions. At the policy level, green and low-carbon restoration measures should be required to be implemented in special actions or projects supported by financial funds, providing an entry point for strengthening the green and low-carbon transformation of restoration projects, a methodological basis for evaluating the effectiveness of green and low-carbon restoration, and a powerful means for promoting the green and low-carbon management of environmental restoration.

**Conduct research on the collaborative paths for pollution reduction and carbon emission reduction in the restoration industry to contribute to the realization of the "dual-carbon" goals.** We should assess the current development status and trends of China's soil restoration industry, calculate the current carbon emissions of the restoration industry, determine the base number, and establish a carbon emission inventory. We should also conduct simulation and prediction of the future carbon emission trends of the restoration industry, put forward the goals of carbon peaking and carbon neutrality for the restoration industry, develop a carbon neutrality roadmap, implementation paths, and technical frameworks for the industry, propose countermeasures and suggestions for pollution reduction and carbon emission reduction in relevant fields of the restoration industry, and formulate action plans. The research on the collaborative paths for pollution reduction and carbon emission reduction in the environmental restoration industry should be included in the special planning tasks of the 15th Five-Year Plan, contributing to the achievement of carbon peaking and carbon neutrality in China's environmental restoration, significantly improving the level of collaborative governance in the field of soil pollution prevention and control, and supporting the construction of a Beautiful China.

**Attach importance to the transformation and promotion of green and low-carbon technology and material achievements and continuously strengthen the industry's own reserves.** We should continuously strengthen the scientific research and development and achievement transformation of advanced green and low-carbon technologies, materials, processes, and equipment in the environmental restoration field, and enhance the promotion and application of relevant technical measures in actual restoration projects, constantly strengthening the industry's own technological innovation and capacity reserves. At the policy level, we should expand publicity, give play to the demonstration and leading role, and solicit typical cases. For restoration projects that adopt green and low-carbon processes and materials, we should provide preferential treatment in terms of policies, funds, and benefit feedback. We should encourage the restoration industry to vigorously develop independent research and development and the transformation and application of scientific and technological achievements, and promote the overall strength of the industry.

**Accelerate the exploration of new models and scenarios for "environmental restoration + development and construction" to strongly support high-quality development.** We should constantly explore the paths for improving the modern environmental governance system in the environmental restoration field. In line with the needs of urban green development and high-quality development, we should encourage localities to accelerate the exploration of new models and scenarios such as "environmental restoration + development and construction". On the basis of firmly maintaining the bottom line of the safe use of construction land, we should explore the integration of multiple elements such as front-end soil pollution treatment, risk control, ecological restoration, landscape parks, intelligent monitoring, and functional planning. We should coordinate the management requirements and value realization needs of multiple fields such as environmental restoration, development and construction, land functions, and ecological products, and continuously create high-quality projects and classic paradigms in the environmental restoration field that support high-quality development with high-level protection.